这就是 MCP

艾逗笔（@idoubi） 著

人民邮电出版社

北　京

图书在版编目（CIP）数据

这就是MCP / 艾逗笔著. -- 北京 : 人民邮电出版社，
2025. -- ISBN 978-7-115-67747-1

Ⅰ. TP368.5

中国国家版本馆CIP数据核字第2025CG7997号

内 容 提 要

这是一本全面、系统、详尽的 MCP 指南，由业内专家执笔，旨在为读者提供一线开发与使用参考。

本书涵盖 MCP 的方方面面，从基础概念到实战案例，再到生态系统构建。第 1 章讲述了 MCP 的工作原理、诞生背景和应用场景；第 2 章深入解析了 MCP 架构；第 3 章和第 4 章分别通过实际案例讲解了 MCP 服务器和 MCP 客户端的开发；第 5 章则展示了如何在典型应用场景下使用 MCP 服务器；第 6 章介绍了 MCP 的生态系统。

本书适合所有对 MCP 感兴趣的读者，包括软件工程师、产品经理、设计师和创业者等。无论你是想了解 MCP 的基础知识，还是想深入学习 MCP 的开发和使用，本书都能满足你的需求。

◆ 著　　　　艾逗笔（@idoubi）

　　责任编辑　刘美英

　　责任印制　胡　南

◆ 人民邮电出版社出版发行　　北京市丰台区成寿寺路11号

　　邮编　100164　　电子邮件　315@ptpress.com.cn

　　网址　https://www.ptpress.com.cn

　　三河市中晟雅豪印务有限公司印刷

◆ 开本：720×960　1/16

　　印张：15.5　　　　　　　　　2025 年 8 月第 1 版

　　字数：295 千字　　　　　　　2025 年 8 月河北第 1 次印刷

定价：79.80元

读者服务热线：(010)84084456-6009　印装质量热线：(010)81055316

反盗版热线：(010)81055315

专家推荐

艾逗笔，实战派全栈工程师，超级个体，以"一人抵一团队"的强悍战斗力活跃在 AI 前沿。作为 MCP 的早期布道者、深度开发者和一线创业者，他对这一改变 AI 生态的通信标准有着深刻的洞见。这本书系统解析了 MCP 的原理与开发实战，案例丰富、干货十足，是开发者深入掌握这一关键基础设施、把握平台型机遇的重要指南。强烈推荐！

——袁进辉，硅基流动创始人 & CEO

作为业内专家，艾逗笔结合丰富的实战经验，剖析了 MCP 如何解决 AI 应用集成的痛点，揭示了 MCP 作为 AI 时代通信标准的巨大潜力。这本书全面、系统、详尽，是构建 AI 生态不可或缺的参考读物。

——肖弘，Manus 创始人、蝴蝶效应 CEO

基于全面的技术与商业研究，艾逗笔讲透了 MCP 的实用性以及潜力。能在 MCP 发展早期就学习到这样的洞见，就像"开了外挂"一样！建议每一位大模型应用开发者都来读读这本书。

——John Yang，Same 联合创始人

MCP 正在重塑 AI 应用生态，作者艾逗笔结合开发者与创业者的双重经验，系统讲解了 MCP 的原理与实战。无论是技术探索还是商业布局，本书都极具参考价值。

——低空飞行，ChatWise 作者

MCP 正在重塑 AI 应用开发生态。作为该领域具有全球影响力的实践者，艾逗笔充分融合前沿洞察与一线经验，创作出这本兼具理论深度与实践价值的指南，是从业者快速、全面了解 MCP 的理想读物。

——王新铭，Cherry Studio CEO

艾逗笔是国内少数的实战派专家。这本书梳理了从协议原理到应用开发的完整体系，且涵盖服务器开发、客户端开发、经典使用案例等内容，可谓理论与实践并重，是帮助开发者快速掌握 MCP 技术、构建 AI 应用的实用指南。

——谢孟军，DeepChat 创始人、积梦智能 CEO

2024 年 11 月 MCP 发布后，艾逗笔敏锐地意识到其颠覆性价值，第一时间扎进该领域。他的导航网站 MCP.so 整合海量优质 MCP 服务器，推动了生态发展。作为见证艾逗笔深耕 AI 前沿的老朋友，我向你推荐《这就是 MCP》！它不仅是一本技术读物，更凝结了一个行业观察者的洞见与热忱。从底层逻辑到应用场景，这本书都讲得务实、通透，既为开发者提供实操抓手，也帮助普通读者看清 MCP 如何重塑智能交互。

——AJ，WaytoAGI 社区发起人

将 MCP 这种前沿协议在应用层落地，是当下 AI 的核心挑战。本书结合艾逗笔在 MCP 创业中的一线经验，通过上百幅图示、翔实的案例，完美架设了从理论到实践的桥梁。对于渴望在 MCP 领域大展拳脚的实干家，本书不容错过。

——黄益贺，科技博主、newtype 社群主理人

MCP 是 AI 时代的"通用语言"和"万能插座"。作者艾逗笔兼具 MCP 创业者、开发者与布道者的身份，积累了丰富的经验。这本书深入浅出地讲解了 MCP 的核心原理、开发实践与生态构建，兼具专业性与实用性，强烈推荐给开发者和产品人。

——刘若愚，字节跳动研发工程师、前腾讯高级工程师

前　　言

为什么写这本书

在过去三个月，MCP 的热度持续攀升，已经成为 AI 行业实际意义上的通信标准。

作为 AI 应用与外部扩展的连接器，MCP 正在快速改变整个生态。虽然正式发布仅半年，但 MCP 已迅速成为行业共识——无论是主流的大模型客户端、各类其他 AI 应用，还是希望通过 API 开放能力的服务商与数据平台，几乎都在积极接入 MCP。

可以说，在 AI 高速发展的近三年来，MCP 是第一个、也是最大的一个平台型机会，发展潜力无限。

因此，当 2025 年 3 月底，人民邮电出版社图灵公司的编辑英子老师找到我，希望我写一本关于 MCP 的图书时，我很激动地答应了下来。如果市面上需要一本系统讲解 MCP 的图书，我或许是最合适的作者之一，主要原因有三点。

- □ 在 MCP 发布之初，我就坚定地看好它。我熟读了 MCP 的设计文档，在社交平台发表过多篇解读 MCP 和预判其未来发展趋势的文章。从这个角度看，我是活跃的 MCP 布道者。
- □ 我基于 MCP 开发过服务器、客户端、智能体，设计过 MCP 传输机制，做过 MCP 应用市场和 MCP 云端部署。从这个角度看，我是实战经验丰富的 MCP 开发者。
- □ 我创建的 MCP.so 是当前收录 MCP 服务器数量最多的 MCP 应用市场，Google 搜索"MCP"关键词多次排名第一，月访问量超过百万次，并曾被 a16z 的市场报告引用。从这个角度看，我是吃到了早期红利的 MCP 创业者。

我相信 MCP 一定会成为 AI 应用生态中的关键基础设施。我希望通过一本书，把自己的理解、经验与思考系统地整理出来，与读者共享。

本书的目标

在着手写作本书时，我设定了一个颇为"宏大"的目标，希望本书能够成为：

- 最通俗易懂的 MCP 原理科普
- 最深入浅出的 MCP 架构解析
- 最干货十足的 MCP 开发案例
- 最高频实用的 MCP 场景用例
- 最具前瞻性的 MCP 创业指南

然而随着写作的深入，我越来越深刻地体会到这个目标的挑战性——写得越多，越发现这件事"太难了"。最终，我能做的就是竭尽全力，至于是否能达到最初设想的目标，就要交给时间和读者来检验了。

受限于个人认知，书中难免存在疏漏与不当之处。也正因如此，我尤其期待读者的反馈，无论是认可还是批评，都是我继续前行、不断改进的动力。

本书主要讲什么

本书的出发点，是帮助读者全面、系统地了解 MCP，包括 MCP 的诞生背景、运作原理、协议架构、应用场景、生态系统。书中通过实际案例，讲解 MCP 服务器的使用与开发，同时介绍如何基于 MCP 开发常见的 AI 应用（对话助手、智能体）。本书分为 6 章，每一部分的核心内容如下所示。

✳ 第 1 章　什么是 MCP

本章首先从软件行业的一个经典问题谈起，探讨 AI 应用与外部扩展集成的痛点及解决方案，旨在帮助读者系统了解 MCP 的诞生背景和运作原理，以及 MCP 如何应对行业难题。接着，梳理了 MCP 从发布到爆火的历程，阐明其快速形成行业共识的原因。最后，介绍 MCP 的典型应用场景，帮助读者深入理解其实际价值。

✳ 第 2 章　MCP 架构解析

本章从协议层面对 MCP 进行系统性解析，让读者了解 MCP 核心的主机-客户端-服务器架构、JSON-RPC 通信原理、客户端与服务器的连接生命周期，学习 MCP 的设计哲学。

本章重点介绍 MCP 的三种传输机制，并通过源代码解读的方式让读者了解传输机制的实现原理和各自的适用场景。另外，本章还会介绍 MCP 服务器与 MCP 客户端分别支持的丰富能力与交互示例，让读者知道基于 MCP 实现 AI 应用的扩展功能，可以像搭积木一样简单。

> 第 2 章的核心内容和图片来自 MCP 官方文档（以 MIT 许可证开源，版权声明：Copyright © 2024–2025 Anthropic, PBC and contributors）。本章内容也遵循开源精神，提供免费 PDF，请前往图灵社区本书页面（http://ituring.cn/book/3508）下载阅读。

✳ 第 3 章　MCP 服务器开发

本章通过两个实际的案例，介绍 MCP 服务器开发的完整流程，包括 MCP 服务器的项目创建、功能开发、调试、发布等方面，让有一定开发经验的读者能够快速上手开发 MCP 服务器。

第一个案例主要讲 MCP 服务器的开发步骤、调试技巧和发布流程，第二个案例综合讲解 MCP 服务器提示词、资源、工具三大能力的实现逻辑。

✳ 第 4 章　MCP 客户端开发

本章通过两个实际的案例，介绍 MCP 客户端开发的核心流程，包括 MCP 客户端 SDK 的使用、获取 MCP 服务器工具列表、请求大模型挑选工具的提示词设计、调用工具的实现逻辑等。

本章涵盖两类 AI 应用的接口逻辑开发，一类是基于 MCP 的对话助手，一类是基于 MCP 的智能体，旨在让读者了解如何通过 MCP 服务器集成丰富的工具，并通过大模型的调度，借助外挂工具完成任务，加速 AI 应用的开发。

✳ 第 5 章　MCP 经典应用案例

本章主要介绍如何在常用的大模型客户端使用 MCP 服务器，并通过两个实际的案例，介绍如何组合多个 MCP 服务器，完成常见任务。本章旨在为读者推荐经典场景下的优质 MCP 服务器及工具，并让读者了解 MCP 服务器的组合使用技巧。

第一个案例讲解如何实现 AI 播客生成器，用到了 MCP 服务器提供的联网检索、读取网页内容、文本转音频等工具；第二个案例讲解如何实现 AI 网页生成器，用到了 MCP 服务器提供的联网检索、代码部署、获取设计稿内容等工具。

＊第 6 章　MCP 生态系统

本章从全局视角介绍 MCP 的生态系统，包括官方资源、社区资源、开发工具等，旨在让读者了解 MCP 生态的现状，以及如何参与 MCP 生态的建设。

同时，本章展望 MCP 的未来发展方向，分析生态系统中潜在的新机会与价值点，为希望深耕 MCP 的开发者提供启发与路径参考。

如何阅读本书

我将本书定位为一本全面、系统介绍 MCP 的图书，内容涵盖 MCP 的原理科普、架构解析、使用、开发、生态等方方面面。本书适用范围较广，欢迎所有对 MCP 感兴趣的读者阅读。为了让不同角色的读者都能更好地阅读本书，结合本书各章节的内容，我给出以下阅读建议。

第 1 章为 MCP 科普篇，适合所有读者，建议优先阅读。本章为你打开 MCP 的大门，也能让你了解 AI 行业发展与演进的过程。

第 2 章、第 3 章和第 4 章分别聚焦架构解析、MCP 服务器开发与 MCP 客户端开发。深入理解这些内容需要一定的计算机基础与编程经验，建议有开发背景的读者逐章阅读，其他读者可选择性阅读。

第 5 章主要讲解如何在典型应用场景下使用 MCP 服务器满足特定的需求，涉及 MCP 服务器的配置、组合、提示词设计与调试等内容。这一章不要求读者具备编程基础，任何对 AI 感兴趣，喜欢研究 AI 产品和工具的读者均可阅读，比如产品经理、设计师等。

第 6 章主要讲解 MCP 生态系统的构成和各个子系统的价值，辅以 MCP 全景图，让读者更清晰地了解自身的定位以及发力点。推荐认可 MCP 发展前景，想要加入 MCP 生态共建的读者阅读这一章，比如创业者、投资人等。

◇ 本书专属学习交流群

为了帮助大家深入理解并灵活应用 MCP，我们为购书用户建立了**专属学习交流群**。

在群内，你可以随时提交自己在阅读过程中遇到的任何问题，我将作为核心答疑讲师为大家提供技术支持；策划编辑英子老师和营销编辑梦鸽老师将协助整理问题、协调答疑安排，确保你学得更有效。

　　扫描以下二维码（没有关注"图灵社区"服务号的读者需要先关注），在你收到的推送资料中，点击链接即可领取本书附赠的源代码资料，识别图中二维码即可加入本书专属学习交流群。

扫描二维码

我是谁

　　我于 2015 年毕业于武汉大学核工程专业。大二时开始对计算机产生浓厚的兴趣，自学编程并转行 IT，毕业后进入互联网行业。因受 Adobe 系列软件影响较大，取网名"艾逗笔（@idoubi）"以示致敬，该 ID 一直沿用至今。

　　2018 年，我加入腾讯，担任后台开发工程师。在腾讯工作五年，前两年半在TEG（技术工程事业群）负责电子卡支付系统的开发，服务支撑百万级日活；后两年半在 WXG（微信事业群）负责境外收单系统的架构设计，从零搭建云原生开发体系。

　　在腾讯的工作经历极大拓展了我的技术视野，使我从一名非科班出身的程序员成长为一名成熟的软件工程师。在此期间，我连续三次获得腾讯优秀员工绩效，通过连续两次晋升成为高级工程师（T10），并曾以面试官身份参与校招与社招工作。

　　2023 年 11 月，我从腾讯辞职，成为自由职业者，正式进入独立开发者的行列。

　　在做独立开发的一年半的时间内，我陆续开发了多款产品，并取得了一些成绩：

- ❑ 知了阅读，AI 摘要工具，获得阿里云第二届创客松冠军；
- ❑ ThinkAny，AI 搜索引擎产品，在海外积累了几十万用户；
- ❑ ShipAny，AI 应用开发框架，已成为许多独立开发者出海的首选框架；
- ❑ MCP.so，MCP 应用市场，广受全球开发者关注，月访问量超过百万次。

　　此外，我还做过十余款 AI 产品，涵盖聊天总结、虚拟试衣、音乐播放器、播客生成器、辅助编程等方向，探索领域广泛。

　　从职业后台开发工程师转型成全栈工程师，我通过不断尝试新产品，积累了丰富的独立开发经验。AI 技术的发展显著降低了开发门槛，借助各种 AI 工具，个人开发者能够实现的产品类型愈发多样。这是一个利好独立开发者的时代，我也在持续探索，以求开发出更多实用、有趣的产品。

致谢

年初写 2024 年年终总结的时候，我说 2025 年的目标之一是出版一本书。非常开心的是，这个目标即将实现——我的第一本书马上要出版了！激动之心难以言表，也借此机会，向所有支持和陪伴我的人致以谢意。

感谢我的编辑英子老师。前面提到，3 月底跟英子老师约定好了这本书的写作，因为时间紧急，在开启写书项目之后，我停掉了手里的一些开发工作，将大部分时间投入到了写作之中。然而，因为第一次写书，不懂得把握节奏和控制篇幅，初稿要么内容太浅、表达不到位，要么篇幅冗长、太过啰唆。几次三番，我产生了深刻的自我怀疑，甚至想过放弃。有几次，写作一度停滞，我回到了我的舒适区——写代码，导致交稿进度不达预期。

感谢英子老师认可我的专业度，鼓励我坚持、督促我前进；也强调我们是一个团队，要并肩作战，在作品上"尽人事、听天命"。在交付初稿后，英子老师针对内容提出了一些调整和补充建议，我在此基础上再次打磨，旨在让内容的组织和呈现更加结构化、有逻辑。在我们的共同努力下，终稿远超我们最初构想的三四万字，在内容的丰富度和专业性方面，也做到了"我们能力范围内的"最好。

感谢我的爱人车小姐，在我写书期间给了我莫大的支持，每天陪我辗转于各个咖啡馆，让我可以在舒适的环境中专心创作，在我焦虑、迷茫的时候，给了我许多鼓励和安慰。

感谢我们家的两个小宝贝招财和跳跳（两只 5 岁的小橘猫，是亲姐妹），在我写书时常伴我左右，每天"可可爱爱"的，让我觉得生活美好、人间值得。

最后，感谢这个伟大的时代。在我选择自由职业之后，恰好遇上了 AI 的大爆发，让我有幸投身时代的浪潮之中，追到了一个又一个"风口"，做出了一些有意思的产品，也让很多人认识了我——幸甚至哉！

谨以此书，献给我的家人、朋友以及所有拥抱 AI 的同行者。

艾逗笔，2025 年 6 月 19 日于广州南沙

目　　录

## 第 1 章

什么是 MCP

在软件开发领域存在一个难题，我们可以称其为"$M \times N$ 问题"：当多个应用（M）需要对接多个外部扩展（N）时，如果缺乏统一的标准，每一对组合都得单独适配。这意味着每新增一个应用或一个扩展，整体的集成工作量就会按照 $M \times N$ 的复杂度增长。例如，从 3 个应用和 4 个扩展增加到 4 个应用和 5 个扩展时，工作量会从适配 12 个连接关系增加到适配 20 个连接关系。

在 AI 应用开发领域，这个问题尤其突出。AI 应用需要调用各类外部工具来扩展自身的能力，比如获取实时信息、访问数据库、处理本地文件等。但 AI 应用和工具往往来自不同的开发团队，缺少统一的对接标准，这就导致开发者需要为每个 AI 应用-工具组合单独开发适配逻辑——重复劳动多，沟通成本高，维护难度也越来越大。

通过一个通用的协议，解决 AI 应用与外部工具的集成难题，是 MCP 设计的出发点。图 1-1 中所示是使用 MCP 降低 $M \times N$（M、N 均为 4）问题复杂度的一个示例。

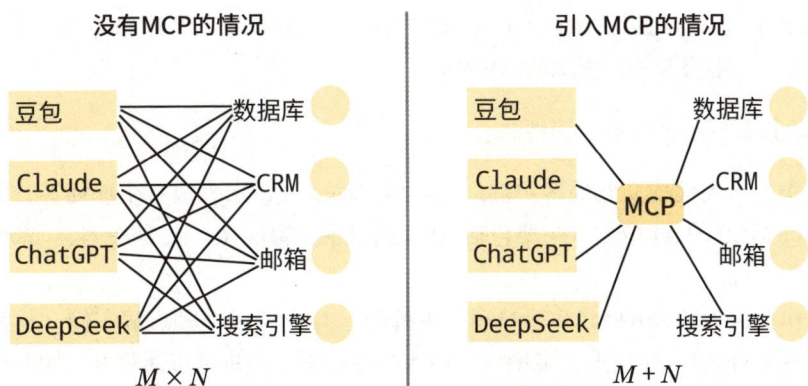

图 1-1　通过 MCP 降低 $M \times N$ 问题的复杂度

2024 年 11 月 25 日，Anthropic 公司以 MIT 许可证开源发布 MCP，成为 AI 发展历程中的一个重要里程碑。

MCP 是 Model Context Protocol 的缩写，中文译为"模型上下文协议"。MCP 约定了 AI 应用如何规范地集成外部工具，实现为大模型（Large Language Model）补充上下文（Context）的目的，其本质是应用层协议（Protocol）。

协议即标准。标准的制定，是为了推动行业形成一种共识。共识一旦形成，不仅能降低重复开发的成本，更能推动整个生态系统有序、快速地发展。

我们可以用"秦始皇统一六国"的例子来简单类比 MCP 诞生的意义。战国时期，七国各自为政，使用不同的文字、货币和度量衡，不同小国之间交流困难，经济、文化、科技发展缓慢。秦始皇统一六国后，为了方便管理，统一了文字、货币和度量衡。从此，各国之间的交流变得方便，经济、文化、科技发展迅速。

"一法度衡石丈尺。车同轨，书同文字。"

——《史记·秦始皇本纪》

1.1　MCP 是如何工作的

MCP 并不复杂，这个协议的核心是定义了三个角色并明确了它们之间的协作模式。

1.1.1　主机 - 客户端 - 服务器

✱ 1. MCP 主机

MCP 主机（有时简称主机[①]）是 MCP 的中心枢纽，它既是用户与大模型直接交互的终端，又是协调外部资源的调度中心。

主机具有双重客户端的属性。

- 作为与大模型交互的客户端：接收用户输入并请求大模型生成回答。所有支持 MCP 的 AI 应用（主要包括 AI 对话助手、智能体、AI 编辑器），都可以看作主机。
- 作为服务协调的 MCP 客户端：主机创建并管理多个客户端实例（与服务器一一对应）。在请求大模型生成回答的过程中，主机可以通过客户端实例请求外挂的服务器获取额外的数据或者执行特定的任务。主机把从外挂的服务器

---

① 本书根据具体情况在主机、客户端、服务器之前添加或省略 MCP 一词。

获取的数据或者执行任务的结果，作为上下文补充给大模型，让大模型生成更加符合用户需求的回答。

✳ 2. MCP 服务器

MCP 服务器（有时简称服务器）是 MCP 的核心组件，主要负责对接外部数据或服务，并通过标准的数据格式将响应内容发送给 MCP 客户端。

我们可以将 MCP 服务器理解为外部数据或服务的一个代理网关，所有的数据交互都通过该代理网关进行。

比如，高德地图（作为数据或服务提供方）开放了其路程规划的 API：在 MCP 出来之前，AI 应用需要通过编码的方式，自行对接高德地图 API；有了 MCP 之后，高德地图就可以实现一个 MCP 服务器，并通过它暴露自己的能力，而支持 MCP 的 AI 应用可以直接集成此 MCP 服务器，不需要额外的对接工作。

✳ 3. MCP 客户端

MCP 客户端（有时简称客户端）是 MCP 主机与 MCP 服务器之间的桥梁。客户端"寄生"于主机中，由主机创建并进行调度，客户端与服务器进行连接，从而实现与外部数据或服务的交互。

> MCP 是基于经典的 C/S（客户端-服务器）架构设计的。MCP 客户端是相对于 MCP 服务器的概念，请注意，本节先介绍的是 MCP 服务器，然后是 MCP 客户端，目的就是想体现"有了连接服务器的需求，主机才创建了客户端实例"。不过出于表述习惯，我们依然称其为"主机-客户端-服务器"架构。MCP 主机要想调用一个外部的 MCP 服务器，就需要创建一个 MCP 客户端，才能进行彼此的连接，MCP 客户端与 MCP 服务器是一一对应的。
>
> 而 MCP 主机本身是把大模型作为交互对象的客户端，我们称之为"大模型客户端"。尽管在某些场景中，我们容易混淆"大模型客户端"和"MCP 客户端"，但在系统架构层面，两者应该明确区分——"大模型客户端"是面向用户（用户可见）的 AI 应用 [1]，"MCP 客户端"是由 MCP 主机创建的进程。

---

① 在本书中，大模型客户端即 AI 应用（有时简称应用），我们视具体情况不同使用两种表述。

官方给出的 MCP 架构如图 1-2 所示（关于 MCP 架构的相关内容，我们还会在第 2 章深入讲解）。

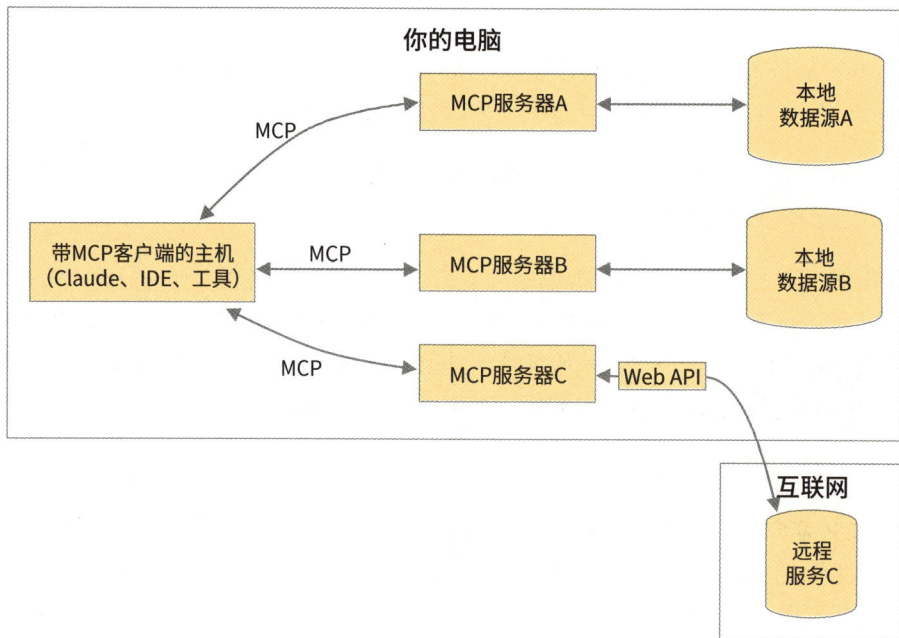

图 1-2 MCP 架构图

1.1.2 举个例子来理解

用一个具体的例子来理解 MCP 的运行机制。假设用户要在 Claude[①] 中使用高德地图 MCP 服务器来进行路程规划，路程规划的流程如下所示。

1. 高德地图把自己的路程规划能力以 API 的形式开放；同时提供一个 MCP 服务器，对接自身的 API，提供给所有客户端使用。
2. 用户打开 Claude，配置了高德地图 MCP 服务器的调用方式和密钥。
3. 用户向 Claude 发送问题："我想下周从北京开车去上海，帮我规划一条最省时的路线。"
4. Claude 请求大模型，告诉大模型有一个叫作高德地图的 MCP 服务器可用，其中包含一个路程规划工具。

---

① 本书中的 Claude 均指 Claude 桌面版。

5. 大模型回复 Claude，需要请求高德地图 MCP 服务器调用路程规划工具，查询参数是："出发地＝北京，目的地＝上海"。

6. Claude 创建一个内部的 MCP 客户端程序。

7. Claude 内部的 MCP 客户端程序请求高德地图 MCP 服务器。

8. 高德地图 MCP 服务器将驾驶路线信息返回给 MCP 客户端程序。

9. Claude 把查到的驾驶路线和用户最初的问题一起发送给大模型，请求大模型回答用户的问题。

10. 有了驾驶路线作为上下文信息，大模型回复用户的问题，返回更为精准的回答。

11. Claude 将回答呈现给用户。

用一幅图来描述这个过程，如图 1-3 所示 [①]。

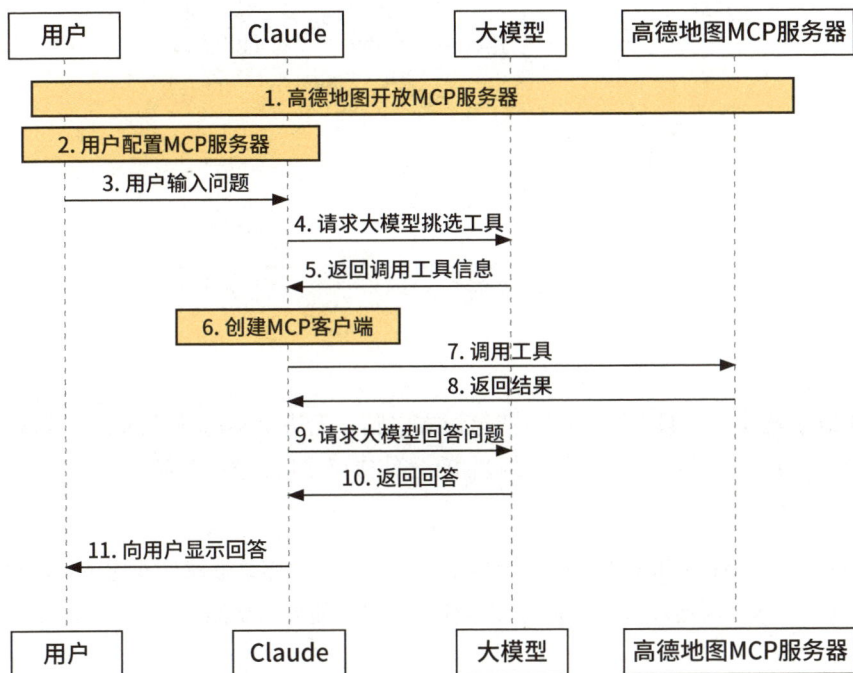

图 1-3 在 Claude 中使用高德地图 MCP 服务器的交互流程

---

① 本书中包含大量用于辅助理解的流程图，这些图示旨在以直观、结构化的方式呈现系统不同模块之间的交互。为了增强可读性与可视化效果，流程图中的步骤或者说明均作了一定程度的简化，与正文不完全对应。

> 在这个例子中，Claude 是主机，通过外挂高德地图 MCP 服务器，让大模型有了路程规划能力。
>
> 同样的原理，任意提供数据或服务的第三方，都可以通过 MCP 服务器，暴露自身的数据或服务能力，包括：互联网上的各类服务，本地电脑上的各类文件、数据库等。
>
> 任意 AI 应用，都可以实现 MCP，与各类 MCP 服务器进行通信，将获得的数据作为上下文补充给大模型，旨在让大模型的回答更加精确。

有人把 MCP 比喻成 AI 应用的扩展坞，如图 1-4 所示，我觉得非常贴切。

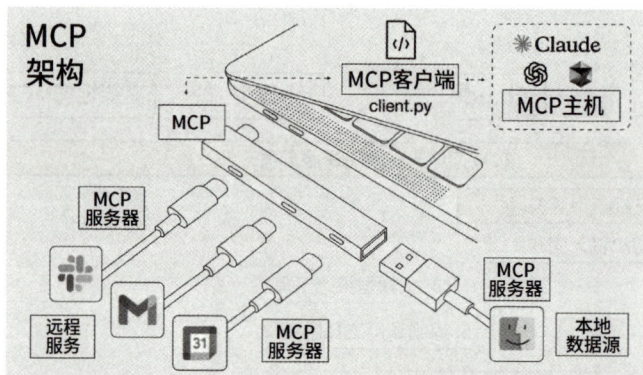

图 1-4　MCP 与扩展坞

AI 应用就像一台只有有限接口的笔记本电脑，无法直接访问外部数据或服务。MCP 则扮演了"扩展坞"的角色，通过标准化的协议接口，为 AI 应用提供连接各种外部系统的能力。

通过 MCP，AI 应用不再受限于大模型的能力边界，而是能够像连接了扩展坞的笔记本电脑一样，灵活地接入各种外部系统，实现更强大的功能。

1.2　MCP 是如何诞生的

1.2.1　大模型视角

2022 年 11 月 30 日，OpenAI 发布了 ChatGPT——一款基于大模型的对话产品。

ChatGPT 以惊人的交互体验迅速出圈（用户通过自然语言对话即可完成编程、写作、推理等复杂任务），让"大模型"这一原本只在技术社区流传的概念首次进入了公众视野。业界迅速达成共识：大模型将成为下一代人机交互的核心载体。

在之后的时间里，大模型技术有了飞速发展，通过对话助手与大模型对话，逐渐成了人们上网获取信息的主要途径。

然而，大模型是通过历史数据进行训练的，这些数据在训练时就已经固定。模型训练完成后，其知识就停留在训练时的状态，无法自动获取训练之后的新信息。也就是说，大模型的"静态知识"与动态世界的"实时需求"之间存在根本性矛盾。

为了突破这一矛盾，解决大模型对训练后信息的获取问题，行业探索出两类主要的解决方案。

第一类：模型微调

模型微调的基本原理是在预训练好的大模型的基础上，使用新的数据集进行额外的训练。通常情况下，模型的基本架构保持不变，只调整全部或者部分参数，从而使模型学习新的知识或适应特定任务。

相比从头训练，模型微调需要的计算资源更少，能够更高效地实现模型的定制化。它的主要局限性在于，模型微调仍然是一个"先训练后部署"的方案，虽然在解决某些专业领域问题时补充了新知识，但不适用于对时效性要求高的场景，比如获取实时新闻、天气信息等。

第二类：上下文补充

上下文补充指的是为大模型提供外部知识库或信息源的技术方案，旨在让大模型突破知识的时效性限制，能够访问专业领域信息，从而提高回答的准确性、时效性和可靠性。

与模型微调不同，上下文补充不需要改变模型参数重新训练，而是在模型生成回答时实时提供相关信息作为输入上下文，让模型能够基于这些最新的信息进行推理。基于补充的上下文信息，大模型能够回答与训练之后发生的事件相关的问题，弥补静态知识与动态世界之间的鸿沟。

MCP 的核心在于 C，也就是上下文（Context），从这个角度来看，MCP 诞生的初衷就是给大模型补充上下文。

在 MCP 之前，行业存在如下几种为大模型补充上下文的主流方案。

✷ 1. 记忆存储

记忆存储通常由大模型客户端实现。客户端会将用户与大模型的每轮对话内容记录下来，并设定一定的记忆容量。当用户提出新问题时，系统会从记忆库中提取与当前对话相关的信息，作为补充上下文提供给大模型，从而使模型的回答更加连贯，就像赋予了模型"记忆"能力。

不过，这种记忆机制也存在一定的局限性，模型的"记忆"能力主要受限于大模型支持的上下文长度。如果每次都将同一个会话的全部历史内容传入模型，容易因上下文窗口限制而导致信息截断；而若仅选取与当前问题相关的历史内容，则对客户端的实现能力提出了更高的要求，需要依赖相似度匹配等技术来筛选最相关的信息。

✷ 2. RAG

RAG（retrieval-augmented generation，检索增强生成）是一种让大模型获取实时信息的重要技术，其工作原理是：当用户发出提问时，AI 应用通过向量检索、关键词匹配等方式，从外部知识库或数据源检索相关信息，再把检索到的信息作为上下文提供给大模型，让大模型基于补充的信息进行回答。

RAG 的交互流程如图 1-5 所示。

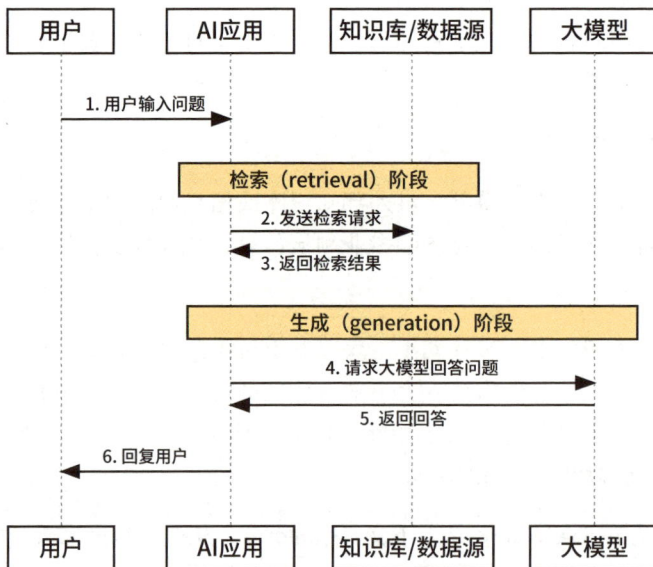

图 1-5　RAG 的交互流程

RAG 技术的主要优势是：不需要重新训练模型（成本低）；可以灵活更新知识库（保持信息的新鲜度）。因此，RAG 可以用于联网检索实时信息、跟本地文档（知识库）对话等场景。

RAG 技术的局限性在于：大模型的最终回答效果依赖于检索到的信息质量。因此，检索步骤非常关键，需要基于高效、准确的检索算法和优质的数据源，而在实际应用中，这两点往往很难同时满足。

✱ 3. 函数调用

函数调用（function calling）是一种让大模型执行特定任务的机制，允许大模型将自然语言请求转换为具体的函数调用，供 AI 应用调用外部工具，并将结果反馈给用户。

函数调用的工作原理是：当用户发出提问时，AI 应用会将集成的函数列表作为上下文发送给大模型。大模型根据用户输入判断具体调用的函数，并生成相应的调用参数。随后，AI 应用执行该函数并将结果发送给大模型，作为补充信息供其生成最终的总结或回答。

函数调用的交互流程如图 1-6 所示。

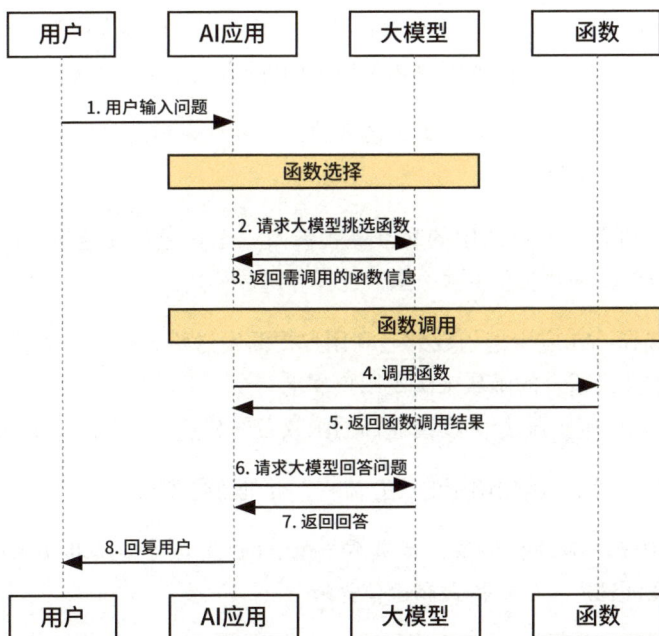

图 1-6 函数调用的交互流程

函数调用扩大了大模型的能力边界，通过函数调用的方式，大模型既能外挂各种类型的数据，也能执行各种类型的操作。

> **函数调用 vs RAG**
>
> 函数调用跟 RAG 在外挂数据方面的主要区别在于：RAG 是由 AI 应用根据用户输入直接前往固定的信息源查询相关内容，然后将其作为补充上下文提供给大模型来回答问题；而函数调用是 AI 应用通过工具函数提前集成多个数据源，由大模型进行调度，AI 应用再动态读取这些数据源，最后将其作为补充上下文提供给大模型来回答问题。

自 OpenAI 于 2023 年 6 月首次在其 GPT 系列模型中支持函数调用机制以来，各大模型厂商纷纷跟进，函数调用已经成为大模型外挂数据的标配。

然而，17 个月之后，MCP 出现了。

✱ 4. MCP

我们可以认为，MCP 是在函数调用的基础上做了进一步的升级和抽象，目的是让 AI 应用更加简单、高效、安全地对接外部资源，更好地为大模型补充上下文信息。因此，接下来我们用对比讲解函数调用和 MCP 的方式来了解 MCP。

> 函数调用是一种交互范式，其本质是一种设计模式，定义了 AI 应用与外部函数的调用规范。

从用户视角看，函数调用的交互流程涉及三个角色：AI 应用、函数、大模型；核心交互流程涉及两大核心步骤：函数选择和函数调用。

- ☐ 函数选择：AI 应用把函数列表和用户提问发送给大模型，大模型识别用户意图，挑选最适合的函数来满足用户需求。
- ☐ 函数调用：应用通过大模型返回的函数名称和参数，调用函数获取外部数据。

图 1-6 已经介绍了函数调用的交互流程，此处不再赘述。

> MCP 是一套通信协议，其本质是为 AI 应用与外部工具交互而制定的标准化接口规范、数据格式和通信契约。

MCP 定义了三个角色：MCP 主机、MCP 客户端、MCP 服务器。跟函数调用相比，MCP 相当于是把"MCP 客户端-MCP 服务器"作为一个黑盒使用。

从用户视角看，MCP 的交互流程也涉及三个角色：AI 应用、黑盒（MCP 客户端-MCP 服务器）、大模型。MCP 的交互流程（以调用工具为例）如下所示（注意，只提及了核心步骤）。

- AI 应用把用户提问发送给黑盒中的 MCP 客户端。
- 黑盒中的客户端请求黑盒中的 MCP 服务器，获取 MCP 服务器定义的工具列表。
- AI 应用把工具列表和用户提问发送给大模型，由大模型进行工具选择。
- AI 应用根据大模型返回的工具调用参数，通过黑盒中的 MCP 客户端，向黑盒中的 MCP 服务器发起工具调用请求。
- 黑盒中的 MCP 服务器请求外部数据或服务，将结果返回给 MCP 客户端。
- AI 应用得到黑盒返回的外部数据，作为上下文信息发送给大模型生成回答。

可以用一幅图概括 MCP 的交互流程，如图 1-7 所示。

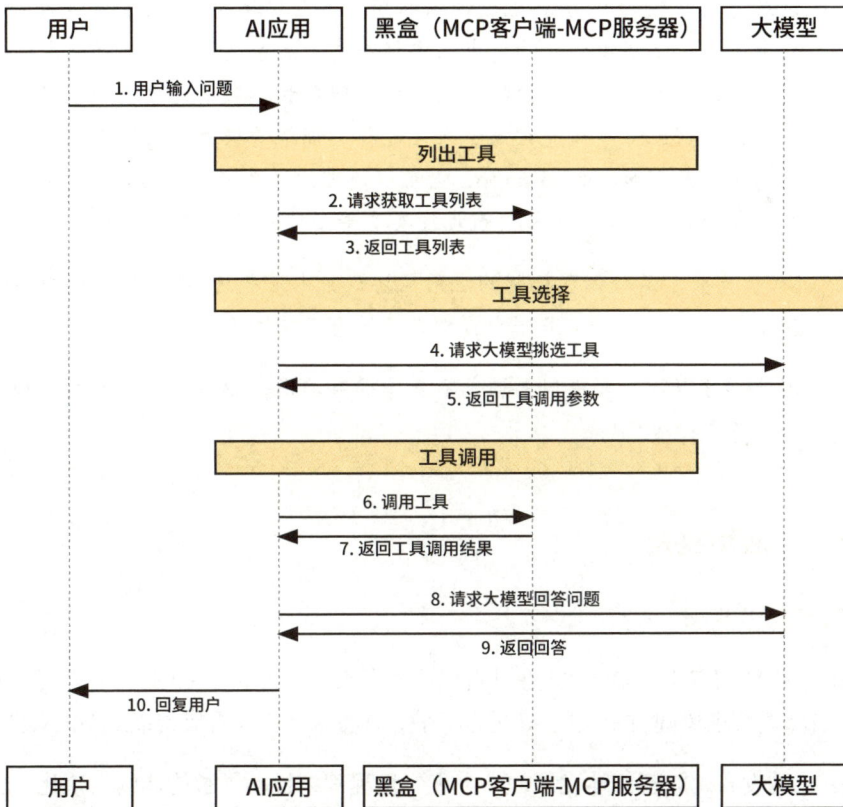

图 1-7 MCP 的交互流程

> **函数调用 vs MCP**
>
> 在函数调用机制中，函数是在 AI 应用内部直接定义的，与外部数据或服务的对接是由 AI 应用直接完成的。
>
> 而在 MCP 中，工具是在外部 MCP 服务器中定义的，AI 应用添加了 MCP 服务器，就能获得 MCP 服务器定义的工具列表。AI 应用不直接跟外部数据或服务打交道，而是通过 MCP 服务器来完成与外部资源的交互。我们可以认为，MCP 通过"业务外包"的方式，减轻了 AI 应用侧的实现负担。
>
> 函数调用机制的关键在于函数选择，依赖大模型的推理能力。我们平时说某大模型支持函数调用能力，对其正确的理解应该是此模型在工具选择的任务场景上做了专门的训练优化（函数描述的嵌入表示、特殊格式训练与指令微调）。支持函数调用的模型，在接收到 AI 应用传递的工具列表时，能够根据用户的请求从中精准选出最合适的工具，并生成结构化的调用参数。得益于模型在函数描述理解和参数填充方面的专门训练优化，其匹配准确度通常优于未经过相关训练的模型。而不支持函数调用的模型，比如 gpt-3.5-turbo，也可以通过设置系统提示词的方式实现工具选择的操作，只是匹配准确度没有支持函数调用的模型高而已。
>
> MCP 是基于函数调用机制的应用层协议，本质是为 AI 应用给大模型提供上下文服务的，MCP 跟大模型本身没有直接的关系。
>
> 因此，可以说某大模型支持或不支持函数调用，但不应该说某大模型支持或不支持 MCP。

1.2.2 AI 应用视角

✳ 1. 智能体的崛起

2023 年 11 月 7 日，OpenAI 在其首届开发者大会上发布了 GPTs，允许用户通过简单的自然语言来创建自定义的 AI 助手。我们不妨将 GPTs 看成初级形态的智能体。

GPTs 的发布，是智能体发展的一个重要里程碑，推动了智能体的大众化。在此之后，各大模型厂商纷纷跟进，推出了各自的智能体平台。

各大模型厂商的智能体与 GPTs 的实现原理基本一致：由用户在模型厂商的对话产品（比如智谱清言、豆包等）中自定义创建，用户可以设置系统提示词、上传知识库文件、创建工具函数以集成外部 API 等。

在 ChatGPT 平台创建 GPTs 应用的界面如图 1-8 所示。

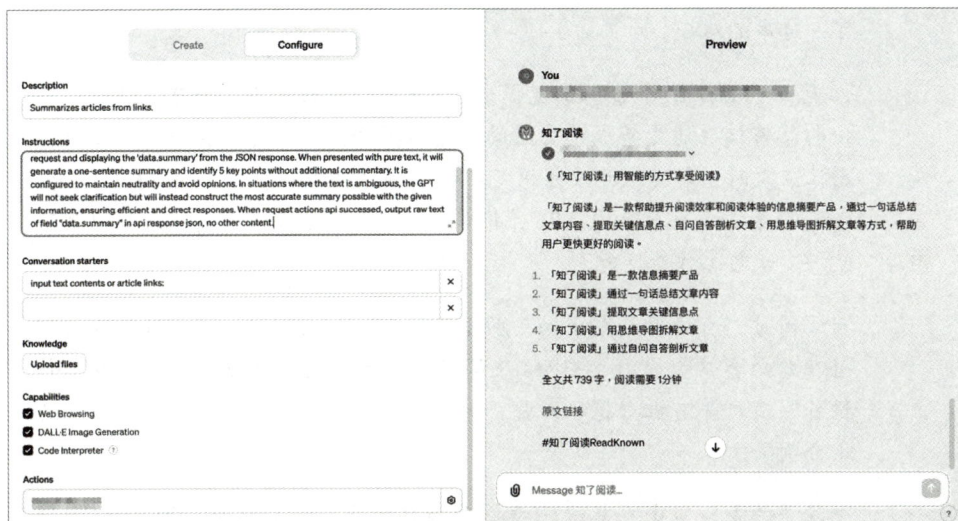

图 1-8　在 ChatGPT 平台创建 GPTs 应用

不难看出，此类产品实现的核心是对函数调用机制的进一步封装，在大模型智能生成能力的基础上，增加了对业务数据的获取与处理能力。然而，随着智能体数量的激增，这一繁荣的背后暴露了一些亟待解决的问题。

> OpenAI 推行过一段时间的插件（plugins）机制，让 ChatGPT 客户端通过插件的方式对接各类外部数据或服务，但由于开发成本太高，该方案最终被下架。随后，OpenAI 推出了更轻量级的 GPTs 方案，用户通过简单配置即可构建属于自己的智能体。该机制一度带来了 GPTs 数量的爆发式增长，短时间内涌现出数百万个第三方 GPTs。但由于大部分 GPTs 只是简单的提示词包装，应用门槛低，实用价值不高，再加上 GPTs 只能在 ChatGPT 平台使用，生态太过封闭，慢慢地也没了热度。AI 还在迅速发展，各类智能体层出不穷，智能体的功能实现依赖大模型的智能，也需要外部工具，包括获取实时数据的能力。如何更好地解决大模型与外部数据或服务的集成问题，让智能体开发更简单，成了行业普遍关注的问题。

✳ 2. AI 应用生态面临的问题以及 MCP 的解决方案

智能体实在太火了！独立开发者小豆跃跃欲试。他想打造一个"网页文章摘要助手"——用户只需在浏览器中点击按钮，即可调用大模型对文章进行摘要提炼。这类应用看似简单，但小豆在动手实践的过程中遇到了一连串的难题。

他先在 ChatGPT 平台上创建了一个 GPTs，调教得还算满意。然而，当他打算将摘要能力集成进自己的浏览器插件或者部署到其他平台（如智谱清言）时，却发现无法复用 GPTs，只能重新搭建。而如果通过 Coze、Dify 等第三方平台导出 API 并将其接入自己的应用，又发现接口格式不统一，适配工作量巨大。

与此同时，有的用户希望摘要助手还能分析本地客户沟通文件，以识别潜在意向客户。但由于 GPTs 默认只能在云端处理数据，一旦涉及上传操作，用户普遍担心隐私泄露，加之每次文件更新都得重新上传，体验十分割裂。

更棘手的是，当小豆想进一步提升摘要效果、接入 Perplexity 的联网检索能力时，又得写代码去对接 API，难以通过 GPTs 打通服务链路。服务提供方希望能力被广泛复用，客户端平台则面对众多 API 选择无所适从，而开发者夹在中间，感受到极高的集成与协作成本。

一个简单的智能体开发需求，却暴露出 AI 应用生态的三大系统性问题：

❑ 接口碎片化，导致跨平台兼容性差；
❑ 数据处理与隐私安全难以兼顾，限制智能能力释放；
❑ 服务集成与扩展效率低，生态构建成本高。

我们来看看 MCP 是如何解决上述三大问题的。

第一，解决接口碎片化问题：统一协议标准，降低开发成本。

● **MCP 服务器可复用**

MCP 服务器只需开发一次，即可在任意支持 MCP 的 AI 应用中使用。用户想要使用某个 MCP 服务器时，只需要为 AI 应用添加一个配置即可。比起原来的 GPTs 或智能体，MCP 服务器的复用成本更低。

- **统一对接方式，简化了 MCP 客户端的开发**

  在开发 AI 应用时，若需要接入外部能力，开发者往往需要逐一对接各类外部 API。不同的 API 具有不同的请求地址、参数格式和鉴权方式，多样化的对接方式导致开发工作量大。

  而基于 MCP 为 AI 应用集成功能时，无论接入多少个 MCP 服务器，请求和响应的数据格式都是统一的。AI 应用只需创建一个 MCP 客户端，并按照 MCP 约定的方式传递参数，MCP 服务器即可按统一格式返回结果。通过标准化的数据交换格式，MCP 显著降低了双方的开发和集成成本。

第二，兼顾数据处理与隐私安全：安全使用，最小暴露。

- **私有数据可安全使用**

  MCP 服务器可以通过本地进程运行，对接用户电脑中的私有数据，并将其作为上下文补充给大模型。由于数据处理过程全程在本地完成，不需要将原始文件上传至云端，有效避免了敏感信息外泄的风险。

- **按需提取，最小暴露**

  与传统外挂知识库一次性上传整份数据不同，MCP 服务器采用查询式处理机制。大模型只会收到与当前问题相关的"最小必要信息"，降低了敏感数据暴露的概率。

第三，解决服务接入效率低的问题：功能即服务，快速构建生态。

- **MCP 服务器可方便集成**

  MCP 服务器不仅可以作为外挂插件，被用户添加到 AI 应用使用，也可以作为独立的服务，被 AI 应用集成。

  跟对接功能 API 相比，AI 应用对接 MCP 服务器更加简单、灵活。可以把 MCP 服务器当作积木，每个 MCP 服务器集成一项或多项原子能力，开发 AI 应用就跟搭积木一样，快速拼装，大大提升了开发效率。

- **数据或服务提供方掌握接入主动权**

  MCP 服务器具备可复用的特点，对于数据或服务提供方来说，是一个很大的利好。

MCP 通过"配置即接入"的机制，系统性缓解了服务方"主动权分散、接入不可控"的问题。数据或服务提供方只需将能力封装为 MCP 服务器，并公开其配置地址，即可实现"一次开发，多端复用"。

- AI 应用无须重复对接

MCP 通过统一的接口标准和用户配置机制，帮助 AI 应用解决了**筛选难、整合难、对接难**的问题。

AI 应用只需实现一次 MCP 接入，就拥有了与所有 MCP 服务器通信的能力，客户端的处理方式可以完全复用，避免了为每个服务单独写接入逻辑的高昂开发成本。

更重要的是，**服务的整合从"开发接入"转变为"用户配置"**。新增服务不再需要 MCP 客户端更新代码或发布新版本，只需用户粘贴一个配置地址，就能立即调用该 MCP 服务器所提供的能力。这一转变极大地降低了服务集成的边际成本，让 AI 应用可以更轻松地构建"插件市场"或"服务集市"。

1.2.3 技术设计视角

✳ 1. 从 LSP 到 MCP

从 MCP 设计者 David Soria Parra 和 Justin Spahr-Summers 的访谈播客可知，MCP 的设计受到了 LSP 的启发。

LSP（Language Server Protocol，语言服务器协议）是微软于 2016 年提出的通信协议，旨在标准化编辑器 / IDE 与语言服务器之间的交互。它将代码补全、错误检查、智能跳转等功能从编辑器中解耦，由独立的语言服务器提供。

LSP 基于 JSON-RPC，通过统一的请求和响应格式，实现了编辑器 / IDE 与语言服务器之间的高效通信。LSP 的交互流程如图 1-9 所示。

LSP 的核心价值包括以下几点：

- **编辑器中立性**，开发者可在任意支持 LSP 的编辑器中享受统一的语言智能服务；
- **避免重复开发**，每种语言只需实现一次语言服务器，即可供所有编辑器调用；
- **良好的扩展性**，新增语言支持无须修改编辑器，只需增加语言服务器。

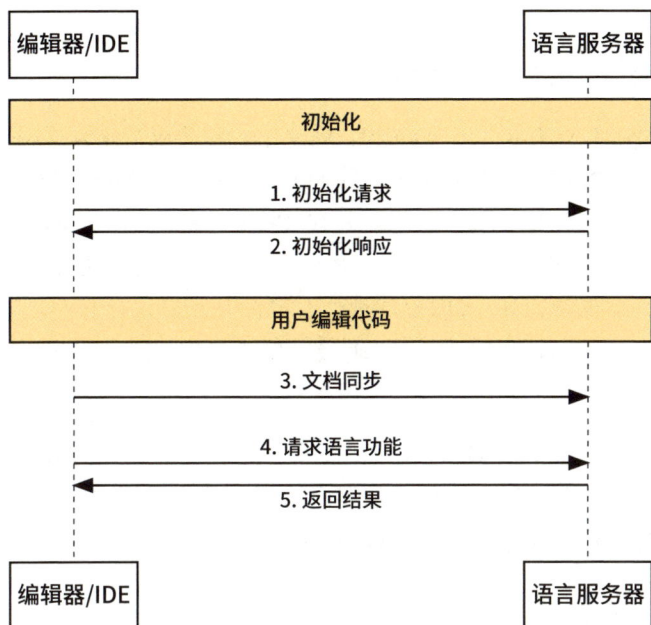

图 1-9 LSP 的交互流程

　　MCP 借鉴了 LSP 的架构设计，在应用层定义了三类角色：主机、客户端、服务器。主机是 AI 应用（如 Cursor），可在其内部创建 MCP 客户端，MCP 中的主机 + 客户端的组合类似于 LSP 中的编辑器 / IDE；MCP 服务器则提供具体的数据或服务，类似于 LSP 中的语言服务器。此外，MCP 还借鉴了 LSP 中的其他几个优秀的设计理念：

- □ **资源与应用解耦**，通过外部服务器连接数据或服务；
- □ **支持本地运行**，服务器可作为本地进程运行，通过 stdio 与客户端通信；
- □ **统一通信协议**，采用 JSON-RPC 实现标准化的数据交换；
- □ **一次实现，多端复用**，客户端和服务器只需开发一次，即可在支持 MCP 的环境中通用，避免了重复劳动。

　　LSP 遵循了软件工程中"关注点分离"的原则，并实现了"一次实现，处处可用"的工程愿景，成功推动了编辑器生态的标准化和可扩展性。MCP 则延续并拓展了"协议驱动"的理念，跟 LSP 有限的语言服务器数量相比，MCP 服务器的规模要大得多，将为 AI 应用构建出更加繁荣和开放的服务生态。

＊**2. 从 HTTP 到 MCP**

MCP 发布之后，很多人觉得我们迎来了"AI 时代的 HTTP"，价值不可限量。

HTTP（HyperText Transfer Protocol，超文本传输协议）是万维网（WWW）的基础协议，定义了客户端与服务器之间如何交换数据。自 Tim Berners-Lee 博士及其团队于 1989 年提出万维网的构想，并在 1990 年到 1991 年间设计并实现了最初版本的 HTTP 和 Web 系统以来，HTTP 已经从早期仅支持纯文本传输演化为支持网页、图像、音视频、3D 等内容的现代互联网基础协议。它的每一次升级（如HTTP/1.1、HTTP/2、HTTP/3）都与 Web 技术的进步相互推动，共同构建了当今庞大的 Web 生态。

MCP 的设计在架构上与 HTTP 类似，也采用了 C/S 架构，但引入了一个关键的新角色——**主机**，形成了其核心的主机-客户端-服务器架构。MCP 中的主机 + 客户端的组合，可类比于 HTTP 中的浏览器，而 MCP 中的服务器则可类比为 HTTP 中的Web 服务器。

为了更清晰地理解 MCP 的定位，表 1-1 对 MCP 与 HTTP 进行了对比。

表 1-1 MCP vs HTTP

维度	HTTP	MCP
协议层级	应用层，基于 TCP/IP	应用层，可运行于 HTTP 之上
交互模式	用户通过浏览器输入网址，浏览器与 Web 服务器交互	用户通过 AI 应用输入问题，AI 应用创建 MCP 客户端与 MCP 服务器交互
架构模型	客户端-服务器	主机-客户端-服务器
生态目标	构建 Web 应用生态	构建 AI 应用生态

正如 HTTP 在 30 多年前开启了 Web 时代，让互联网日后真正走进了千家万户，改变了人类获取信息和交流的方式，我们可以预见，MCP 的出现标志着一个全新的 AI 原生应用生态正在形成，由此引发的信息变革将比 Web 时代带来的变革更加深远。

1.3 MCP 是怎么火起来的

1.3.1 横空出世

MCP 于 2024 年 11 月 25 日发布，可以说是"横空出世"。MCP 发布的当天，国内外媒体争相报道，用"震惊、炸裂"来形容 MCP 的诞生，声称 AI 行业马上要"变天"了。

我也在第一时间阅读了 MCP 的文档，我对 MCP 的价值和未来潜力非常看好。当时，我给出了以下三个判断。

❑ MCP 是对函数调用机制的升级，为大模型集成外部资源的方式定义了标准，能够有效扩充大模型的能力边界。

❑ 不管是函数调用还是 MCP，最大的难点都在于大模型对用户意图的识别。如何从客户端传递的工具列表中选择最适合调用的工具，并且返回准确的调用参数，是整套机制的关键。

❑ MCP 能不能成为 AI 行业的普适性标准，取决于生态的建立和共识的形成。这里面存在一个经典的"鸡蛋悖论"，也就是先有鸡还是先有蛋的问题。如果有足够多的数据或服务提供方基于 MCP 开放了能力，其他 AI 应用会选择跟进；如果主流的 AI 应用支持通过 MCP 添加扩展，第三方数据或服务提供方也会愿意开放其能力。

1.3.2　靠明星效应破局

MCP 发布之初，官方实现了十几个经典的 MCP 服务器，包括网页内容抓取、时间处理、数据查询等类别，并在 Claude 中实现了对 MCP 服务器的接入。

MCP 在发布后的两个月内，处于相对沉寂的状态，偶尔有一些新的 MCP 服务器发布和 AI 应用宣布支持 MCP，但整体讨论热度不高。

从 2025 年 1 月底开始，MCP 才出现热度上升的势头，这跟几个重要的 AI 应用的功能迭代有关，比如 Cursor、Windsurf。

● Cursor 支持 MCP

2025 年 1 月 23 日，知名 AI 编辑器 Cursor 发布了 0.45.x 版本，开始支持 MCP，用户可以添加 MCP 服务器，读取本地数据或文件，进一步增强 Cursor 的编程辅助能力。

● Windsurf 支持 MCP

2025 年 2 月 13 日，另一款知名的 AI 编辑器 Windsurf 发布了 Wave 3 版本，也宣布支持 MCP。用户可以在 Windsurf 中添加各类 MCP 服务器，实现各类能力的接入。

> 除了知名的客户端产品支持 MCP 之外，一些知名的数据或服务提供方，包括 Perplexity、Figma 等，也把自己的部分能力以 MCP 服务器的方式开放。这进一步提升了 MCP 的讨论热度。

2025 年 3 月，伴随着 AI 领域几个重量级产品的发布和几个重大事件的发生，MCP 才迎来了真正的爆发。

以下为典型例子。

- **Manus 发布**

Monica AI 团队于 2025 年 3 月 6 日发布了 Manus——一款通用智能体产品。Manus 可以模拟用户操作浏览器的行为，通过 AI 执行各类自动化任务。

Manus 一经发布迅速火遍全网，成为继 DeepSeek 之后的又一个现象级 AI 产品。

Manus 火了之后，开始有人分析 Manus 的实现原理，推测其实现过程中用到了大量的 MCP 服务器，比如 Manus 的联网检索、浏览器操作、文件创建、命令行调用等工具，毕竟，之前都有 MCP 服务器实现了类似的功能。

对于一个超级智能体，通过 MCP 服务器实现各类功能，为大模型补充上下文知识，从而更好地满足用户需求，是一件非常合理的事情，也是 MCP 发布之初的愿景之一。

据我所知，Manus 最初的功能实现并没有用到 MCP 服务器，但 Manus 的出圈让 MCP 迅速火了起来，推动了 MCP 生态的发展。

- **a16z 发布市场分析报告**

2025 年 3 月 20 日，全球知名的风险投资机构安德森 - 霍洛维茨（Andreessen Horowitz，简称 a16z）基金发布了题为 "A Deep Dive into MCP and the Future of AI Tooling" 的市场分析报告，并同步公布了 MCP 市场地图，如图 1-10 所示。

该报告从资本市场视角对 MCP 进行了积极的评估与战略展望，进一步提升了全球投资者与科技界对 MCP 的关注度与认可度。

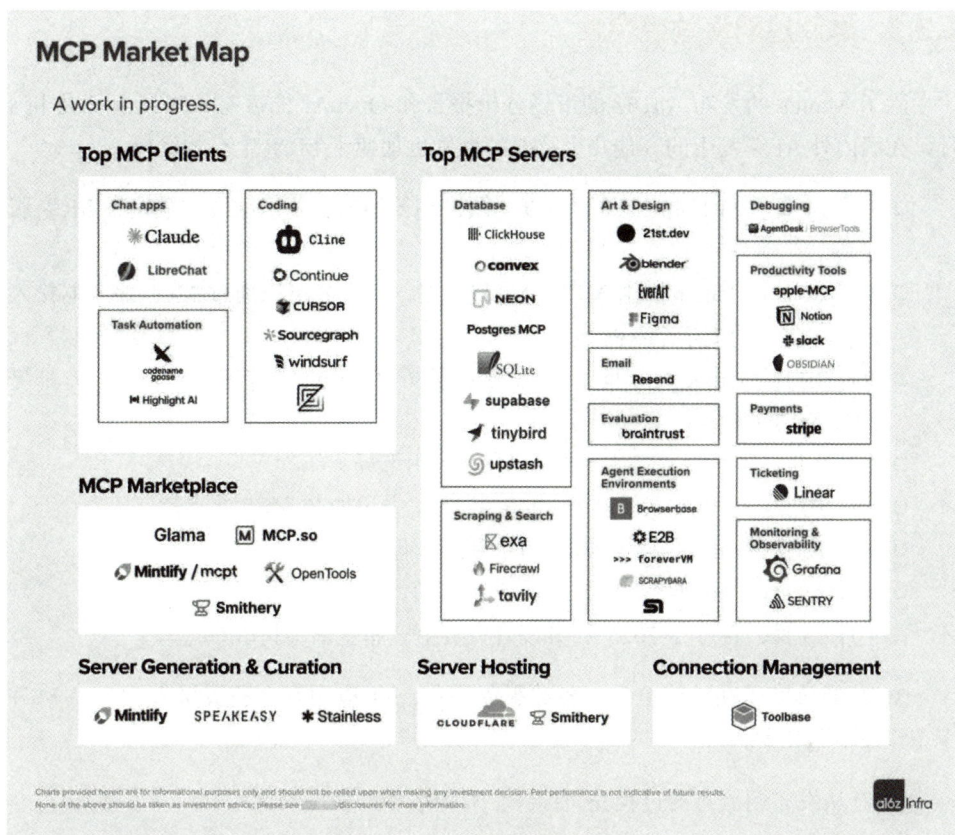

图 1-10　MCP 市场地图

- **OpenAI 宣布支持 MCP**

2025 年 3 月 27 日，OpenAI 首席执行官 Sam Altman 在 X 发帖，称因为大家都很喜爱 MCP，所以 OpenAI 在其自身的产品中添加了对 MCP 的支持——Agents SDK 率先接入 MCP，后续团队也会在 ChatGPT 桌面版和 API 中逐步支持 MCP。

这一消息再次拉升了 MCP 的热度。之前行业内不少人认为，OpenAI 作为 Anthropic 最主要的竞争对手，有可能会选择发布一套新的协议，而不是接入竞争对手发布的 MCP。

Sam Altman 的表态给很多此前对 MCP 持观望态度的人"吃了一颗定心丸"。随后，各类数据或服务提供方开始积极接入 MCP，各大模型厂商、AI 应用也纷纷跟进。

1.3.3 靠双边网络效应爆发

除了 Manus 的发布、a16z 的市场分析报告和 OpenAI 的表态，2025 年 3 月和 4 月，在国内外 AI 圈发生的其他几个重要的事件也加速了 MCP 生态的发展。

- 3 月 21 日、23 日和 31 日，百度地图、高德地图、腾讯地图相继发布 MCP 服务器。
- 3 月 24 日，Zapier 推出 MCP 全流程方案，开发者可以通过 MCP 服务器接入 Zapier 支持的上千个 API 服务。
- 3 月 25 日，Cloudflare 推出 MCP 云托管方案，开发者可基于 Cloudflare 部署远程 MCP 服务器。
- 4 月 9 日，阿里云百炼平台上线 MCP 应用市场。
- 4 月 10 日，谷歌宣布将在 Gemini 和 SDK 中添加对 MCP 的支持。
- 4 月 22 日，Docker 推出 MCP 目录和工具包。
- 4 月 23 日，360 纳米 AI 推出 MCP 工具箱。
- 4 月 25 日，百度在 2025 AI 开发者大会上宣布全面支持 MCP。

MCP 的热度还在持续上升，各类服务平台、AI 应用都在积极接入 MCP，MCP 生态正在不断壮大。

MCP 从发布到流行的过程完美诠释了双边市场的发展规律：

> 初期面临典型的"鸡蛋悖论"——缺乏应用支持导致服务器开发意愿不足，而服务器稀缺又让应用缺乏接入动机。然而，头部产品团队的示范性介入触发了"明星效应"，打破了这一僵局并启动了"双边效应"，使得应用端和服务器端开始相互拉动。随着生态参与者不断增多，"网络效应"逐渐显现。每个新加入者都会为整个网络增值，最终形成正向循环，推动了 MCP 生态实现爆发式增长。

1.4　MCP 能做什么

MCP 横空出世之后，许多人看到了 Web 时代 HTTP 的影子，对 MCP 的价值与未来抱有很高的期待。而对于大部分普通开发者而言，可能还需要进一步理解 MCP 的价值具体体现在什么地方。

在本节中，我们主要探讨 MCP 的实际应用价值，换句话说，MCP 能做什么。

1.4.1　在企业办公场景的应用

想象一下，你是一个企业的老板，你的公司内部有很多的 OA（office automation，办公自动化）系统。

员工需要在考勤系统请假，采购人员需要在 ERP（enterprise resource planning，企业资源计划）系统报备，销售人员需要在 CRM（customer relationship management，客户关系管理）系统录入潜在的客户信息，人力资源需要在招聘系统查看候选人的简历，诸如此类。

如果一个员工负责的事项较多，难免要在各个系统之间来回切换，跟各种类型的企业系统或内部资料打交道。而作为老板，你也需要每天登录各个内部系统，查看各种信息，审批各种请求。

AI 的迅速发展，让你看到了通过 AI 在企业内部提效的可能性。你希望有一个像 ChatGPT 一样的对话型 AI 产品，让你的员工可以通过对话快速处理各类信息。

- 员工 A："我想在清明节前请三天事假，理由是回老家扫墓。"AI 自动生成一条请假记录，录入考勤系统。
- 采购 B："今天买了 20 台 Mac mini M4，发放给新员工使用，报备一下。"AI 自动生成一条采购记录，录入 ERP 系统。
- 销售 C："今天跟 X 科技的王总聊了我司的 Y 产品，王总很感兴趣，约了下周深入沟通。"AI 自动生成一条客户沟通记录，录入 CRM 系统。
- 人力资源 D："帮我看五份前端工程师的简历，总结五位候选人的优势。"AI 自动从简历库读取简历，并将总结输出给 HR。
- ……

你把这个系统的开发需求告诉了研发部，并对这套系统提出了如下要求：

- 能够对接企业内部各套系统，通过对话进行操作；
- 系统部署在内网，内部数据不能上传到公网；
- 研发周期要短，快速上线。

研发部由多个开发小组组成，每个小组负责一个内部系统的开发与维护，而这个对话产品由一个新的小组负责。

在 MCP 出现之前，这个新产品的开发，需要推动原有的内部系统开发小组将内部系统的核心功能以 API 的形式暴露，再在新产品里一个个对接内部系统的 API。这个过程伴随非常高的沟通和协作成本。

而借助 MCP，这个系统的开发将变得简单、高效：

- □ 原有的内部系统（比如 ERP、CRM）无须开放 API，只需写一个 MCP 服务器，开放关键的资源或功能函数即可；
- □ 新开发的对话产品，无须一个个对接内部系统，只需按照 MCP 的要求，实现 MCP 客户端必需的功能（连接 MCP 服务器、发起请求获取资源 / 提示词 / 工具、调用工具等操作）即可；
- □ 最终部署上线时，只需把对话产品和各个内部系统对应的 MCP 服务器部署在一起，通过本地网络通信即可。

通过这个例子，我们可以看到 MCP 在企业内部应用的价值：

- □ 通过协议层面的约定，让系统之间的开放与接入变得标准化，降低沟通与协作成本；
- □ 通过本地进程通信，保证内部系统交互的通信安全，满足对信息安全敏感的企业的要求。

1.4.2　在个人 AI 助手场景的应用

经常使用电脑办公的人，应该对启动器类应用不陌生，无论是在 macOS、Windows 还是 Linux 上，启动器类应用都能帮我们快速查找文件、打开软件等，从而提高效率。macOS 操作系统中自带的启动器应用叫作 Spotlight，我日常使用的是一款名为 uTools 的第三方启动器应用，如图 1-11 所示。

每次通过 Command + Space 快捷键唤起 uTools，输入关键词，即可进入启动器内置应用的操作界面，执行翻译、格式化、查找文件、联网检索等操作。

uTools 内置了上百款应用，覆盖日常办公场景。而这些应用，是由 uTools 官方内置或者第三方开发者提供的。每个应用对应着一个用代码实现的插件，安装 uTools 启动器后即可使用。

参考启动器应用的设计思路，我们是不是可以基于 MCP 来开发个人 AI 助手？

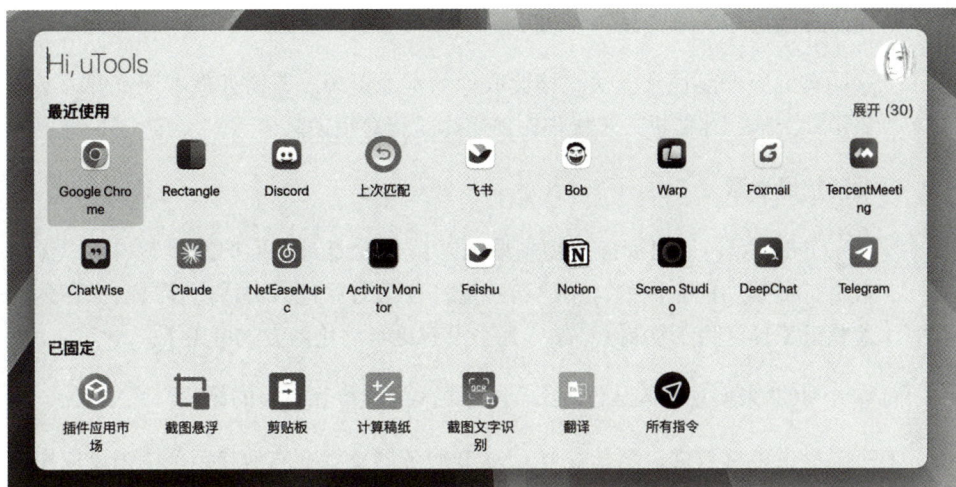

图 1-11　macOS 中的第三方启动器应用 uTools

想象一下，通过快捷键唤起一个输入框，你可以提出以下问题：

- □ 帮我查看一下微信中的 AI 产品交流群，看看大家在聊啥；
- □ 查一下系统日历，看看我这周有哪些会议安排；
- □ 打开浏览器帮我看看微博热搜，其中热搜排名前三的新闻是什么；
- □ 帮我整理一下 ~/Documents 目录下的文件，按月归类。

如果有一个 AI 助手常驻在你的电脑中，根据你的指令帮你完成此类需求，你会不会很期待？

你可能会问：这跟 MCP 有什么关系？ChatGPT、豆包不都已经做了吗？

确实如此，ChatGPT、豆包等产品的团队也都在推广其桌面版，且提供了类似启动器应用的功能。从产品战略来看，大家都想抢占用户电脑端的上网入口。

但此类产品目前存在以下几个问题。

- **数据存储在云端**

  ChatGPT、豆包等桌面版产品的数据均保存在云端。也就是说，你在客户端的对话内容会被发送至其云服务器。例如，当你请求豆包分析某个聊天文件时，需要先将文件上传至云端，才能进行处理。在这一过程中，你可能会担心隐私泄露问题。

- **无法直接访问本地资源**

  这些桌面版产品通常无法直接读取你的本地资源。若需处理本地资源，必须先手动上传，才能进一步操作，使用体验相对烦琐。

- **功能扩展受限**

  ChatGPT、豆包等桌面版应用本质上是由开发商封闭维护的服务，用户无法自由扩展其功能。例如，用户若希望将自己与豆包的对话内容自动保存到本地笔记工具，除了复制 / 粘贴，几乎没有更自动化的方式可用了。

而基于 MCP 来实现个人 AI 助手，会有更大的优势和更好的体验。

- □ 有限提供私有数据，隐私安全。MCP 服务器支持在本地指定范围内读取用户的私有数据，而无须用户把整个私有数据文件上传给个人 AI 助手，提高了用户的信任度。
- □ 可插拔架构，灵活度高。无须在个人 AI 助手内置大量的功能，而是使用可插拔架构，让用户自行选择使用哪些 MCP 服务器，从而让个人 AI 助手保持更高的灵活度。
- □ 无限扩展功能。用户可以自己开发，或者安装别人开发好的 MCP 服务器，来操作本地的各类资源。在个人 AI 助手上使用 MCP 服务器为大模型补充上下文，让大模型更好地理解和实现用户需求。

1.4.3　帮助资源方开放能力

诸如 Perplexity 之类提供数据或服务的资源方，通过开放 API 的方式，暴露自身的部分能力，让第三方应用能够接入使用，本质是为了提升 ToB（企业端）收入。

而对接资源方的 API，需要应用方投入开发成本，参照资源方的 API 说明，进行必要的调试和接入。

假设某 AI 应用为了实现联网检索功能，需要自行对接搜索服务商。在 Perplexity 和 Tavily 两家都提供联网检索功能的情况下，应用对接了其中一家，便大概率不会再对接另一家。这是因为每次对接，都需要重新调试一套新的 API，有额外的时间成本。

有了 MCP 之后，Perplexity 与 Tavily 都基于 MCP 实现了一个 MCP 服务器，通过 MCP 服务器开放了其联网检索工具。

对于应用而言，接入成本更低了——只需要实现一个 MCP 客户端，就可以一次性对接所有此类服务。毫无疑问，应用的对接意愿会更强。

就算应用自身不对接联网检索的 MCP 服务器，如果允许用户自行添加外部 MCP 服务器，那么 Perplexity 与 Tavily 开放的 MCP 服务器也有机会被用户添加到 AI 应用中。

MCP 帮助资源方实现了"一次开放，随处运行"的目的。资源方的 ToB 调用量得以提升，ToB 收入也会增长。随着 MCP 客户端的增多，这个价值会被进一步放大。

1.4.4　助力开发者高效创建智能体

在 1.3 节中，我们谈到了 MCP 的爆火，在一定程度上是由 Manus 带起来的。

根据网上有人对 Manus 的技术拆解，我们了解到，Manus 在实现过程中集成了 29 个供大模型调用的工具：

- ❑ 12 个浏览器操作工具（支持 AI 应用与浏览器、网站交互）；
- ❑ 5 个 shell 操作工具（允许用户通过命令行界面与系统交互）；
- ❑ 5 个文件操作工具（支持打开、读取、写入、创建文件等）；
- ❑ 3 个部署工具（把生成的代码部署到容器，得到一个可公开访问的网址）；
- ❑ 2 个消息交互工具（发送、暂停、删除、流式回复消息等）；
- ❑ 1 个信息查询工具（联网检索）；
- ❑ 1 个 IDLE（Integrated Development and Learning Environment，集成开发和学习环境）工具。

Manus 让很多人看到了智能体的价值，许多开发者都想复刻 Manus，实现自己的智能体。

如果开发者自行实现上述的 29 个工具，毫无疑问要投入大量时间来开发与调试。而基于 MCP 及其生态，开发者可以从全世界开发者发布的 MCP 服务器中选择合适的工具（无须重复开发），以搭积木的形式进行拼装与整合，来实现自己的智能体产品。每一个 MCP 服务器中的每一个工具，都可以作为一项原子能力，帮助开发者更快、更好地创建智能体。

MCP 通过连接全球开发者，大幅降低了创建智能体的技术门槛，展现出强大的生态价值。

1.5 小结

本章系统性介绍了 MCP 的工作原理与诞生背景：一开始通过高德地图服务器的例子演示了 MCP 的工作原理；然后从大模型、AI 应用与技术设计的视角阐述了 MCP 解决的问题与其独特的价值；接下来，理顺了 MCP 爆发的过程，最后聊了聊 MCP 能做什么。通过对本章内容的学习，相信读者已经了解了 MCP 是如何发展起来的，有哪些具体的应用场景。接下来，我们来深入解析协议架构，让大家彻底搞懂 MCP 的设计。

## 第 2 章

MCP 架构解析

在了解完 MCP 的工作原理、诞生背景和发展历程之后，我们对 MCP 有了初步了解，知道了 MCP 可以用于对接外部数据或服务，从而为大模型补充上下文。

本章将聚焦于 MCP 的架构解析，深入拆解 MCP 的核心架构、通信基础、连接生命周期、传输机制、能力、认证授权方式等，以探究 MCP 的设计理念。

2.1 核心架构：主机 - 客户端 - 服务器

2.1.1 架构简介

MCP 在传统的客户端 - 服务器（C/S，client/server）架构的基础上，引入了"主机"（host）这一角色，构建出**主机 - 客户端 - 服务器**的基本架构，如图 2-1 所示。

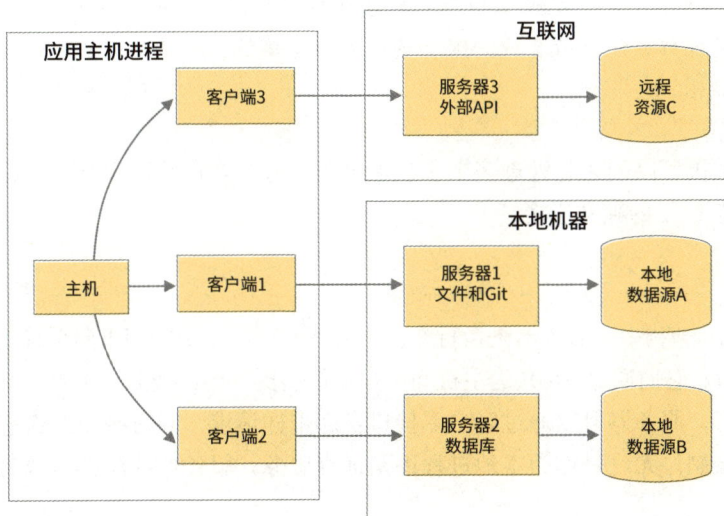

图 2-1 MCP 的主机 - 客户端 - 服务器架构

在 1.1 节中，我们已经介绍了 MCP 中主机、客户端、服务器的基本定义，并通过一个例子演示了它们是如何协同工作的。接下来，我们从功能职责的角度，详细介绍 MCP 架构的各个组成部分。

✳ 1. 主机

在 MCP 架构中，主机扮演着协调者的角色。它不仅负责创建和管理多个客户端进程，还掌控着这些客户端的连接权限与生命周期。同时，主机需要安全地维护客户端与服务器之间的连接，并在必要时请求用户授权。除此之外，主机还承担着大模型的集成与采样任务，并负责跨客户端的上下文聚合管理，从而确保整个系统的高效协作与安全运行。

✳ 2. 客户端

在 MCP 架构中，我们可以将客户端看作主机内部的一个业务进程，它能够与服务器进程建立连接，实现数据的交互，从而帮助主机获取所需的外部资源。

客户端进程的核心职责包括：为每个服务器建立并维护有状态的会话，负责协议版本与能力协商，确保双方能够顺利沟通；同时还承担着协议消息的双向路由，保证信息能够及时传递；此外，客户端还需要管理订阅和通知。

> **什么是进程？**
>
> 进程是具有一定独立功能的程序在特定数据集上的一次动态执行过程，是操作系统进行资源分配和调度的基本单位，也是应用程序运行的基本载体。

一个主机可以创建和管理多个客户端进程，每个客户端进程与一个特定的服务器进程维持 1∶1 的独立连接。

✳ 3. 服务器

在 MCP 架构中，服务器是运行在主机之外的程序，专门用于向系统提供特定的资源和能力。它们通过 MCP 为主机和客户端提供提示词、资源、工具，并且以独立的方式运行。服务器可以通过客户端接口发起采样请求，同时必须严格遵循安全方面的各项限制。无论是作为本地进程还是远程服务，服务器都能灵活地为系统扩展功能。

2.1.2 设计原则

MCP 的设计遵循一套贯穿架构和实现的核心原则。

- **分离原则**，MCP 力求让服务器的构建变得简单。主机负责处理复杂的编排任务，服务器则专注于实现自身特定的能力，通过简洁的接口降低开发复杂度，通过分离原则提升代码的可维护性。
- **模块化设计**，MCP 鼓励服务器具备高度的可组合性。每个服务器都专注于独立的能力模块，多个服务器可以无缝协作，通过共享协议实现互操作，并借助模块化设计支持系统的持续扩展。
- **最小化暴露**，在安全与隔离方面，MCP 要求服务器仅访问必要的上下文信息，完整的对话历史由主机统一管理。服务器之间的连接是相互隔离的，跨服务器的交互由主机统一协调。主机进程同时划定安全边界，防止信息泄露和越权访问。
- **渐进式扩展**，核心协议只提供最基础的功能，服务器和客户端可以根据实际需求协商并添加额外的能力，二者能够独立演进。协议本身采用可扩展的设计，以便未来支持更多新特性，同时始终保持对旧版本的兼容性。

2.1.3 关键组成

MCP 由多个关键组件协同构成，整体采用模块化设计，明确划分各个关注点，既提升了系统的可维护性，也为客户端与服务器之间的灵活交互奠定了基础。

- **基础协议**，MCP 明确规定了客户端与服务器之间通信的编码方式（JSON-RPC）、连接的完整生命周期、消息传输机制，以及双方通过能力协商确定可用能力的流程。
- **能力模块**，服务器和客户端都可以实现丰富的扩展。例如，服务器能够向客户端提供各类资源、提示词和工具，供用户或大模型调用；而客户端则可以为服务器提供采样等能力，并对服务器的可操作目录进行限制。
- **额外工具**，MCP 支持配置管理、进度追踪、通信取消、错误报告和日志记录等功能，进一步丰富了客户端与服务器之间的交互手段。
- **授权框架**，MCP 提供了基于 HTTP 的授权框架，适用于 HTTP 传输场景；而对于 stdio 传输，则通过环境变量获取凭据。同时，客户端和服务器也可以根据实际需求协商自定义的身份验证和授权策略。

2.1.4　能力协商机制

MCP 采用能力协商机制，在初始化阶段，客户端与服务器分别通过 capabilities 字段声明自身支持的能力。这些声明决定了双方在整个会话期间的交互方式与能力边界。

例如，服务器可以声明支持提示词、资源、工具等能力；客户端则可能声明支持根（节点）、采样等能力。在整个会话过程中，双方需严格遵循已声明的能力执行逻辑。协议本身也支持协商添加更多扩展能力，实现渐进式演化。

每项能力声明都必须与实际实现相对应。例如：

- 能力必须显式声明，服务器实现某能力，必须在 capabilities 字段中明确声明；
- 权限受能力限制，未声明订阅能力的服务器将无法接收资源订阅通知；
- 工具调用也需声明，服务器若支持工具能力，必须在能力列表中予以标注。

如下所示为一个客户端在初始化请求中声明采样和根能力的示例：

```
{
  "jsonrpc": "2.0",
  "id": 1,
  "method": "initialize",
  "params": {
    "protocolVersion": "2025-03-26",
    "capabilities": {
      "roots": {
        "listChanged": true
      },
      "sampling": {}
    },
    "clientInfo": {
      "name": "ExampleClient",
      "version": "1.0.0"
    }
  }
}
```

若客户端支持采样能力，需在其能力声明中显式说明。这种能力协商机制不仅使通信双方对各自的能力边界有清晰认知，也为协议的可扩展性提供了机制保障。

2.1.5　通信安全

MCP 赋予了系统强大的数据访问和代码执行能力，但这也带来了诸多安全与信任方面的挑战。因此，所有实现者都必须高度重视相关风险，确保协议的使用在可控、可信的范围内进行。

✳ 1. 核心安全原则

- **用户知情与自主**

用户必须对所有的数据访问和操作有充分的知情权和决定权，能够自主选择哪些数据可以被共享、哪些操作可以被执行。协议的实现者应为用户提供清晰直观的界面，方便其审查和授权各项活动。

- **数据隐私保护**

在主机向服务器披露用户数据前，必须获得用户的明确同意。未经授权，主机不得随意将资源数据传输到其他地方，所有用户数据都应受到严格的访问控制和保护。

- **工具调用安全**

由于工具调用本质上涉及任意代码执行，因此必须格外谨慎。工具的行为描述（如注释）除非来自可信服务器，否则都不应被完全信任。主机在调用任何工具前，必须获得用户的明确授权，并确保用户在授权前充分了解每个工具的具体能力。

- **大模型采样权限管理**

所有涉及大模型采样的请求均需用户显式批准。用户应自主决定是否允许采样、是否发送提示词，以及服务器可见的采样结果范围。协议本身也应限制服务器对提示内容的可见性，以降低潜在风险。

✳ 2. 实施建议

尽管 MCP 无法在协议层面强制执行所有安全原则，但开发者应主动承担安全责任，并采取以下措施：

- ❏ 在应用中构建完善的同意与授权机制；
- ❏ 提供清晰的安全风险说明文档；
- ❏ 实施严格的访问控制和数据保护措施；
- ❏ 遵循行业最佳实践并按标准进行集成；
- ❏ 在功能设计阶段充分评估用户的隐私风险。

2.2 通信基础：JSON-RPC

MCP 使用 JSON-RPC 作为客户端与服务器的通信基础。在介绍 JSON-RPC 之前，我们先来回顾一下 JSON 和 RPC。

2.2.1 什么是 JSON

JSON（JavaScript object notation，JavaScript 对象表示法）是一种轻量级的数据交换格式，便于人类阅读和编写，也易于机器解析和生成。它是基于 JavaScript 编程语言的一个子集，但是独立于编程语言。

JSON 主要有以下特点：

- □ 使用简单的文本格式，易于传输和存储；
- □ 支持嵌套数据结构，可以表示复杂的数据；
- □ 数据类型包括对象、数组、字符串、数字、布尔值和 null；
- □ 已成为许多 Web API 和配置文件的标准格式。

JSON 的语法简洁明了，使用键 - 值对组织数据，非常适合作为不同系统间的通用数据交换格式。一个用 JSON 表示的数据结构示例如下：

```json
{
  "name": "张三",
  "age": 30,
  "isStudent": false,
  "hobbies": ["读书", "旅游", "编程"],
  "address": {
    "city": "北京",
    "postcode": "100000"
  },
  "phoneNumbers": [
    {
      "type": "家庭",
      "number": "010-12345678"
    },
    {
      "type": "工作",
      "number": "138XXXXXXXX"
    }
  ],
  "spouse": null
}
```

2.2.2 什么是 RPC

RPC（remote procedure call，远程过程调用）是一种计算机通信协议，它允许程序能够像调用本地函数一样调用另一台计算机上的子程序，而无须编写底层网络通信代码。常见的 RPC 框架包括 gRPC、Thrift、Dubbo 等。

RPC 主要有以下特点：

- 是构建分布式系统通信的基础机制；
- 让远程调用在代码层面表现得与本地调用无异；
- 隐藏了底层网络通信的复杂性；
- 支持不同编程语言和平台之间的互操作性。

典型的 RPC 系统包含两个关键组件：客户端和服务器。客户端发起请求调用远程服务器上的程序，服务器执行请求的操作并返回结果。RPC 的通信流程如图 2-2 所示。

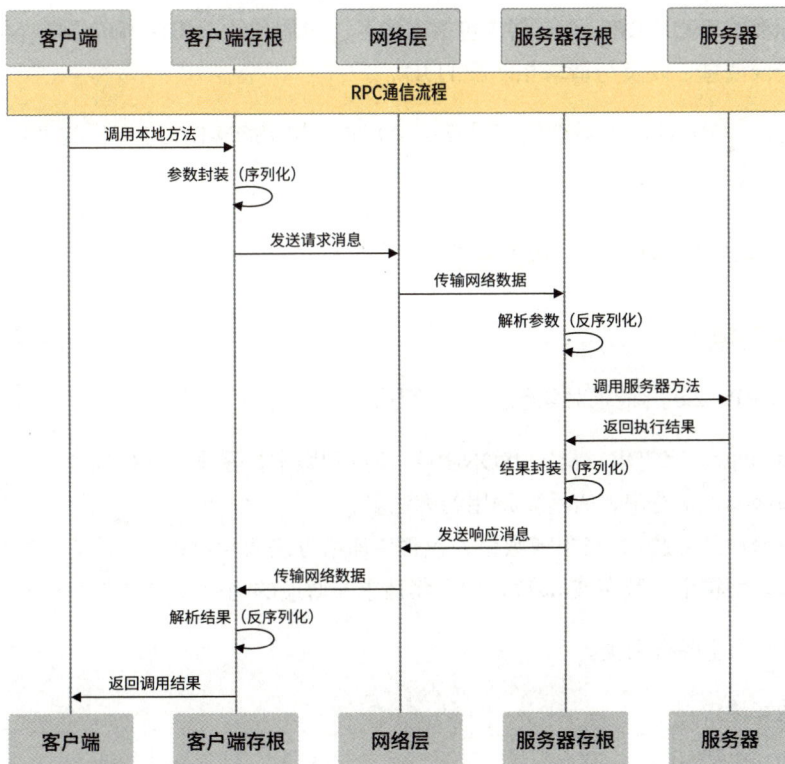

图 2-2 RPC 通信流程

可以看到，RPC 通信主要做了两件事：

- □ 选择一种消息格式，对请求参数和响应参数进行序列化和反序列化；
- □ 选择一种传输协议，传递和接收数据。

2.2.3 什么是 JSON-RPC

JSON-RPC 是一种基于 JSON 的轻量级 RPC 协议。它定义了统一的数据格式和处理规则，用于在不同系统之间进行远程方法调用。

JSON-RPC 的主要特点包括：

- □ 使用 JSON 作为消息格式；
- □ 支持标准的请求－响应通信模式；
- □ 简单易用，语言无关，易于跨平台实现；
- □ 可以通过 HTTP / HTTPS 或其他传输协议进行传输；
- □ 标准的 JSON-RPC 请求结构包括方法名、参数和请求 ID；响应则包含结果或错误消息，以及与请求相匹配的 ID。

当前，JSON-RPC 的最新版本是 2.0。MCP 采用 JSON-RPC 2.0 作为客户端与服务器之间的通信基础。

2.2.4 JSON-RPC 2.0 协议规范

✱ 1. 请求对象

JSON-RPC 2.0 的请求对象包含以下字段：

- □ jsonrpc，字符串，指定 JSON-RPC 协议的版本，必须为 2.0；
- □ method，字符串，表示要调用的方法名；
- □ params（可选），对象或数组，包含传递给方法的参数；
- □ id，字符串、数字或 null，用于将请求与对应的响应关联起来。

请求对象主要有两类。

- ● 通知请求

请求方发起通知请求，不带 id 参数，不关心响应内容，只用于单方面传递消息，而无须等待和理解被请求方的响应内容。一个通知请求示例如下：

```
{
  "method": "notifications/initialized",
  "jsonrpc": "2.0"
}
```

- **待响应请求**

请求方发起待响应请求，需要带上 id 参数。被请求方必须返回跟请求 id 匹配的响应内容。一个待响应请求的示例如下：

```
{
  "method": "initialize",
  "params": {
    "protocolVersion": "2024-11-05",
    "capabilities": {},
    "clientInfo": {
      "name": "mcp-client",
      "version": "1.0.0"
    }
  },
  "jsonrpc": "2.0",
  "id": 0
}
```

✱ 2. 响应对象

JSON-RPC 2.0 的响应对象包含以下字段：

- ❑ jsonrpc，字符串，指定 JSON-RPC 协议的版本，必须精确地为 2.0；
- ❑ result，响应成功时必须包含此成员，且包含方法调用的结果；
- ❑ error，响应失败时必须包含此成员，且包含错误消息；
- ❑ id，必须包含此成员，且必须与请求对象中的 id 值相同。

result 和 error 成员是互斥的，响应中必须有且只能包含其中一个。

✧ 响应成功

被请求方处理请求成功后，会返回一个成功响应，且响应的 id 与请求的 id 保持一致。结果数据通过 result 字段返回。响应成功的示例如下：

```
{
  "jsonrpc": "2.0",
  "id": 0,
  "result": {
```

```
    "protocolVersion": "2024-11-05",
    "capabilities": {
      "tools": {}
    },
    "serverInfo": {
      "name": "mcp-server",
      "version": "0.0.3"
    }
  }
}
```

✧ 响应失败

被请求方处理请求失败后，会通过 error 字段返回错误对象，且返回的 id 也需要跟请求的 id 保持一致。响应失败的示例如下：

```
{
  "jsonrpc": "2.0",
  "error": {
    "code": -32602,
    "message": "Invalid params"
  },
  "id": 0
}
```

✱ 3. 错误对象

当被请求方处理请求遇到错误时，返回的响应对象必须包含一个 error 字段，其值是一个具有以下字段的对象：

- ❑ code，整数类型的错误码，用于表示错误类型；
- ❑ message，简短的错误描述，类型为字符串；
- ❑ data（可选），提供关于错误的附加信息。

JSON-RPC 2.0 预定义了一批错误码，如表 2-1 所示。

表 2-1　JSON-RPC 2.0 预定义的错误码

错　误　码	消　　息	含　　义
-32700	Parse error	收到无效的 JSON
-32600	Invalid Request	发送的 JSON 不是有效的请求对象
-32601	Method not found	方法不存在或不可用
-32602	Invalid params	无效的请求参数
-32603	Internal error	JSON-RPC 内部错误
-32000 到 -32099	Server error	服务器自定义的错误码范围

✳ 4. 批处理

请求方可以同时发送多个请求对象，并将它们封装在一个数组中。被请求方应返回一个包含对应响应对象的数组，但对于通知类型的请求，不应返回任何响应。

一个批处理请求示例如下：

```
[
  { "jsonrpc": "2.0", "method": "sum", "params": [1, 2, 4], "id": "1" },
  { "jsonrpc": "2.0", "method": "notify_hello", "params": [7] },
  { "jsonrpc": "2.0", "method": "subtract", "params": [42, 23], "id": "2" }
]
```

一个批处理响应示例如下：

```
[
  { "jsonrpc": "2.0", "result": 7, "id": "1" },
  { "jsonrpc": "2.0", "result": 19, "id": "2" }
]
```

2.3 连接生命周期

MCP 定义了一个严格的生命周期（lifecycle），用于客户端 – 服务器连接，确保了通信双方能进行适当的状态管理和能力协商。

MCP 连接生命周期主要分为三个阶段：

- □ 初始化阶段，客户端与服务器进行协议版本和能力协商；
- □ 操作阶段，客户端与服务器按照协议正常通信，交换消息；
- □ 关闭阶段，客户端与服务器各自优雅地终止连接。

> MCP 连接生命周期的设计，旨在最大限度地保障通信的可靠性。通信开始前，双方需先建立连接，以获取对方的身份信息、支持的协议版本以及已实现的能力。在此基础上，双方在协商确定的能力范围内进行通信，从而降低异常发生的可能性。通信结束后，连接将被及时关闭，以防资源泄露。

在 MCP 连接生命周期内，客户端与服务器的交互示例如图 2-3 所示。

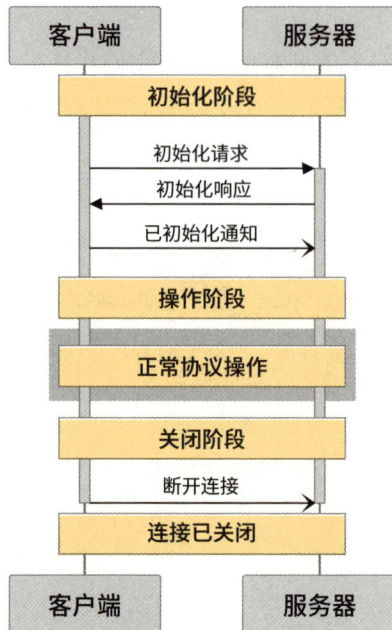

图 2-3 在 MCP 接连生命周期内客户端与服务器的交互示例

2.3.1 初始化阶段

✳ 1. 建立连接

MCP 连接生命周期的初始化阶段，是客户端与服务器的第一次交互。在此过程中，双方建立连接，协商通信使用的协议版本，各自声明支持的能力。

客户端发送初始化请求的消息示例如下：

```
{
  "jsonrpc": "2.0",
  "id": 1,
  "method": "initialize",
  "params": {
    "protocolVersion": "2024-11-05",
    "capabilities": {
      "roots": {
        "listChanged": true
      },
      "sampling": {}
```

```
    },
    "clientInfo": {
      "name": "ExampleClient",
      "version": "1.0.0"
    }
  }
}
```

服务器在接收到客户端的初始化请求之后，必须响应其支持的能力和自身的基本信息。响应消息示例如下：

```
{
  "jsonrpc": "2.0",
  "id": 1,
  "result": {
    "protocolVersion": "2024-11-05",
    "capabilities": {
      "logging": {},
      "prompts": {
        "listChanged": true
      },
      "resources": {
        "subscribe": true,
        "listChanged": true
      },
      "tools": {
        "listChanged": true
      }
    },
    "serverInfo": {
      "name": "ExampleServer",
      "version": "1.0.0"
    },
    "instructions": "Optional instructions for the client"
  }
}
```

在收到服务器的响应之后，客户端必须发送一个已初始化通知，表明它已准备好开始正常操作。已初始化通知的消息示例如下：

```
{
  "jsonrpc": "2.0",
  "method": "notifications/initialized"
}
```

由以上步骤可以得知，客户端与服务器在初始化阶段建立连接的过程跟 TCP 三次握手过程类似，如图 2-4 所示。

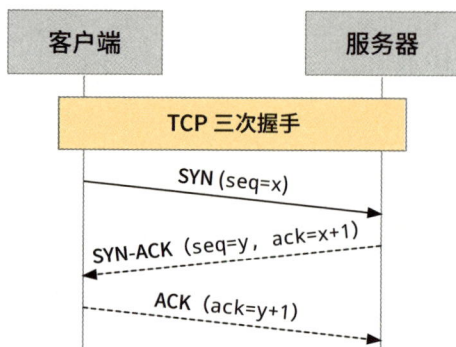

图 2-4 TCP 三次握手

✳ 2. 版本协商

在初始化请求过程中，客户端必须发送它支持的最新协议版本。

- ❑ 如果服务器支持请求的协议版本，它必须以相同的版本响应。否则，服务器必须响应其支持的最新版本。
- ❑ 如果客户端不支持服务器响应的版本，它应该断开连接。

✳ 3. 能力协商

在初始化阶段，客户端与服务器通过能力协商确定会话期间将用到哪些能力。客户端与服务器支持的能力如表 2-2 所示。

表 2-2 客户端与服务器支持的能力

分　类	能　力	描　述
客户端	roots	提供文件系统根列表
客户端	sampling	支持大模型采样
客户端	experimental	支持非标准实验能力
服务器	prompts	提供提示词
服务器	resources	提供可读资源
服务器	tools	支持工具调用
服务器	logging	支持结构化日志
服务器	experimental	支持非标准实验能力

能力声明可以包含附加字段，例如：

- ❑ listChanged，支持列表变更通知（用于提示词、资源、工具、根等）；

❑ subscribe，支持订阅单个内容的变更通知（仅限资源）。

2.3.2 操作阶段

客户端与服务器在初始化阶段建立连接之后，进入操作阶段，开始正常通信。

在操作阶段，通信双方应该遵守以下原则：

❑ 尊重协商的协议版本；
❑ 仅使用协商的能力。

2.3.3 关闭阶段

客户端与服务器在关闭阶段断开连接。一方（通常是客户端）主动终止连接，另一方（通常是服务器）应使用底层传输机制来终止连接。

- stdio

对于基于 stdio 传输通信的双方，应通过以下方式启动关闭流程：

1. 客户端关闭对子进程的输入流（服务器的 stdin）；
2. 等待服务器退出，或者当服务器未在合理时间内退出时发送 SIGTERM 信号；
3. 在给服务器发送 SIGTERM 信号之后，如果服务器在合理时间内仍未退出，则继续给服务器发送 SIGKILL 信号；
4. 服务器通过关闭对客户端的输出流（stdout）来完成关闭流程。

- HTTP

对于基于 HTTP 传输通信的双方，关闭 HTTP 连接即可。

2.3.4 超时机制

MCP 通信双方应为所有发送的请求设置超时，以防止连接挂起和资源耗尽。当请求在超时期间未收到成功响应或收到错误响应时，发送者应发出对该请求的取消通知并停止等待响应。

SDK 和其他中间件应支持为请求配置超时。

MCP 通信双方还可以选择在收到与请求相关的进度通知时重置超时计时器，这表明工作实际上正在进行。但无论是否收到进度通知，系统都应该始终强制执行最大超时限制，以防通信过程中存在不遵守协议的一方对系统造成干扰。

在请求超时的情况下，请求方发送的取消请求通知示例如下：

```json
{
  "jsonrpc": "2.0",
  "method": "notifications/cancelled",
  "params": {
    "requestId": 2,
    "reason": "Error: MCP error -32001: Request timed out"
  }
}
```

2.3.5　错误处理

MCP 通信双方应准备处理以下错误情况：

❑ 协议版本不匹配；
❑ 无法协商所需能力；
❑ 请求超时。

被请求方响应的错误消息示例如下：

```json
{
  "jsonrpc": "2.0",
  "id": 1,
  "error": {
    "code": -32602,
    "message": "Unsupported protocol version",
    "data": {
      "supported": ["2024-11-05"],
      "requested": "1.0.0"
    }
  }
}
```

2.4　传输机制：stdio / SSE / 流式 HTTP

MCP 传输机制是客户端与服务器通信的桥梁，定义了客户端与服务器通信的细节，帮助客户端和服务器交换消息。

目前，MCP 定义了三种传输机制用于客户端 - 服务器通信：

❑ stdio，通过标准输入和标准输出进行通信；

❑ SSE，通过服务器发送事件进行通信（协议版本自 2024-11-05 开始支持，自 2025-03-26 被废弃）；

❑ 流式 HTTP（Streamable HTTP），通过 HTTP 进行通信，支持流式传输（协议版本自 2025-03-26 开始支持，用于替代 SSE）。

MCP 要求客户端应尽可能支持 stdio。

MCP 的传输机制是可插拔的，也就是说，客户端和服务器不局限于 MCP 定义的这几种传输机制，也可以通过自定义的传输机制来实现通信。

2.4.1　stdio 传输

stdio 即 standard input & output（标准输入 / 输出），是 MCP 推荐使用的一种传输机制，主要用于本地进程通信。

❋ 1. stdio 传输通信流程

基于 stdio 传输的通信流程如图 2-5 所示。

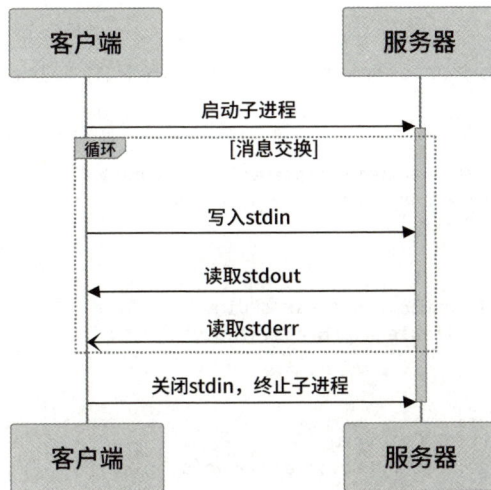

图 2-5　stdio 传输通信流程

通信步骤如下：

1. 客户端以子进程的方式启动服务器；
2. 客户端往服务器的 stdin 写入消息；

3. 服务器从自身的 stdin 读取消息；

4. 服务器往自身的 stdout 写入消息；

5. 客户端从服务器的 stdout 读取消息；

6. 客户端终止子进程，关闭服务器的 stdin；

7. 服务器关闭自身的 stdout。

✱ 2. stdio 传输的实现

我们参考 MCP 官方的 typescript-sdk 来看一下 stdio 传输机制是如何实现的。

◇ 启动服务器

以命令行的方式在本地启动服务器：

```
npx -y mcp-server-time
```

◇ 创建 stdio 通信管道

服务器启动时会创建 stdio 通信管道（pipeline），用于跟客户端进行双向通信。在客户端发送关闭通知或者服务器因为异常退出之前，这个通信管道会一直保持，常驻进程。

stdio 传输类 StdioServerTransport 实现了 MCP 的 Transport 接口，实现逻辑如下：

```
export class StdioServerTransport implements Transport {
  private _readBuffer: ReadBuffer = new ReadBuffer();
  private _started = false;

  constructor(
    private _stdin: Readable = process.stdin,
    private _stdout: Writable = process.stdout
  ) {}

  onclose?: () => void;
  onerror?: (error: Error) => void;
  onmessage?: (message: JSONRPCMessage) => void;
}
```

◇ 从标准输入 stdin 读取请求消息

客户端把消息发送到通信管道，服务器通过标准输入 stdin 读取客户端发送的消息，以换行符 \n 作为读取完成标识。

服务器读取消息的实现逻辑如下（读取的消息最终以 JSON-RPC 编码的结构体

形式返回):

```
readMessage(): JSONRPCMessage | null {
    if (!this._buffer) {
      return null;
    }

    const index = this._buffer.indexOf("\n");
    if (index === -1) {
      return null;
    }

    const line = this._buffer.toString("utf8", 0, index).replace(/\r$/, '');
    this._buffer = this._buffer.subarray(index + 1);
    return deserializeMessage(line);
}
```

✧ 把响应消息写入 stdout

服务器运行完内部逻辑之后,需要向客户端发送响应消息。具体实现流程为:
服务器先用 JSON-RPC 编码消息,再把消息写入标准输出 stdout。实现逻辑如下:

```
send(message: JSONRPCMessage): Promise<void> {
    return new Promise((resolve) => {
      const json = serializeMessage(message);
      if (this._stdout.write(json)) {
        resolve();
      } else {
        this._stdout.once("drain", resolve);
      }
    });
  }
}
```

> 上面的后两个步骤演示了客户端请求服务器单向通信的过程:客户端往
> stdin 写入消息,服务器从 stdin 读取消息;服务器往 stdout 写入消息,客
> 户端从 stdout 读取消息。同理,如果是服务器给客户端发送通知的单向
> 通信场景,这个步骤应该反过来,变成:服务器往 stdin 写入消息,客户
> 端从stdin 读取消息;客户端往stdout写入消息,服务器从stdout读取消息。

✧ 关闭 stdio 通信管道

当客户端退出时,会向服务器发送关闭通知。服务器在通过 stdio 通信管道收到
客户端发送的关闭通知或者内部运行错误之后,将主动关闭 stdio 通信管道。

一旦通信管道关闭,客户端与服务器之间便不能再相互发送消息,除非再次建

立 stdio 通信管道。以下是关闭通信管道的实现逻辑：

```
async close(): Promise<void> {
    // 首先移除 data 事件监听器
    this._stdin.off("data", this._ondata);
    this._stdin.off("error", this._onerror);

    // 检查剩余的 data 事件监听器
    const remainingDataListeners = this._stdin.listenerCount('data');
    if (remainingDataListeners === 0) {
      // 仅在无剩余 data 事件监听器的情况下暂停 stdin
      // 避免干扰其他可能正在使用 stdin 的程序
      this._stdin.pause();
    }

    // 清空读取缓冲区并触发关闭回调
    this._readBuffer.clear();
    this.onclose?.();
}
```

＊3. stdio 传输的利弊与适用场景

stdio 传输机制依靠本地进程通信实现，其主要优势是：

- ❑ 无外部依赖，实现简单；
- ❑ 无网络传输，通信速度快；
- ❑ 本地通信，安全性高，无网络攻击风险。

但也存在一些局限性，主要体现在：

- ❑ 单进程通信，无法并行处理多个客户端请求；
- ❑ 进程通信的资源开销大，很难在本地运行多个服务器。

stdio 传输适用于操作本地资源，且不希望暴露给外部访问的场景。例如，你可能希望通过 AI 对话助手总结微信消息，而这些消息文件存储在本地电脑上，既无法也不应该被外部访问。

若需要访问远程服务器上的资源，虽然仍可使用 stdio 传输，但实现会更加复杂，一般需要经过以下两步：

- ❑ 在远程服务器上部署一个 API 服务，用于操作资源并提供公网访问能力；
- ❑ 编写一个 MCP 服务器对接该 API，再通过 stdio 传输与客户端进行本地通信。

既然使用 stdio 传输访问远程资源如此烦琐，那是否存在更合适的传输机制？

答案是肯定的——可以使用 SSE 传输。

2.4.2 SSE 传输

MCP 使用 SSE（Server-Sent Events，服务器发送事件）传输来解决远程资源访问的问题。底层基于 HTTP 通信，通过类似 API 的方式，让客户端直接访问远程资源，而不用通过 stdio 传输做中转。

在 SSE 传输中，服务器作为一个独立进程运行，可以处理多个客户端连接。服务器必须提供两个端点，分别是：

❑ SSE 端点，供客户端与服务器建立双向通信连接（GET 请求）；
❑ 消息端点，供客户端向服务器发送消息（POST 请求）。

✱ 1. SSE 传输通信流程

基于 SSE 传输的通信流程如图 2-6 所示。

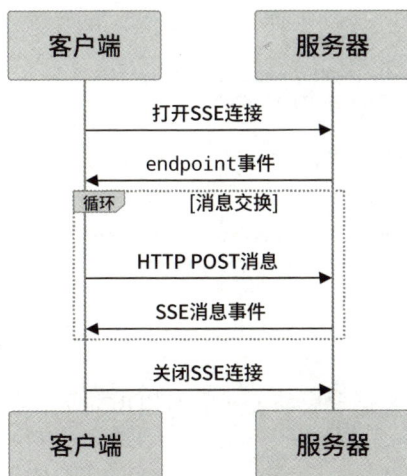

图 2-6　SSE 传输通信流程

通信步骤如下：

1. 客户端向服务器的 /sse 端点发送请求（一般是 GET 请求），建立 SSE 连接；
2. 服务器通过该连接发送事件消息，告知客户端发送消息的端点地址；
3. 客户端根据地址向服务器发送消息请求；
4. 服务器返回状态码，确认已接收消息；
5. 服务器通过 SSE 连接向客户端推送处理结果或其他事件消息；

6. 客户端从 SSE 流中持续接收服务器发送的事件消息；

7. 通信结束之后，客户端关闭 SSE 连接。

* 2. SSE 传输的实现

我们参考 MCP 官方的 typescript-sdk 来看一下 SSE 传输机制是如何实现的。

✧ 启动服务器

通常以命令行方式启动服务器（一般部署在远程服务器上），实际上是启动一个 HTTP 服务，通过监听指定端口对外提供 HTTP 接口。服务器定义与启动的主要实现逻辑如下：

```
const server = new McpServer({
  name: "example-server",
  version: "1.0.0",
});

const app = express();

app.get("/sse", async (_: Request, res: Response) => {
  const transport = new SSEServerTransport("/messages", res);

  await server.connect(transport);
});

app.post("/messages", async (req: Request, res: Response) => {
  await transport.handlePostMessage(req, res);
});

app.listen(3001);
```

这个示例使用 express 框架启动了一个 HTTP 服务，监听端口为 3001，并对外暴露了两个接口端点：

- /sse，GET 请求，用于建立 SSE 连接；
- /messages，POST 请求，用于接收客户端发送的消息。

服务器启动后，需要通过 DNS 解析将其绑定到一个可公开访问的域名，比如 example.com。

✧ 建立 SSE 连接

客户端请求服务器的 SSE 端点地址 https://example.com:3001/sse，与服务器建立双向通信连接；服务器在建立连接之后，给客户端发送一条事件消息，包含消息端点地址，实现逻辑如下：

```
res.writeHead(200, {
  "Content-Type": "text/event-stream",
  "Cache-Control": "no-cache, no-transform",
  Connection: "keep-alive",
});

const messagesUrl = "https://example.com:3001/messages?sessionId=xxx";

res.write(`event: endpoint\ndata: ${messagesUrl}\n\n`);
```

客户端从服务器返回的 endpoint 事件中读取消息端点地址，与服务器成功建立 SSE 连接。

✧ 消息交互

客户端与服务器建立 SSE 连接之后，开始给消息端点地址发送消息。

MCP 中的 SSE 传输是双通道响应机制，也就是说，服务器在接收到客户端的请求消息之后，既要给当前的请求回复一条响应消息，也要给之前建立的 SSE 连接发送一条事件消息（通知类型消息除外）。

举个例子，客户端与服务器建立 SSE 连接之后，给服务器发送的第一条消息，用于初始化阶段做能力协商。

客户端给消息端点发送的请求消息示例如下：

```
curl -X POST https://example.com/messages?sessionId=xxx \
-H "Content-Type: application/json" \
-d '{
  "jsonrpc": "2.0",
  "id": "1",
  "method": "initialize",
  "params": {
    "protocolVersion": "1.0",
    "capabilities": {},
    "clientInfo": {
      "name": "mcp-client",
      "version": "1.0.0"
    }
  }
}'
```

服务器从 HTTP 请求体里读取客户端发送的消息，在执行完内部逻辑之后，给客户端响应 202 状态码（无响应体），表示请求已收到，实现逻辑如下：

```
async handlePostMessage(
  req: IncomingMessage,
  res: ServerResponse,
  parsedBody?: unknown,
): Promise<void> {
  if (!this._sseResponse) {
    const message = "SSE connection not established";
    res.writeHead(500).end(message);
    throw new Error(message);
  }

  let body: string | unknown;
  try {
    const ct = contentType.parse(req.headers["content-type"] ?? "");
    if (ct.type !== "application/json") {
      throw new Error(`Unsupported content-type: ${ct}`);
    }

    body = parsedBody ?? await getRawBody(req, {
      limit: MAXIMUM_MESSAGE_SIZE,
      encoding: ct.parameters.charset ?? "utf-8",
    });
  } catch (error) {
    res.writeHead(400).end(String(error));
    this.onerror?.(error as Error);
    return;
  }

  try {
    await this.handleMessage(typeof body === 'string' ? JSON.parse(body) : body);
  } catch {
    res.writeHead(400).end(`Invalid message: ${body}`);
    return;
  }

  res.writeHead(202).end("Accepted");
}
```

然后，服务器把响应给客户端的消息内容，通过之前建立的 SSE 连接，以事件消息的形式发送，消息内容使用 JSON-RPC 编码，实现逻辑如下：

```
async send(message: JSONRPCMessage): Promise<void> {
  if (!this._sseResponse) {
    throw new Error("Not connected");
  }

  this._sseResponse.write(
    `event: message\ndata: ${JSON.stringify(message)}\n\n`,
  );
}
```

客户端根据服务器同步响应的 202 状态码，判断服务器已经收到请求，开始从之前建立的 SSE 连接中读取服务器发送的响应内容。

客户端与服务器之间的 SSE 连接应保持一一对应关系，以避免数据混淆。在建立连接阶段，服务器应为每个 SSE 连接分配一个唯一标识符 sessionId，并将该标识符附加在消息端点地址中，例如 /messages?sessionId=xxx。在后续的消息交互过程中，服务器可通过请求参数中的 sessionId 准确匹配对应的 SSE 连接，并仅向该连接推送事件消息，确保数据的隔离性与一致性。

◇ 断开 SSE 连接

服务器和客户端任一方都可能主动断开 SSE 连接。为了防止连接异常中断而资源未被释放，仍保持连接的一方应实现连接检测与超时关闭机制。例如，可以通过 SSE 传输通道定期发送心跳消息以检测对方状态；若连续多次未收到响应，可视为对方已断开连接，这时候可以主动关闭 SSE 连接，以避免资源泄露。一个用 Go 实现的心跳检测和超时关闭示例如下：

```go
// 设置心跳间隔定时器
heartbeatInterval := 30 * time.Second
heartbeatTicker := time.NewTicker(heartbeatInterval)
defer heartbeatTicker.Stop()

// 设置空闲超时时间
idleTimeout := 5 * time.Minute
idleTimer := time.NewTimer(idleTimeout)
defer idleTimer.Stop()

go func() {
  for {
    select {
    case <-session.Done():
      return
    case <-heartbeatTicker.C:
      // 发送心跳
      if err := writer.SendHeartbeat(); err != nil {
        // 心跳无响应，关闭连接
        session.Close()
        return
      }
    case <-idleTimer.C:
      // 超时不活跃，关闭连接
      session.Close()
      return
    }
  }
}()
```

✱ 3. SSE 传输的利弊与适用场景

SSE 传输适用于客户端和服务器不在同一网络下的通信场景。例如，你希望通过 AI 对话助手查询自己云服务器上的数据库，可以在云服务器上部署一个 MCP 服务器，读取数据库内容，并通过 SSE URL 的方式在 AI 对话助手中进行配置和接入。

实际上，使用 SSE 传输的服务器，理论上也可以通过"本地 stdio 传输 + API 中转"的方式实现相同的功能。两者的主要区别在于：

- 使用 SSE 传输时，客户端可以直接与服务器通信，而不用通过本地的 stdio 传输调用 API 进行中转；
- SSE 接入只需配置一个 URL，对本地环境没有要求，不需要在本地运行服务器，用户接入门槛更低。

SSE 传输的主要优势如下：

- 支持远程资源访问，解决了 stdio 传输仅适用于本地资源的问题；
- 基于 HTTP 实现，兼容性好，便于与现有 Web 基础设施集成；
- 服务器可作为独立进程运行，支持处理多个客户端连接；
- 相比 WebSocket，实现更简单，因为它是 HTTP 的扩展，不需要协议升级。

SSE 传输的主要劣势如下：

- 复杂的双通道响应机制，SSE 传输要求服务器在接收客户端消息后，既要给当前请求响应，也要给之前建立的 SSE 连接发送事件消息，实现复杂；
- 连接不稳定，在无服务器环境中，SSE 连接会随机、频繁断开，不能提供可靠连接；
- 不方便持久连接，无服务器架构通常自动扩缩容，不适合长时间连接，而 SSE 需要维持持久连接；
- 需要大量会话管理，SSE 传输需要为每个 SSE 连接分配一个唯一的标识符（sessionId）来防止数据混淆，这意味着实现方必须承担额外的会话管理工作，增加了系统的实现复杂度；
- 额外实现成本，需要实现心跳检测和超时机制来避免资源泄露。

正因为这些问题，MCP 在新的协议（2025-03-26 版本）中引入了 流式 HTTP 传输机制来替代 SSE 传输，并已将 SSE 传输废弃。新的传输机制保留了 HTTP 的基础，但支持更灵活的连接方式，更适合现代云原生架构和无服务器环境。

2.4.3 流式 HTTP 传输

基于流式 HTTP 传输的通信流程如图 2-7 所示。

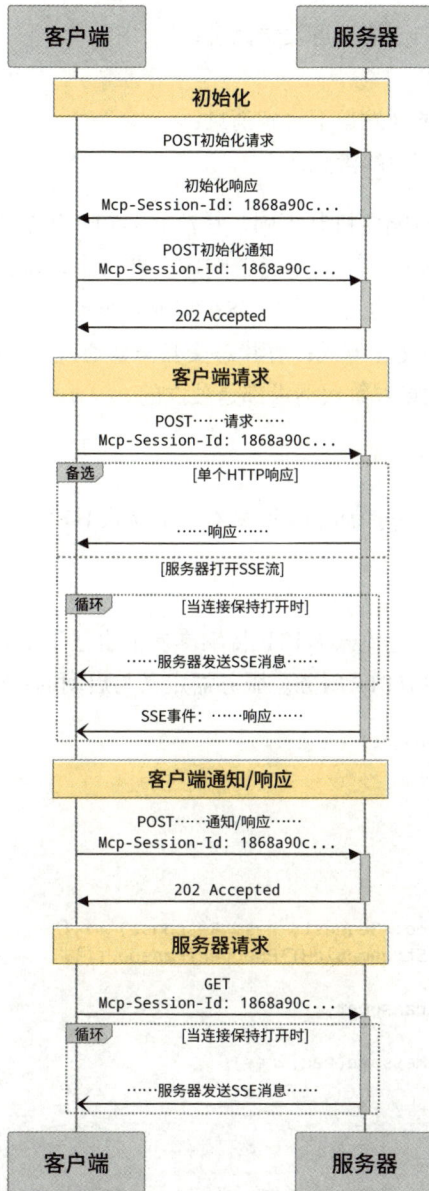

图 2-7 流式 HTTP 传输通信流程

✳ 1. 流式 HTTP 通信流程

在流式 HTTP 传输中，服务器必须提供一个同时支持 POST 请求和 GET 请求的 HTTP 端点。流式 HTTP 传输通信流程的主要步骤如下：

1. 客户端向服务器的通信端点发送消息；
2. 服务器返回响应；
3. 客户端继续向服务器发送下一条消息；
4. 服务器继续响应客户端消息。

跟 SSE 传输的双通道响应机制不同，在流式 HTTP 传输中，客户端与服务器的消息交互基本上是"一来一回"的单通道响应，即每个请求只能对应一个响应。不过，该响应可以同步返回，也可以通过 SSE 实现异步推送。此外，流式 HTTP 传输支持有状态和无状态两种交互方式：有状态交互需要通过 `Mcp-Session-Id` 维护会话状态，而无状态交互则意味着每次请求都是独立的，互不依赖。

✳ 2. 流式 HTTP 传输的实现

我们参考 MCP 官方的 typescript-sdk 来看一下流式 HTTP 传输机制是如何实现的。

✧ 启动服务器

跟 SSE 传输机制一样，流式 HTTP 传输本质上也基于 HTTP 通信，需要先通过命令行运行服务器，启动 HTTP 服务。服务器定义与启动的主要实现逻辑如下：

```
const server = new McpServer({
  name: "example-server",
  version: "1.0.0",
});

const app = express();

app.all("/mcp", async (req: Request, res: Response) => {
  const transport = new StreamableHTTPServerTransport();

  await server.connect(transport);

  await transport.handleMessage(req, res);
});

app.listen(3002);
```

这个示例使用 express 框架启动了一个 HTTP 服务，监听端口为 3002，且对外暴露了一个端点：

❑ /mcp，接收客户端建立连接、交换消息的请求。

服务器启动后，需要通过 DNS 解析将其绑定到一个可公开访问的域名，比如 example.com。

> 跟 SSE 传输需要暴露两个端点（SSE 端点与消息端点）不同，流式 HTTP 传输只需要暴露一个端点，来接收各种类型的客户端请求（GET / POST / DELETE）。

◇ 消息交互

在服务器启动成功之后，客户端可以直接给服务器的端点地址发消息，而无须先建立连接。

客户端可以通过 GET 或者 POST 方式向服务器发送消息，每个请求必须在请求头中设置 Accept，传递以下两个值：

❑ application/json，用于接收服务器响应的 JSON-RPC 编码消息；
❑ text/event-stream，用于开启服务器的流式传输通道，客户端通过该通道持续接收事件消息。

客户端请求示例如下：

```
curl -X POST https://example.com/mcp \
-H "Content-Type: application/json" \
-H "Accept: application/json, text/event-stream" \
-d '{
  "jsonrpc": "2.0",
  "id": "1",
  "method": "initialize",
  "params": {
    "protocolVersion": "1.0",
    "capabilities": {},
    "clientInfo": {
      "name": "mcp-client",
      "version": "1.0.0"
    }
  }
}'
```

在流式 HTTP 传输机制下，客户端与服务器通信有以下几个要点。

- □ 客户端可以给服务器发送不包含请求体的 GET 请求，用于建立 SSE 连接；服务器可以主动给客户端先发送消息。
- □ 对于客户端给服务器发送 JSON-RPC 消息的情况，必须使用 POST 请求，并将请求头中的 Accept 设置为 application/json, text/event-stream。
- □ 服务器接收到客户端的 GET 请求时，要么返回 Content-Type: text/event-stream 开启 SSE 连接，要么返回 HTTP 405 状态码，表示不支持 SSE 连接。
- □ 服务器接收到客户端的 POST 请求时，从请求体读取 JSON-RPC 消息：如果是通知消息，就响应 HTTP 202 状态码，表示消息已收到；如果是非通知消息，服务器可以选择返回 Content-Type: text/event-stream 开启 SSE 传输，或者返回 Content-Type: application/json 同步响应一条 JSON-RPC 消息。

◇ **会话保持**

流式 HTTP 传输既支持无状态交互——每一次请求都是独立的，不需要记录状态；也支持有状态交互——新的请求可能需要依赖之前的请求或者响应信息作为上下文，这种机制被称为**会话保持**。

对于会话保持的情况，服务器与客户端之间的交互应该遵守以下原则：

- □ 使用 流式 HTTP 传输的服务器可以在初始化时，通过 Mcp-Session-Id 响应头返回会话 ID ；
- □ 如果服务器在初始化时返回了 Mcp-Session-Id，客户端必须在所有后续请求中通过 Mcp-Session-Id 请求头带上会话 ID ；
- □ 服务器可以随时终止会话，之后它必须使用 HTTP 404 Not Found 响应包含该会话 ID 的请求；
- □ 当客户端收到对包含 Mcp-Session-Id 请求的 HTTP 404 响应时，它必须通过发送一个不带会话 ID 的新的 InitializeRequest 来启动新会话（可选）；
- □ 不再需要特定会话的客户端应该发送一个带有 Mcp-Session-Id 请求头的 HTTP DELETE 请求到服务器，以显式终止会话（可选，但推荐）。

服务器验证会话的实现逻辑如下：

```
/**
 * 校验非初始化请求的会话 ID
 * 如果会话合法，返回 true；否则返回 false
 */
private validateSession(req: IncomingMessage, res: ServerResponse): boolean {
  if (!this._initialized) {
    // 如果服务器尚未初始化，拒绝所有请求
    res.writeHead(400).end(JSON.stringify({
```

```javascript
      jsonrpc: "2.0",
      error: {
        code: -32000,
        message: "Bad Request: Server not initialized"
      },
      id: null
    }));
    return false;
  }
  if (this.sessionId === undefined) {
    //如果没有设置 sessionId，说明未启用会话管理，
    // 此时无须校验会话 ID
    return true;
  }
  const sessionId = req.headers["mcp-session-id"];

  if (!sessionId) {
    // 非初始化请求必须带有会话 ID，否则返回 400 错误
    res.writeHead(400).end(JSON.stringify({
      jsonrpc: "2.0",
      error: {
        code: -32000,
        message: "Bad Request: Mcp-Session-Id header is required"
      },
      id: null
    }));
    return false;
  } else if (Array.isArray(sessionId)) {
    res.writeHead(400).end(JSON.stringify({
      jsonrpc: "2.0",
      error: {
        code: -32000,
        message: "Bad Request: Mcp-Session-Id header must be a single value"
      },
      id: null
    }));
    return false;
  }
  else if (sessionId !== this.sessionId) {
    // 会话 ID 不匹配时，返回 404，表示未找到会话
    res.writeHead(404).end(JSON.stringify({
      jsonrpc: "2.0",
      error: {
        code: -32001,
        message: "Session not found"
      },
      id: null
    }));
    return false;
  }

  return true;
}
```

◇ 连接断开与重连

在流式 HTTP 传输中，如果客户端与服务器使用 SSE 连接通信，断开连接的方式跟 SSE 传输断开连接的方式一致：可以由连接的任意一方主动断开连接，仍然保持连接的一方则需要实现心跳检测和超时机制，以便能及时关闭连接，避免资源泄露。

相比 SSE 传输，流式 HTTP 传输引入了连接恢复机制，支持在连接中断后重新发送可能丢失的消息：

> 服务器可在 SSE 事件中附加一个 ID 字段，该 ID 在所有事件流中必须全局唯一。若客户端希望在连接断开后恢复连接，应重新发起 HTTP GET 请求，并通过 Last-Event-ID 请求头传递上次成功接收的事件 ID。服务器可据此重放自该 ID 之后的事件，实现事件流的恢复。

✳ 3. 流式 HTTP 传输的利弊与适用场景

流式 HTTP 传输机制结合了 SSE 传输的远程访问能力和无状态 HTTP 的灵活性，同时解决了 SSE 传输中的许多问题。

它的主要优势如下：

- 兼容无服务器环境，可以在短连接模式下工作；
- 灵活的连接模式，支持简单的请求－响应和流式传输；
- 会话管理更加标准化和清晰；
- 支持断开连接恢复和消息重传，比 SSE 传输更加可靠；
- 保留了 SSE 的流式传输能力，同时解决了其稳定性问题。

它的主要劣势如下：

- 状态判断过多，实现复杂度高；
- 处理连接断开和恢复的逻辑复杂，实现成本高；
- 会话管理需要服务器引入额外的组件（比如用 Redis 来存储会话）。

流式 HTTP 传输适用于以下场景：

- 需要远程访问服务，特别是云原生和无服务器架构的场景；
- 需要支持流式输出的 AI 服务；
- 需要服务器主动推送消息给客户端的场景；
- 面向大规模部署，要求具备高可用性和可扩展性的服务；

□ 需要在不稳定的网络环境中保持可靠通信的场景。

与 SSE 传输相比，流式 HTTP 传输是一个更全面、更灵活的解决方案，也是 MCP 在访问远程资源场景时主推的传输机制。

2.5 服务器能力：提示词 / 资源 / 工具

MCP 为服务器的实现提供提示词（Prompts）、资源（Resources）、工具（Tools）三大核心能力，如表 2-3 所示。

表 2-3 三大核心能力：提示词、资源、工具

特 性	控制方式	描 述	示 例
提示词	用户控制	由用户选择调用的提示词	斜杠命令、菜单选项
资源	应用控制	由客户端附加和管理的上下文数据	文件内容、数据库表结构
工具	模型控制	暴露给大模型用于执行操作的函数	API 请求、文件写入

我们可以把服务器的三大核心能力理解为"积木"：虽然每个能力（积木）本身很简单，但通过组合这些能力可以构建出复杂的功能（就像用积木搭建城堡）。每个能力都有其特定的用途，不能被简化为更基础的操作。

2.5.1 提示词及其交互示例

MCP 为服务器向客户端暴露提示词提供了一种标准方式。提示词允许服务器提供与大模型交互的结构化消息和指令。客户端可以发现可用的提示词，检索其内容，并提供自定义参数来使用它们。

提示词被设计为由用户控制，这意味着它们从服务器暴露给客户端之后，由用户来进行选择和使用。通常，在客户端的 UI 界面中，用户通过输入命令来触发提示词，用户可以自然地发现和调用可用的提示词。

例如，用户可以输入斜杠命令来调出可用的提示词，如图 2-8 所示。

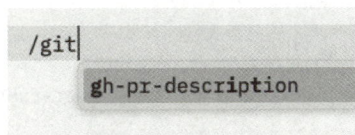

✳ 提示词交互示例

◇ 服务器声明提示词能力

图 2-8 用户输入斜杠命令调用提示词

支持提示词能力的服务器需要在服务器定义时声明此项能力：

```
{
  "capabilities": {
    "prompts": {
      "listChanged": true
    }
  }
}
```

"listChanged": true 表示服务器支持在提示词列表发生变化时发送通知。

◇ **客户端获取提示词列表**

客户端给服务器发送一个 prompts/list 请求来获取服务器定义的提示词列表，请求示例如下：

```
{
  "jsonrpc": "2.0",
  "id": 1,
  "method": "prompts/list",
  "params": {
    "cursor": "optional-cursor-value"
  }
}
```

服务器收到请求后，返回提示词列表，响应示例如下：

```
{
  "jsonrpc": "2.0",
  "id": 1,
  "result": {
    "prompts": [
      {
        "name": "code_review",
        "description": "Asks the LLM to analyze code quality and suggest improvements",
        "arguments": [
          {
            "name": "code",
            "description": "The code to review",
            "required": true
          }
        ]
      }
    ],
    "nextCursor": "next-page-cursor"
  }
}
```

如果服务器定义的提示词过多，希望客户端通过分页参数来分批次查询，可以在响应提示词列表时，通过 result.nextCursor 字段来控制分页。

客户端在下一次请求中，带上服务器上一次返回的 result.nextCursor 值，作为新请求的 params.cursor 值来继续获取服务器的下一批提示词列表。

✧ 客户端获取单个提示词

客户端给服务器发送一个 prompts/get 请求来获取特定提示词的内容，请求示例如下：

```
{
  "jsonrpc": "2.0",
  "id": 2,
  "method": "prompts/get",
  "params": {
    "name": "code_review",
    "arguments": {
      "code": "def hello():\n    print('world')"
    }
  }
}
```

服务器收到请求后，根据请求参数返回提示词内容，响应示例如下：

```
{
  "jsonrpc": "2.0",
  "id": 2,
  "result": {
    "description": "Code review prompt",
    "messages": [
      {
        "role": "user",
        "content": {
          "type": "text",
          "text": "Please review this Python code:\ndef hello():\n
print('world')"
        }
      }
    ]
  }
}
```

✧ 服务器发送提示词列表变更通知

服务器在提示词列表发生变化时，向客户端发送提示词列表变更通知，通知示例如下：

```
{
  "jsonrpc": "2.0",
  "method": "notifications/prompts/list_changed"
}
```

客户端在接收到通知后，应该重新请求服务器获取提示词列表。

◇ **提示词交互示例**

客户端与服务器关于提示词的交互示例如图 2-9 所示。

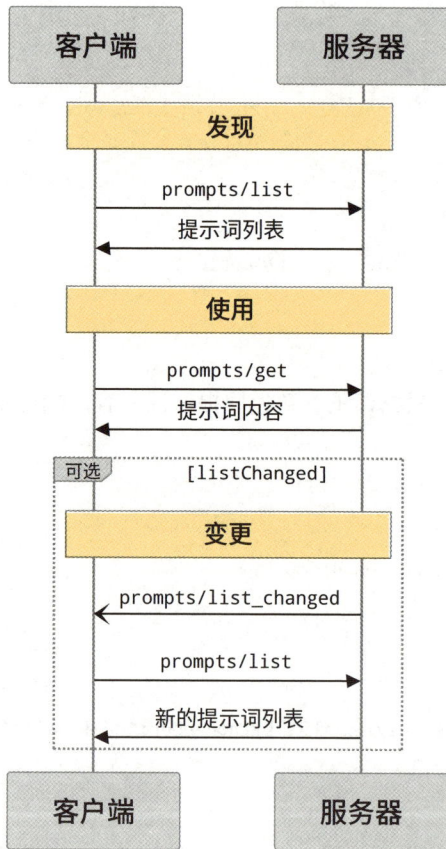

图 2-9　客户端与服务器关于提示词的交互示例

2.5.2　资源及其交互示例

MCP 为服务器向客户端暴露资源提供了一种标准方式。资源允许服务器共享为大模型提供上下文的数据，例如文件、数据库结构或特定的应用程序信息。每个资源由一个 URI（Uniform Resource Identifier，统一资源标识符）进行唯一标识。

　　MCP 中的资源被设计为由应用驱动，也就是说由主机来根据其自身的需求，将服务器的资源融入其上下文。例如，主机可以这样实现：

- ❑ 通过一个列表或者目录树，显示可用的资源；
- ❑ 允许用户搜索和筛选可用的资源；
- ❑ 将资源整合到上下文中。

　　如图 2-10 所示，用户在 Claude 中选择由服务器提供的资源。

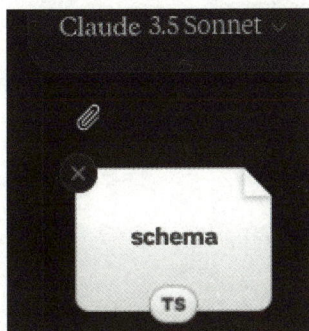

图 2-10　用户选择资源

✳ 资源交互示例

✧ 服务器声明资源能力

　　支持暴露资源的服务器需要在服务器定义时声明此项能力：

```
{
  "capabilities": {
    "resources": {
      "subscribe": true,
      "listChanged": true
    }
  }
}
```

　　此项能力支持两个附加字段：

- ❑ subscribe，是否允许客户端订阅和接收单个资源的变更通知；
- ❑ listChanged，当资源列表发生变化时，是否允许服务器通知客户端。

　　subscribe 和 listChanged 都是可选的，服务器可以支持其中任何一个，或者两个都支持。

◇ 客户端获取资源列表

客户端给服务器发送一个 resources/list 请求来获取服务器定义的资源列表，请求示例如下：

```json
{
  "jsonrpc": "2.0",
  "id": 1,
  "method": "resources/list",
  "params": {
    "cursor": "optional-cursor-value"
  }
}
```

服务器收到请求后，返回资源列表，响应示例如下：

```json
{
  "jsonrpc": "2.0",
  "id": 1,
  "result": {
    "resources": [
      {
        "uri": "file:///project/src/main.rs",
        "name": "main.rs",
        "description": "Primary application entry point",
        "mimeType": "text/x-rust"
      }
    ],
    "nextCursor": "next-page-cursor"
  }
}
```

跟获取提示词列表的逻辑一致，获取资源列表也支持分页控制。

◇ 客户端读取单个资源

客户端给服务器发送一个 resources/read 请求来获取特定资源的内容，请求示例如下：

```json
{
  "jsonrpc": "2.0",
  "id": 2,
  "method": "resources/read",
  "params": {
    "uri": "file:///project/src/main.rs"
  }
}
```

服务器收到请求后，根据资源定位符，返回对应的资源内容，响应示例如下：

```
{
  "jsonrpc": "2.0",
  "id": 2,
  "result": {
    "contents": [
      {
        "uri": "file:///project/src/main.rs",
        "mimeType": "text/x-rust",
        "text": "fn main() {\n    println!(\"Hello world!\");\n}"
      }
    ]
  }
}
```

✧ 客户端获取资源模板列表

MCP 允许客户端通过资源模板动态获取服务器的资源。

客户端给服务器发送一个 resources/templates/list 请求来获取服务器定义的资源模板列表，请求示例如下：

```
{
  "jsonrpc": "2.0",
  "id": 3,
  "method": "resources/templates/list"
}
```

服务器收到请求后，返回资源模板列表，响应示例如下：

```
{
  "jsonrpc": "2.0",
  "id": 3,
  "result": {
    "resourceTemplates": [
      {
        "uriTemplate": "file:///{path}",
        "name": "Project Files",
        "description": "Access files in the project directory",
        "mimeType": "application/octet-stream"
      }
    ]
  }
}
```

客户端可以根据需求，拼凑 uriTemplate 的参数来动态获取服务器的资源。

✧ 服务器发送资源列表变更通知

当服务器资源列表发生变化时，声明了 listChanged 的服务器需要给客户端发送通知，通知示例如下：

```
{
  "jsonrpc": "2.0",
  "method": "notifications/resources/list_changed"
}
```

客户端在收到服务器的资源列表变更通知时，应该重新请求服务器获取资源列表。

◇ **客户端订阅资源更新通知**

声明了 subscribe 的服务器，允许客户端订阅对某个资源的变更通知。客户端订阅资源变更通知的请求示例如下：

```
{
  "jsonrpc": "2.0",
  "id": 4,
  "method": "resources/subscribe",
  "params": {
    "uri": "file:///project/src/main.rs"
  }
}
```

服务器在接到客户端对某个资源的订阅通知请求时，应该把客户端订阅的资源的 URI 缓存下来，并给客户端返回一条订阅成功的消息，响应示例如下：

```
{
  "jsonrpc": "2.0",
  "id": 4,
  "result": {}
}
```

◇ **客户端发送资源更新通知**

当客户端订阅的资源内容发生变化时，服务器应该给客户端发送资源变更通知，通知示例如下：

```
{
  "jsonrpc": "2.0",
  "method": "notifications/resources/updated",
  "params": {
    "uri": "file:///project/src/main.rs"
  }
}
```

客户端在接到服务器对某个资源的变更通知时，应该使用该资源的 URI，再次请求服务器获取该资源的最新内容。

◇ **资源交互示例**

　　客户端与服务器关于资源的交互示例如图 2-11 所示。

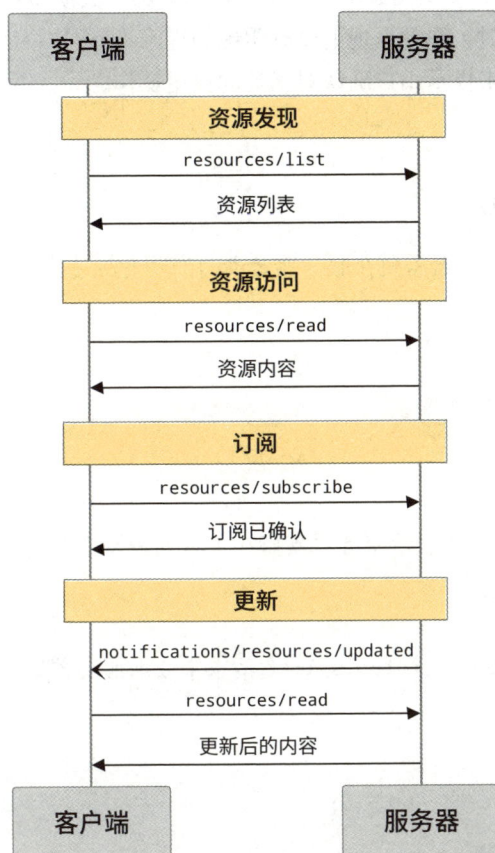

图 2-11　客户端与服务器关于资源的交互示例

2.5.3　工具及其交互示例

　　MCP 允许服务器暴露可供大模型调用的各类工具，支持与外部系统交互，比如数据库查询、API 调用、数据处理等。每一个工具必须定义唯一的标识符（name）和对其功能的描述（description）。

　　MCP 中的工具设计为由模型控制，这意味着大模型可以根据其对上下文的理解和用户输入的内容自动发现和选择工具。

从信任和安全角度考虑，工具调用应该让用户感知，并且用户有拒绝调用工具的权利。实现工具调用的应用应该：

- 提供清晰的 UI，以明确展示哪些工具被暴露给了大模型；
- 当工具被调用时，视觉呈现上要有明确的提示；
- 设置弹框，用来提示用户确认对工具的调用操作。

✳ 工具交互示例

◇ 服务器声明工具能力

支持工具能力的服务器需要在服务器定义时声明此项能力：

```json
{
  "capabilities": {
    "tools": {
      "listChanged": true
    }
  }
}
```

`"listChanged": true` 表示服务器支持在工具列表发生变化时发送通知。

◇ 客户端获取工具列表

客户端给服务器发送一个 `tools/list` 请求来获取服务器定义的工具列表，请求示例如下：

```json
{
  "jsonrpc": "2.0",
  "id": 1,
  "method": "tools/list",
  "params": {
    "cursor": "optional-cursor-value"
  }
}
```

服务器收到请求后，返回工具列表，响应示例如下：

```json
{
  "jsonrpc": "2.0",
  "id": 1,
  "result": {
    "tools": [
      {
        "name": "get_weather",
        "description": "Get current weather information for a location",
```

```
      "inputSchema": {
        "type": "object",
        "properties": {
          "location": {
            "type": "string",
            "description": "City name or zip code"
          }
        },
        "required": ["location"]
      }
    }
  ],
  "nextCursor": "next-page-cursor"
  }
}
```

获取工具列表跟获取提示词列表一样，支持分页控制。

◇ **客户端调用工具**

客户端给服务器发送一个 tools/call 请求来调用某个工具，请求示例如下：

```
{
  "jsonrpc": "2.0",
  "id": 2,
  "method": "tools/call",
  "params": {
    "name": "get_weather",
    "arguments": {
      "location": "New York"
    }
  }
}
```

服务器收到请求后，根据工具名称和参数调用工具，并返回工具调用结果，响应示例如下：

```
{
  "jsonrpc": "2.0",
  "id": 2,
  "result": {
    "content": [
      {
        "type": "text",
        "text": "Current weather in New York:\nTemperature: 72°F\nConditions:
Partly cloudy"
      }
    ],
    "isError": false
  }
}
```

◇ **服务器发送工具列表变更通知**

当服务器可用的工具列表发生变化时，服务器需要给客户端发送工具列表变更通知，通知示例如下：

```json
{
  "jsonrpc": "2.0",
  "method": "notifications/tools/list_changed"
}
```

客户端在接到服务器的工具列表变更通知时，应该重新请求服务器获取工具列表。

◇ **工具交互示例**

客户端与服务器关于工具的交互示例如图 2-12 所示。

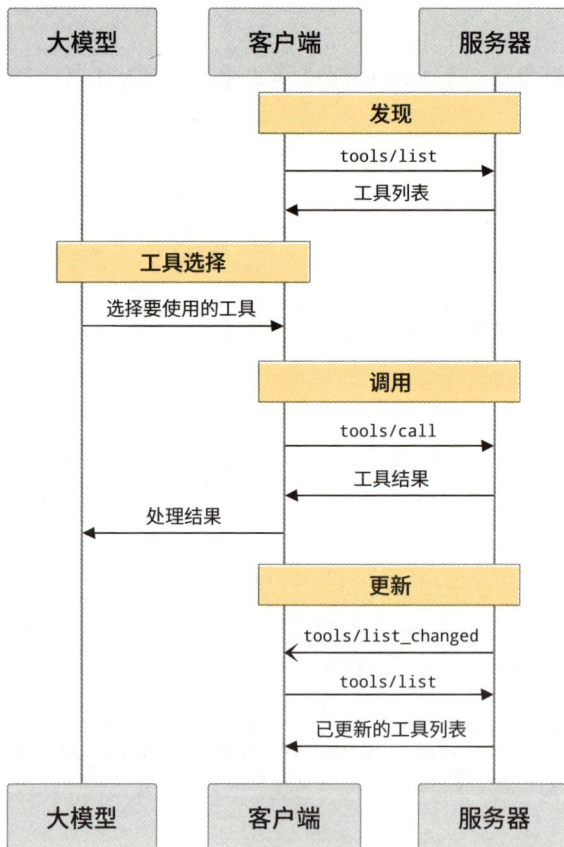

图 2-12　客户端与服务器关于工具的交互示例

2.6 客户端能力: 根 / 采样

MCP 为客户端的实现提供了两个能力:

❑ 根 (root)
❑ 采样 (sampling)

基于这两个能力, 客户端可以为服务器提供文件系统访问控制和大模型代理服务。

2.6.1 根及其交互示例

MCP 为客户端提供了一种标准方式, 使其能够向服务器暴露文件系统的 "根"。根定义了服务器在文件系统中可以操作的边界, 使它们能够理解自己有权访问哪些目录和文件。服务器可以从支持的客户端请求根列表, 并在该列表发生变化时接收通知。

MCP 中的根通常通过工作区或项目配置界面暴露。例如, 主机可以提供工作区 / 项目选择器, 允许用户选择服务器有权访问的目录和文件, 也可以通过版本控制系统或打开的文件自动检测工作区。

根本质上是一种针对文件系统的访问控制机制。客户端根能力的设计, 主要出于以下几方面的考虑:

❑ **安全边界控制**, 为提升安全性, 应限制服务器只能访问指定目录和文件, 避免接触敏感或未授权的内容;
❑ **最小权限原则**, 服务器只有在需要操作文件系统时, 才向客户端申请根列表, 减少权限过大带来的安全风险;
❑ **用户控制和透明度**, 服务器操作文件系统时需要向客户端申请根列表, 由用户选择同意或拒绝, 操作过程对用户透明;
❑ **多项目隔离**, 服务器在操作不同项目时需要申请不同的根列表, 实现多项目隔离。

✱根交互示例

◇ **客户端声明根能力**

支持根能力的客户端需要在客户端定义时声明此项能力:

```json
{
  "capabilities": {
    "roots": {
      "listChanged": true
    }
  }
}
```

"listChanged": true 表示客户端支持在根发生变化时发送通知。

◇ **服务器获取根列表**

当服务器需要操作文件系统时,会向客户端请求根列表,请求示例如下:

```json
{
  "jsonrpc": "2.0",
  "id": 1,
  "method": "roots/list"
}
```

客户端收到请求后返回根列表,响应示例如下:

```json
{
  "jsonrpc": "2.0",
  "id": 1,
  "result": {
    "roots": [
      {
        "uri": "file:///home/user/projects/myproject",
        "name": "My Project"
      }
    ]
  }
}
```

◇ **客户端发送根变更通知**

在根发生变化时,客户端会向服务器发送通知,通知示例如下:

```json
{
  "jsonrpc": "2.0",
  "method": "notifications/roots/list_changed"
}
```

服务器在接到通知后,应该重新请求客户端获取根列表。

◇ **根交互示例**

服务器与客户端关于根的交互示例如图 2-13 所示。

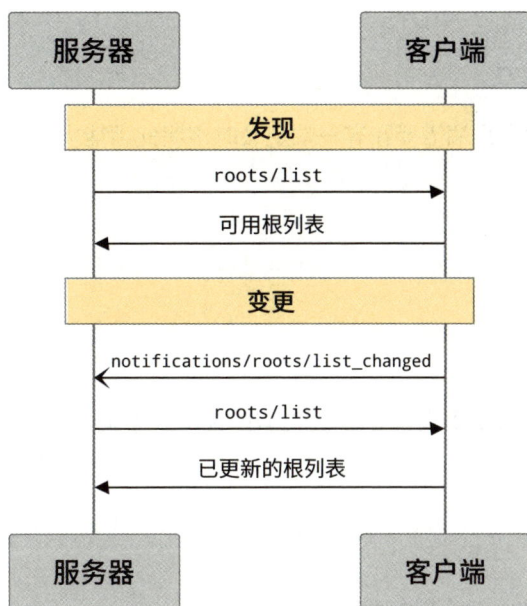

图 2-13　服务器和客户端关于根的交互示例

2.6.2　采样及其交互示例

MCP 为服务器提供了一种标准方式，通过客户端请求大模型采样（补全或生成内容）。此流程允许客户端保持对模型访问、选择和权限的控制，同时使服务器能够利用大模型的能力，而无须在服务器端设置大模型的 API 密钥。

采样的本质是客户端为服务器调用大模型提供代理服务。客户端采样能力的设计，主要出于以下几方面的考虑。

□ 控制权分离与安全性。由客户端控制大模型的访问、选择和权限，服务器只关注功能实现，无须关注大模型的接入问题。大模型的 API 密钥由客户端统一管理，以提高安全性。

□ 实现智能代理行为。服务器可以在处理复杂任务时通过客户端代理，动态调用大模型的能力。

□ 灵活的模型选择机制。采样允许服务器建议特定模型，并由客户端做最终决定。

□ 支持多模态。采样支持文本、音频和图像交互，为复杂的 AI 应用场景提供基础。

✳ 采样交互示例

✧ 客户端声明采样能力

支持采样能力的客户端需要在客户端定义时声明此项能力：

```
{
  "capabilities": {
    "sampling": {}
  }
}
```

✧ 服务器获取采样结果

在运行过程中，服务器若需用到大模型的能力，会向客户端发起采样请求，请求示例如下：

```
{
  "jsonrpc": "2.0",
  "id": 1,
  "method": "sampling/createMessage",
  "params": {
    "messages": [
      {
        "role": "user",
        "content": {
          "type": "text",
          "text": "What is the capital of France?"
        }
      }
    ],
    "modelPreferences": {
      "hints": [
        {
          "name": "claude-3-sonnet"
        }
      ],
      "intelligencePriority": 0.8,
      "speedPriority": 0.5
    },
    "systemPrompt": "You are a helpful assistant.",
    "maxTokens": 100
  }
}
```

客户端收到采样请求后，根据采样的消息内容，请求大模型生成回复，并给服务器回复采样结果，响应示例如下：

```
{
  "jsonrpc": "2.0",
  "id": 1,
  "result": {
    "role": "assistant",
    "content": {
      "type": "text",
      "text": "The capital of France is Paris."
    },
    "model": "claude-3-sonnet-20240307",
    "stopReason": "endTurn"
  }
}
```

◇ 采样交互示例

服务器与客户端关于采样的交互示例如图 2-14 所示。

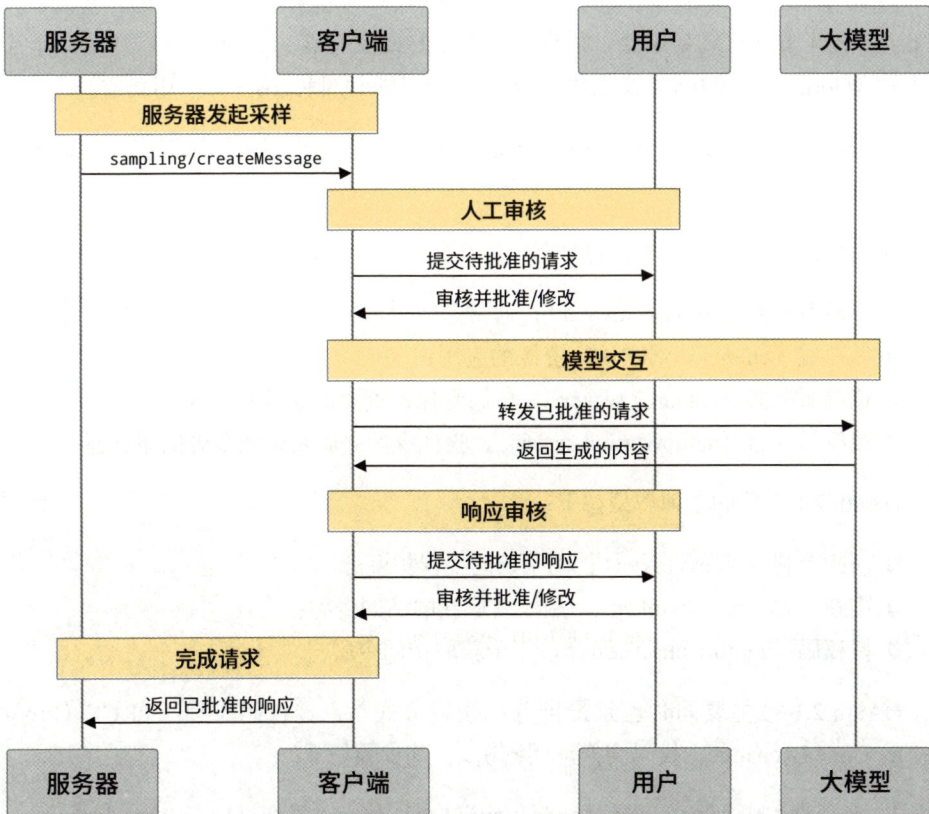

图 2-14　服务器与客户端关于采样的交互示例

2.7 授权机制

通过授权机制，MCP 为客户端安全访问服务器的受保护资源提供了标准方式，其核心是资源所有者授权客户端代表其向服务器请求受保护资源。

按照 MCP 的要求，基于 stdio 传输实现的服务器应该从环境变量读取授权凭证；而基于 HTTP 传输实现的服务器，应该基于 OAuth 2.1 实现授权机制。

2.7.1 OAuth 2.1

在介绍 OAuth 2.1 之前，我们先来简单了解一下 OAuth 2.0 。

OAuth 2.0 是一个开放标准的授权框架，允许第三方应用在不获取用户密码的情况下访问用户的受保护资源。OAuth 2.0 为现代互联网应用提供了标准化的授权解决方案，平衡了安全性和易用性，是目前最主流的授权框架。OAuth 2.0 广泛应用于社交账号（Google 、GitHub 、微信等）登录、API 访问控制、第三方应用集成。

OAuth 2.1 是 OAuth 2.0 授权框架的最新版本，进一步简化了授权流程，增强了安全性。

OAuth 2.1 的核心概念和角色如下：

- ❑ 资源所有者（resource owner），通常是用户；
- ❑ 客户端（client），请求访问资源的应用；
- ❑ 资源服务器（resource server），存储受保护资源的服务器；
- ❑ 授权服务器（authorization server），验证身份并颁发访问令牌的服务器。

OAuth 2.1 支持的令牌类型如下：

- ❑ 访问令牌（access token），用于访问受保护资源；
- ❑ 刷新令牌（refresh token），用于获取新的访问令牌；
- ❑ 授权码（authorization code），用于获取访问令牌。

OAuth 2.1 最主要同时也是最推荐的授权方式是：授权码流程 + PKCE（Proof Key for Code Exchange，代码交换证明密钥），其步骤如下：

1. 客户端生成代码验证器（code_verifier）和代码质询（code_challenge）；
2. 将用户重定向到授权服务器；

3. 用户授权后获得授权码；
4. 客户端使用授权码和代码验证器交换访问令牌。

2.7.2 MCP 授权基本流程

MCP 授权的基本流程如图 2-15 所示。

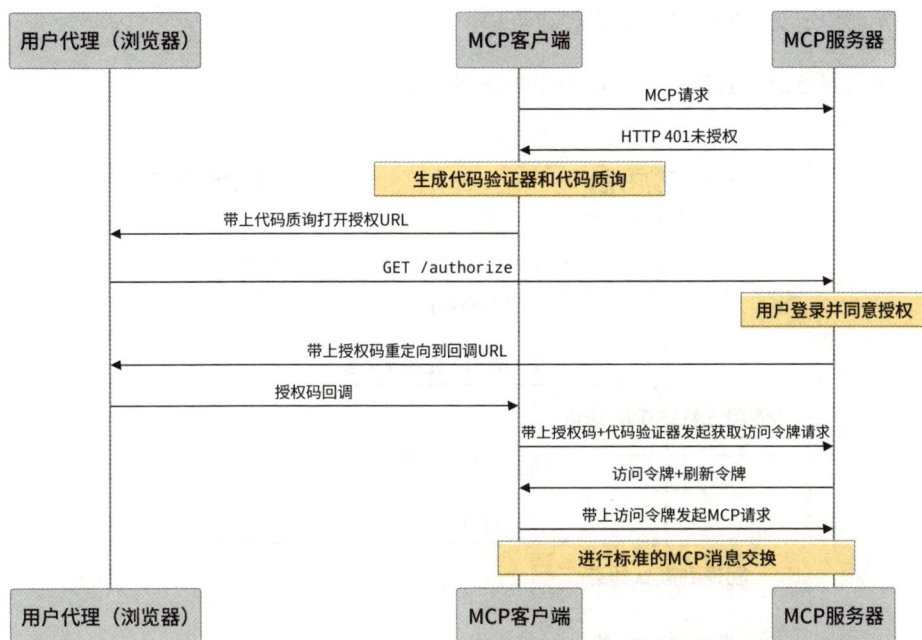

图 2-15 MCP 授权基本流程

该流程的核心步骤简单描述如下：

1. 初始请求阶段，MCP 客户端向 MCP 服务器发送请求，收到 401 未授权响应；
2. PKCE 准备，MCP 客户端生成代码验证器和代码质询；
3. 用户授权，通过浏览器进行用户授权流程；
4. 令牌交换，使用授权码换取访问令牌；
5. 正常通信，使用访问令牌进行标准的 MCP 消息交换。

MCP 授权的最终目的是获取访问 MCP 服务器资源所需的令牌。在授权流程中，多个步骤依赖 URL 跳转来传递授权凭证，因此需要特别注意 URL 参数的拼接方式，避免在跳转过程中丢失关键凭证信息。

2.7.3 授权服务器元数据发现

在上述 MCP 授权基本流程中，默认把 MCP 服务器也看作授权服务器，并使用默认的服务器端点完成了授权流程。

但在实际使用中，授权服务器可能独立于 MCP 服务器存在，授权端点也可能不同。因此，MCP 客户端需要实现 OAuth 2.0 规定的授权服务器元数据发现流程，并根据元数据定义的授权端点完成授权流程。

授权服务器元数据发现流程如图 2-16 所示。

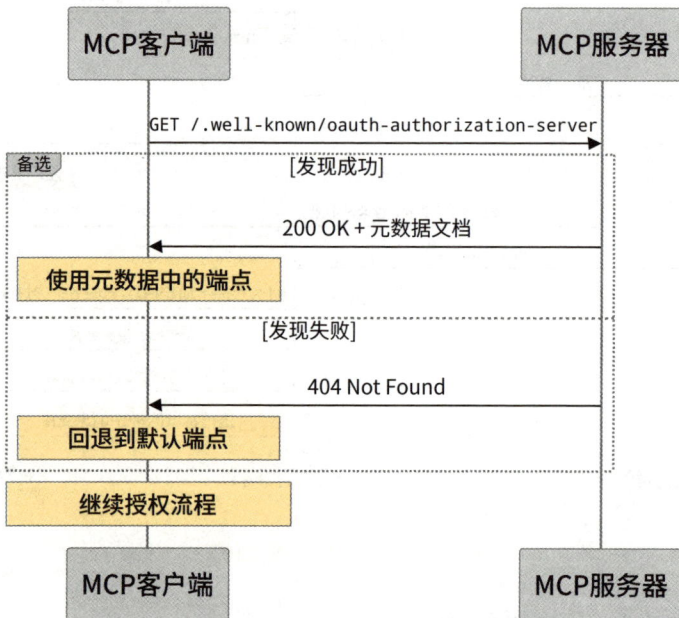

图 2-16　授权服务器元数据发现流程

该流程的核心步骤简单描述如下：

1. MCP 客户端向 MCP 服务器发送请求，获取授权服务器元数据；
2. 如果 MCP 服务器返回 200 响应，表示它实现了授权服务器元数据发现，MCP 客户端就可以根据元数据中的授权端点继续后面的授权流程；
3. 如果 MCP 服务器返回 404 响应，表示它没有实现授权服务器元数据发现，这时 MCP 客户端使用默认的授权端点完成授权流程。

对于没有实现授权服务器元数据发现的 MCP 服务器，MCP 客户端必须使用表 2-4 中所示的相对于授权服务器的基础 URL 的默认端点路径。

表 2-4 默认端点路径

端　　点	默认路径	描　　述
授权端点	/authorize	用于授权请求
令牌端点	/token	用于令牌交换和刷新
注册端点	/register	用于动态客户端注册

2.7.4　动态客户端注册

在上述授权服务器元数据发现流程中，MCP 客户端从 MCP 服务器元数据中获取了授权端点，比如 /authorize。

按照 2.7.2 节介绍的基本授权流程，客户端需要将用户重定向到授权端点，并携带客户端参数。在常见的 Web 应用 OAuth 授权场景中，客户端参数需要通过提前在服务器注册获得（比如在 GitHub 创建应用后得到 client_id 和 client_secret）。

然而，MCP 服务器是海量的，如果 MCP 客户端需要为每个 MCP 服务器提前申请授权参数，成本会非常高。因此，MCP 客户端和 MCP 服务器需要支持 OAuth 2.0 规定的动态客户端注册流程。该流程的核心步骤简单描述如下：

1. MCP 客户端首先通过元数据发现获取注册端点，比如 /register；
2. MCP 客户端向注册端点发送请求，提交客户端信息（名称、版本、回调地址等）；
3. MCP 服务器完成客户端注册，并返回授权参数（client_id 和 client_secret 等）。

> 在动态客户端注册场景中，MCP 服务器应严格验证客户端提交的元数据信息，包括重定向 URI、授权类型、作用域等。同时，应加强对注册端点的保护，防止恶意客户端随意注册。常见的保护措施包括频率限制、白名单机制等。

加入授权服务器元数据发现和动态客户端注册流程后，完整的 MCP 授权流程如图 2-17 所示。

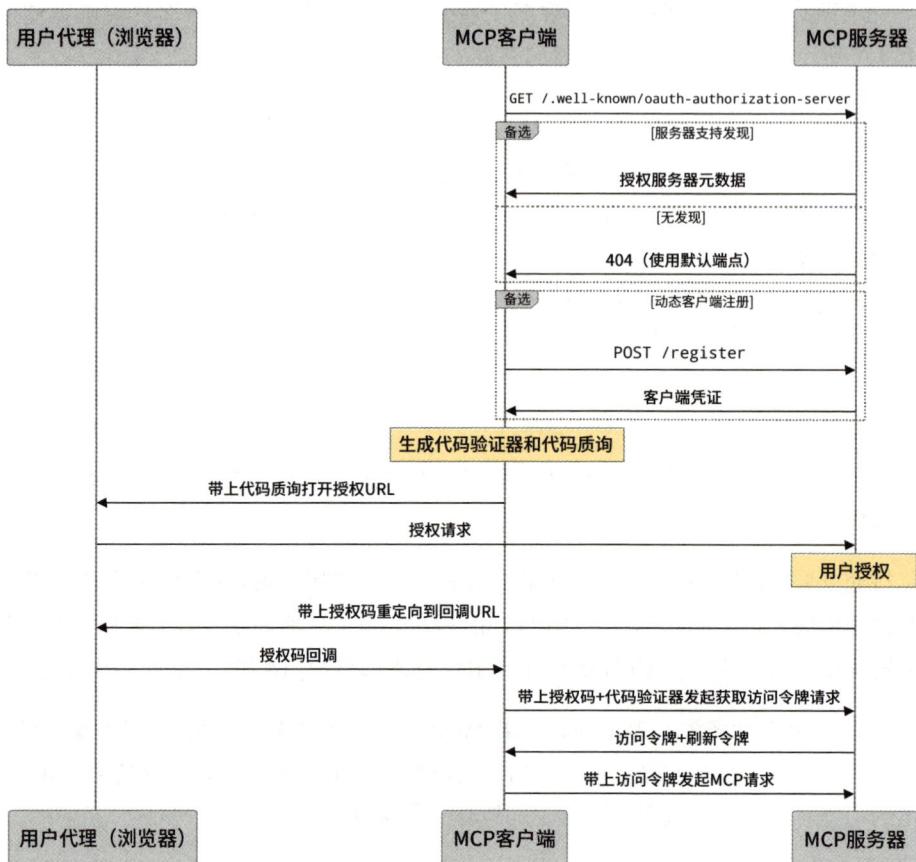

图 2-17　完整的 MCP 授权流程

2.7.5　访问令牌使用

在通过授权流程得到访问令牌后，MCP 客户端在访问 MCP 服务器的受保护资源时，需要携带访问令牌。发送的 HTTP 请求示例如下：

```
GET /v1/contexts HTTP/1.1
Host: mcp.example.com
Authorization: Bearer eyJhbGciOiJIUzI1NiIs...
```

MCP 服务器需要验证 MCP 客户端访问令牌的合法性，并根据访问令牌的权限决定是否返回受保护资源。如果 MCP 客户端请求的令牌无效或已过期，MCP 服务器必须返回 401 未授权响应。

2.7.6　第三方授权流程

MCP 服务器还可以通过第三方授权服务器支持委托授权。在这种情况下，MCP 服务器同时充当 OAuth 客户端（之于第三方授权服务器）和 OAuth 授权服务器（之于 MCP 客户端）。

第三方授权流程如图 2-18 所示。

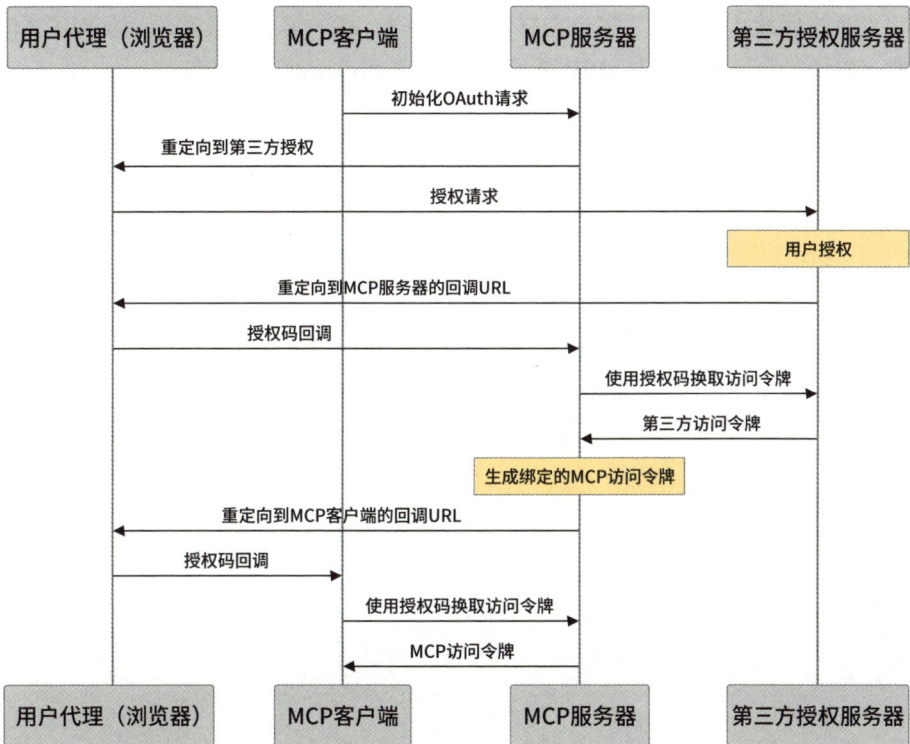

图 2-18　第三方授权流程

该流程的核心步骤简单描述如下：

1. MCP 客户端与 MCP 服务器启动标准 OAuth 流程；
2. MCP 服务器将用户重定向到第三方授权服务器；
3. 用户通过第三方服务器进行授权；
4. 第三方服务器携带授权码重定向到 MCP 服务器；
5. MCP 服务器用授权码交换第三方访问令牌；

6. MCP 服务器生成自身绑定到第三方会话的访问令牌；

7. MCP 服务器与 MCP 客户端完成授权流程。

2.8 小结

本章主要介绍了 MCP 的架构、通信基础、生命周期、传输机制和授权机制，旨在让读者系统性了解 MCP 的协议内容和设计原则。

本章为后续几章提供了理论支撑。相信通过本章的学习，读者已经掌握了 MCP 的底层原理，为接下来开发 MCP 服务器和 MCP 客户端做好了准备。

第 3 章

MCP 服务器开发

在了解了 MCP 的运作原理和协议架构之后，你是不是已经跃跃欲试，想要开发一个 MCP 服务器了？

在本章中，我们计划通过两个实际的案例来演示 MCP 服务器开发的完整流程。第一个案例开发一个记笔记 MCP 服务器，支持通过对话的方式记笔记；第二个案例开发一个虚拟试衣 MCP 服务器，支持通过大模型客户端快速试衣。

3.1 MCP 服务器开发流程

在开始案例讲解之前，我们先来准备开发 MCP 服务器所需的环境和调试用的大模型客户端，并简要梳理开发的核心流程。

3.1.1 前置准备

＊1. 选择开发语言

MCP 支持使用任意编程语言开发 MCP 服务器。MCP 官方目前开放了多种编程语言的 SDK（Software Development Kit，软件开发工具包），包括：

- ❑ Python SDK
- ❑ TypeScript SDK
- ❑ Java SDK
- ❑ Kotlin SDK
- ❑ C# SDK
- ❑ Rust SDK

我们可以选择其中一种 SDK，使用对应的编程语言来开发 MCP 服务器。除此之外，MCP 还支持使用其他编程语言来开发 MCP 服务器，比如以下是一些第三方的 SDK。

- □ mark3labs/mcp-go：使用 Go 语言开发 MCP 服务器的 SDK。
- □ goplus/mcp：使用 Go+ 语言开发 MCP 服务器的 SDK。
- □ logiscape/mcp-sdk-php：使用 PHP 语言开发 MCP 服务器的 SDK。

MCP 发布之后，开源社区的开发者积极贡献各类开发工具，让 MCP 服务器的开发变得越来越简单。我们只需选择自己擅长的编程语言和对应的 SDK，即可快速上手 MCP 服务器开发。

在本章中，我们选择 TypeScript 作为开发语言。

＊2. 初始化开发环境

根据选择的开发语言，我们在自己的电脑上初始化对应的开发环境。这里选择的是 TypeScript，因此在进行 MCP 服务器开发之前，我们需要安装 Node.js 及其包管理工具 npm。

● 安装 fnm

fnm 是一款 Node.js 版本管理工具。进入 fnm 在 GitHub 上的官方仓库，按照 fnm 的说明文档，根据操作系统类型选择对应的安装方式，并在终端软件执行命令。

等待 fnm 安装完之后，在终端软件执行命令，查看 fnm 的版本以验证 fnm 是否安装成功：

```
# 查看 fnm 安装路径
which fnm
# 查看 fnm 版本
fnm --version
# 查看 fnm 使用说明
fnm --help
```

● 安装 Node.js

在终端软件执行命令，通过 fnm 安装指定版本的 Node.js：

```
# 查看所有可安装的 Node.js 版本
fnm ls-remote
# 选择一个版本进行安装
fnm install v22.2.0
```

按照 MCP 官方的要求，Node.js 的版本不低于 16，比如我们可以选择安装 v22.2.0。

等待 Node.js 安装完成，在终端软件执行命令，启用指定版本的 Node.js、查看 Node.js 的版本以验证 Node.js 是否安装成功：

```
# 查看所有已安装的 Node.js 版本
fnm list
# 设置默认的 Node.js 版本
fnm use v22.2.0
# 查看 Node.js 安装路径
which node
# 查看 Node.js 版本
node --version
```

- 安装 npm

npm 是 Node.js 官方集成的一个包管理工具，用于安装 Node.js 第三方库。

npx 也是 Node.js 官方集成的一个工具，可以直接运行 npm 包中的命令，而不需要全局或本地安装 npm 包。

在终端软件执行命令以验证 npm 和 npx 是否可用：

```
# 查看 npm 安装路径
which npm
# 查看 npm 版本
npm --version
# 查看 npx 安装路径
which npx
# 查看 npx 版本
npx --version
```

npm 和 npx 都安装成功之后，接下来我们就可以使用 TypeScript 开发 MCP 服务器了。

✱ 3. 安装大模型客户端

为了在开发 MCP 服务器的过程中以对话的方式调试 MCP 服务器的功能，你需要安装一些（至少一个）大模型客户端应用，这些应用需要支持 MCP，即能够配置 MCP 服务器。

我推荐的大模型客户端应用包括：

- ❑ 来自 MCP 官方的 Claude（桌面客户端）；
- ❑ VS Code、Cursor、Windsurf 等 AI 编辑器；
- ❑ ChatMCP、ChatWise、Cherry Studio、DeepChat 等对话客户端。

本章设计的两个 MCP 服务器开发案例，分别使用 Cursor 和 Claude 作为大模型客户端，用于 MCP 服务器的功能调试。读者可以进入 Cursor 和 Claude 官网自行安装。

3.1.2 核心步骤

MCP 服务器开发流程包括以下几个核心步骤。

✳ 1. 创建 MCP 服务器项目

MCP 官方提供了一个叫作 `create-server` 的命令行工具，通过执行该命令可以快速创建 MCP 服务器项目，自动生成组织良好的代码结构，在此基础上，我们可以快速启动 MCP 服务器的开发工作。假设我们想开发一个查询天气的 MCP 服务器，取名为 `weather-mcp`，就可以在终端软件执行以下命令创建 MCP 服务器：

```
npx @modelcontextprotocol/create-server weather-mcp
```

✳ 2. 实现 MCP 服务器的业务逻辑

使用官方的 `create-server` 工具创建 MCP 服务器项目时，会自动安装 TypeScript SDK：`@modelcontextprotocol/sdk`。项目的核心逻辑位于 `src/index.ts` 文件，我们只需修改该文件即可实现具体的业务功能。

✳ 3. 调试 MCP 服务器

MCP 官方提供了一个名为 MCP Inspector 的调试工具，可以帮助开发者调试 MCP 服务器内部实现的功能。

在 MCP 服务器的根目录下执行以下命令，快速启动 MCP Inspector：

```
npx @modelcontextprotocol/inspector node build/index.js
```

终端会输出一个本地运行的地址，点击该地址即可进入 MCP Inspector，连接 MCP 服务器成功之后即可在面板中调试 MCP 服务器内部实现的功能。

> 请注意，在 MCP 服务器开发过程中，开发者通常会边开发边调试。因此，一般是在 MCP 服务器项目创建成功后就启动 MCP Inspector，而不是等到 MCP 服务器内部功能实现完成后才启动。在本章后面的案例中，我们会详细演示。另外，我们也会在大模型客户端中配置正在开发的 MCP 服务器，以测试其内部实现的功能。

✱ 4. 发布 MCP 服务器

将开发完成的 MCP 服务器公开发布，不仅能让更多用户在更多场景中使用，也能为开发者带来成就感。

通常我们会优先将 MCP 服务器源代码上传至 GitHub，以开源形式发布；此外，也可以将其发布到 npm 平台，便于用户通过 npx 命令快速配置与运行；还可以提交到第三方 MCP 应用市场（如 MCP.so），以便更多用户发现和使用。在后续案例中，我们将详细讲解这几种发布方式。

MCP.so 是全球知名的第三方 MCP 应用市场，收录了全世界开发者开发的优质的 MCP 应用（包括 MCP 服务器和 MCP 客户端）。MCP.so 的网站主页如图 3-1 所示。

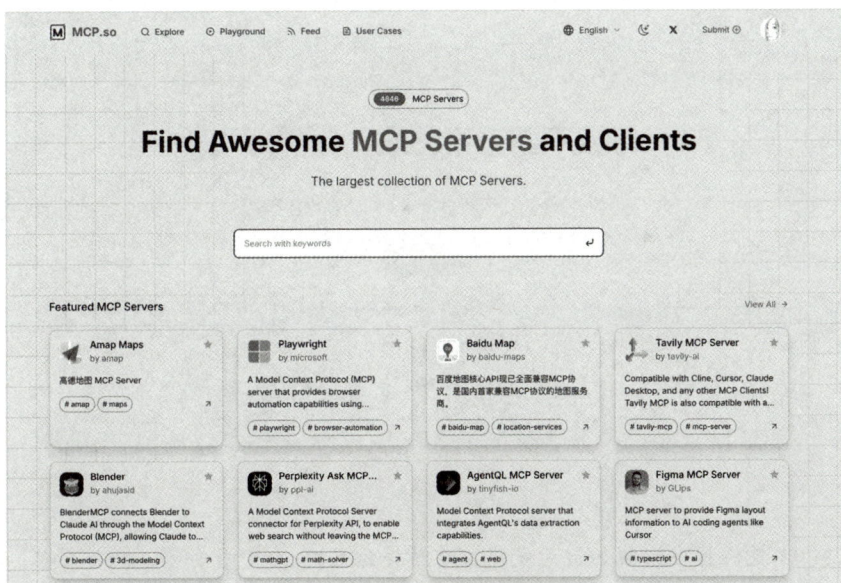

图 3-1　MCP.so 的网站主页

在 MCP.so 网站上，用户可以输入关键词，搜索目标 MCP 服务器，并查看 MCP 服务器内部的工具列表；用户也可以点击某个工具进入调试面板，对工具实现的功能进行调试。

在准备好 MCP 服务器开发环境，了解了 MCP 服务器开发的核心流程之后，接下来，我们就通过具体的案例来讲解 MCP 服务器开发的完整流程。

3.2 案例 1：开发 flomo MCP 服务器，高效记笔记

3.2.1 开发目标

在本节中，我们计划开发一个名为 flomo-mcp 的 MCP 服务器，对接 flomo 浮墨笔记（简称 flomo）的 API，实现在任意大模型客户端，以对话的形式将笔记内容写入 flomo，从而大大提升碎片化知识管理的效率。

flomo 是一款专注于碎片化知识记录的轻量级笔记工具，由中国团队开发。它的设计摒弃了传统笔记软件的复杂功能，强调用最简单的方式捕捉灵感、想法和日常思考。flomo 产品官网如图 3-2 所示。

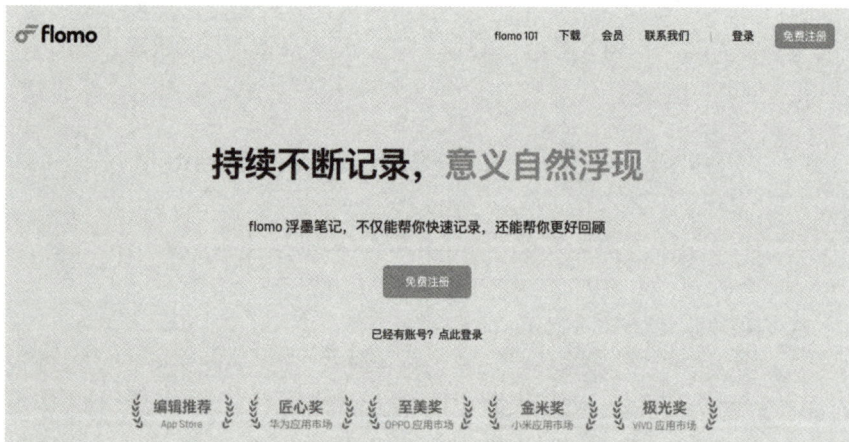

图 3-2 flomo 产品官网

> 本案例旨在讲解如何开发以 API 对接为主的 MCP 服务器。举一反三，如果你习惯使用 Notion、Obsidian 等笔记软件，也可以参考此案例，实现此类支持对话式记笔记的 MCP 服务器。

3.2.2 前置准备

为实现 MCP 服务器与 flomo API 的稳定对接，需提前完成账号权限配置与 API 功能验证。请按顺序完成以下操作。

1. 在 flomo 个人主页左上角, 点击个人账号下拉列表中的"扩展中心 & API"进入"记录 API"控制台, 如图 3-3 所示。

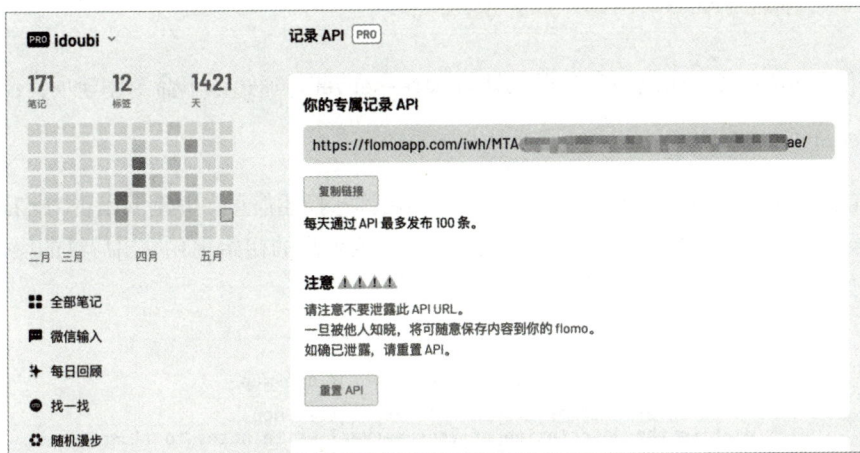

图 3-3   flomo 记录 API 控制台

2. flomo 记录 API 是会员专享功能, 你需要先升级成 PRO 会员 (注册即可领取14 天的免费会员)。

3. 升级成 PRO 会员之后, 复制你的专属记录 API 链接。

4. 打开终端软件, 通过 curl 命令请求 API:

```
curl -X POST https://flomoapp.com/iwh/xxx/xxxxxxxxxxxxxxx/ \
-H 'Content-Type: application/json' \
-d '{"content": "从现在开始, 我要学习 MCP Server 开发"}'
```

回到 flomo 笔记列表 (个人主页), 可以看到刚刚通过终端调用 API 写入的笔记, 如图 3-4 所示。

图 3-4   查看通过终端调用 API 写入的笔记

接下来，我们使用 Node.js 来实现 flomo-mcp。

3.2.3 创建 flomo MCP 服务器项目

使用 MCP 官方提供的命令行工具 create-server，通过以下命令创建项目：

```
npx @modelcontextprotocol/create-server flomo-mcp
```

随后，命令行会提示输入 MCP 服务器的名称、描述信息，并询问是否为 Claude. app 安装该服务器。确认信息后，系统将自动完成项目的初始化并给出后续的操作指引，如图 3-5 所示。

```
~/code/all-in-aigc/chatmcp (30.793s)
npx @modelcontextprotocol/create-server flomo-mcp

? What is the name of your MCP server? flomo-mcp
? What is the description of your server? write notes to flomo
? Would you like to install this server for Claude.app? No
✔ MCP server created successfully!

Next steps:
  cd flomo-mcp
  npm install
  npm run build  # or: npm run watch
  npm link       # optional, to make available globally
```

图 3-5 创建 flomo MCP 服务器项目

> 虽然 MCP 官方文档提供了手动创建服务器项目的示例，但对于初次上手 MCP 服务器开发的朋友，我更建议使用官方 SDK 快速生成项目模板，并在此基础上进行开发，这样能大幅提升开发效率。

项目创建完成后，按照提示进入 flomo-mcp 的目录并安装项目依赖：

```
cd flomo-mcp
npm install
```

用代码编辑器打开创建好的 flomo-mcp，可以看到默认生成的项目代码结构，如图 3-6 所示。

❑ src/index.ts 是 flomo-mcp 的主源代码文件，实现 flomo-mcp 的具体业务逻辑；

❑ build/index.js 是 flomo-mcp 源代码编译后的可执行文件，调试和发布上线都会用到。

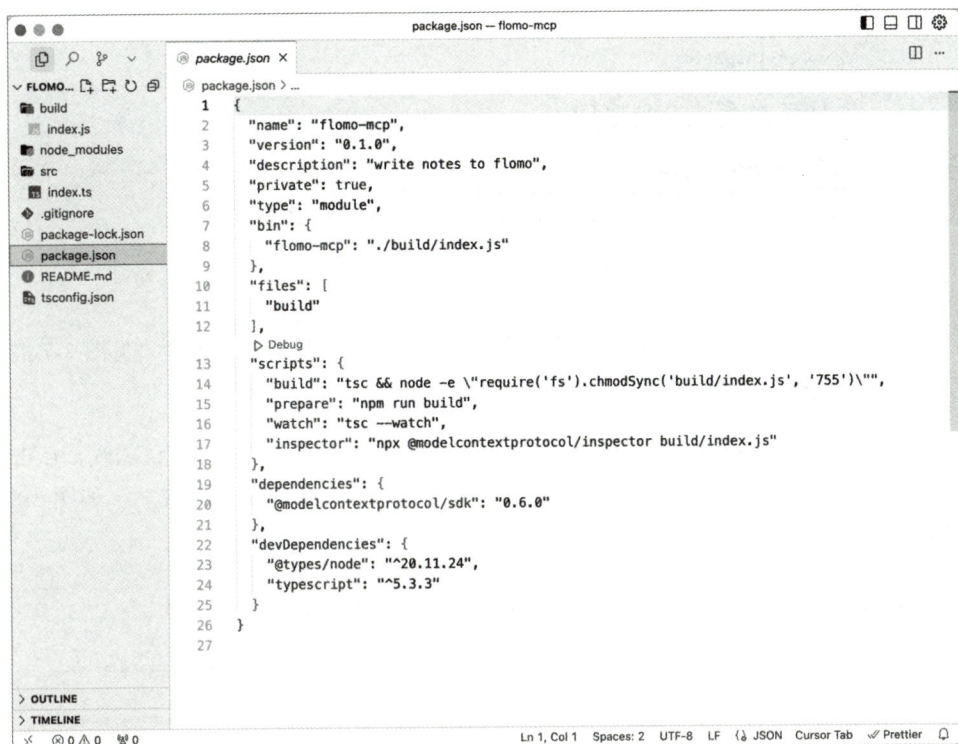

```
package.json — flomo-mcp
📄 package.json ×
package.json > ...
1  {
2    "name": "flomo-mcp",
3    "version": "0.1.0",
4    "description": "write notes to flomo",
5    "private": true,
6    "type": "module",
7    "bin": {
8      "flomo-mcp": "./build/index.js"
9    },
10   "files": [
11     "build"
12   ],
     ▷ Debug
13   "scripts": {
14     "build": "tsc && node -e \"require('fs').chmodSync('build/index.js', '755')\"",
15     "prepare": "npm run build",
16     "watch": "tsc --watch",
17     "inspector": "npx @modelcontextprotocol/inspector build/index.js"
18   },
19   "dependencies": {
20     "@modelcontextprotocol/sdk": "0.6.0"
21   },
22   "devDependencies": {
23     "@types/node": "^20.11.24",
24     "typescript": "^5.3.3"
25   }
26 }
27
```

图 3-6　MCP 服务器 flomo-mcp 的项目代码结构

3.2.4　调试 flomo MCP 服务器

在 flomo-mcp 项目目录下，使用以下两个命令进行调试。

● `npm run watch`

运行 `npm run watch` 启动一个监听服务，监听 `src/index.ts` 源代码文件的变动，并实时将其编译成 `build/index.js` 可执行文件，用于后续运行和调试。

● `npm run inspector`

运行 `npm run inspector` 实际执行的命令是：

```
npx @modelcontextprotocol/inspector build/index.js
```

该命令调用了 MCP 官方提供的调试工具 MCP Inspector，如图 3-7 所示。

```
~/code/all-in-aigc/chatmcp/flomo-mcp
npm run inspector

> flomo-mcp@0.1.0 inspector
> npx @modelcontextprotocol/inspector build/index.js

Starting MCP inspector...
⚙ Proxy server listening on port 6277
🔍 MCP Inspector is up and running at http://127.0.0.1:6274 🚀
```

图 3-7　启动并连接 MCP Inspector

运行 `npm run inspector` 命令后，终端会输出一个本地运行的地址（见图 3-7 最后一行），点击该地址即可进入 MCP Inspector。

在 MCP Inspector 中，左侧菜单栏中 flomo-mcp 的相关参数已经默认加载，点击 Connect 可以连接到 flomo-mcp 进行调试，显示 Connected 表示连接成功，如图 3-8 所示。

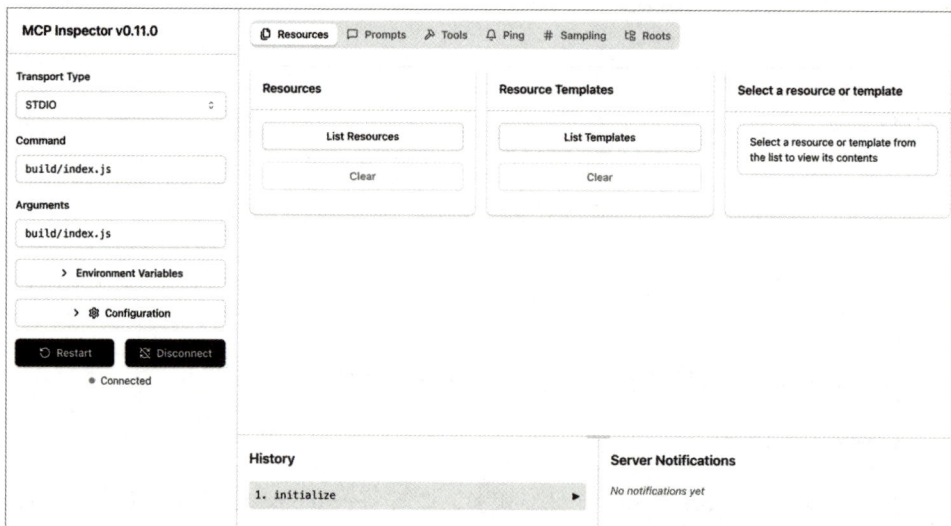

图 3-8　在 MCP Inspector 中调试 MCP 服务器

我们可以在 MCP Inspector 中设置 MCP 服务器的启动参数 `Arguments` 和环境变量 `Environment Variables`。两者的参数值可以在 MCP 服务器的实现逻辑中读取。

在 MCP Inspector 的右侧区域，可以对 MCP 服务器内部实现的三大能力进行调试。

❑ Resources（资源）：MCP 服务器内部定义的资源。
❑ Prompts（提示词）：MCP 服务器内部定义的提示词。

❑ Tools（工具）：MCP 服务器内部定义的工具。

要查看 MCP 服务器内部定义的所有工具，可以在右侧的 Tools 选项卡中点击 List Tools。请注意，通过官方命令行工具创建的 MCP 服务器，默认会生成一个 create_note 工具。

选择 Tools 下的某个工具（比如 create_note）并填写请求参数，随后点击 Run Tool 即可给此工具发送请求，得到响应数据，如图 3-9 所示。

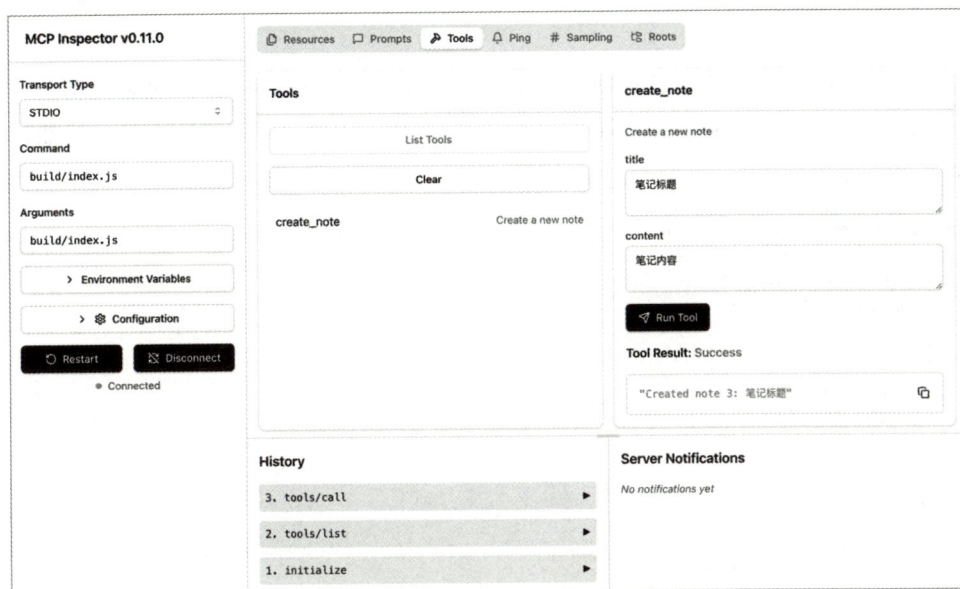

图 3-9　在 MCP Inspector 中调用工具

3.2.5　实现 flomo MCP 服务器的业务逻辑

在 3.2.2 节中，我们准备好了一个 flomo 记录 API 的专属链接，并且通过命令行调用 API 进行了调试，跑通了记笔记的流程。

接下来，我们在 flomo-mcp 中实现一个工具，通过该工具调用 flomo 记录 API 记笔记。

✱ 1. 定义 flomo-mcp 的信息

打开 src/index.ts 文件，可以看到默认生成的代码通过 new Server 创建了一个 Server。

```
const server = new Server(
  {
    name: "flomo-mcp",
    version: "0.1.0",
  },
  {
    capabilities: {
      resources: {},
      tools: {},
      prompts: {},
    },
  }
);
```

鉴于 flomo-mcp 只需要实现一个记笔记的工具，不会实现其他功能，我们可以修改代码，定义 flomo-mcp 只有 Tools 能力。我们还可以自定义版本号，比如从 `0.0.1` 开始。

```
const server = new Server(
  {
    name: "flomo-mcp",
    version: "0.0.1",
  },
  {
    capabilities: {
      tools: {},
    },
  }
);
```

✳ 2. 定义 flomo-mcp 的工具列表

修改 src/index.ts 文件中默认生成的获取工具列表（ListTools）的逻辑，定义一个 write_note 方法，功能描述使用英文撰写，说明这个工具的主要作用是把笔记写入 flomo。

write_note 只接受一个参数：content（字符串，必填），即笔记的正文内容需要是 Markdown 格式的文本。

ListTools 的定义如下：

```
server.setRequestHandler(ListToolsRequestSchema, async () => {
  return {
    tools: [
      {
        name: "write_note",
        description: "Write note to flomo",
        inputSchema: {
```

```
      type: "object",
      properties: {
        content: {
          type: "string",
          description: "Text content of the note with Markdown format",
        },
      },
      required: ["content"],
    },
  },
 ],
};
});
```

✱ 3. 实现 flomo-mcp 的工具逻辑

先创建一个新的文件 src/flomo.ts，定义一个对接 flomo API 的 FlomoClient 类。该类通过构造方法接收外部传入的 apiUrl，并实现一个 writeNote 方法，用于将指定内容作为笔记写入 flomo：

```
/**
 * 对接 flomo API 的客户端类
 */
export class FlomoClient {
  private readonly apiUrl: string;

  /**
   * 构造函数
   * @param apiUrl - 专属记录 API
   */
  constructor({ apiUrl }: { apiUrl: string }) {
    this.apiUrl = apiUrl;
  }

  /**
   * 写笔记方法
   * @param content - 笔记内容
   * @returns 记录 API 响应内容
   */
  async writeNote({ content }: { content: string }) {
    try {
      if (!content) {
        throw new Error("invalid content");
      }

      const req = {
        content,
      };

      const resp = await fetch(this.apiUrl, {
```

```
      method: "POST",
      headers: {
        "Content-Type": "application/json",
      },
      body: JSON.stringify(req),
    });

    if (!resp.ok) {
      throw new Error(`request failed with status ${resp.statusText}`);
    }

    return resp.json();
  } catch (e) {
    throw e;
  }
  }
}
```

然后，我们修改 CallTool 的逻辑：接到 write_note 工具调用请求时，先获取传递的参数 content，再调用 FlomoClient 的 writeNote 方法将笔记写入 flomo：

```
import { FlomoClient } from "./flomo.js";

server.setRequestHandler(CallToolRequestSchema, async (request) => {
  switch (request.params.name) {
    case "write_note": {
      const content = String(request.params.arguments?.content);
      if (!content) {
        throw new Error("Content is required");
      }

      const apiUrl =
        "https://flomoapp.com/iwh/xxx/xxxxxxxxxxxxxxxxx/";

      const flomo = new FlomoClient({ apiUrl });
      const result = await flomo.writeNote({ content });

      return {
        content: [
          {
            type: "text",
            text: `Write note to flomo success: ${JSON.stringify(result)}`,
          },
        ],
      };
    }

    default:
      throw new Error("Unknown tool");
  }
});
```

✳ 4. 调试 flomo-mcp 的工具

在 MCP Inspector 中，点开 flomo-mcp 的 Tools 选项卡，选择 `write_note` 工具，填入 content 参数，点击 Run Tool，查看工具的调用结果，如图 3-10 所示。

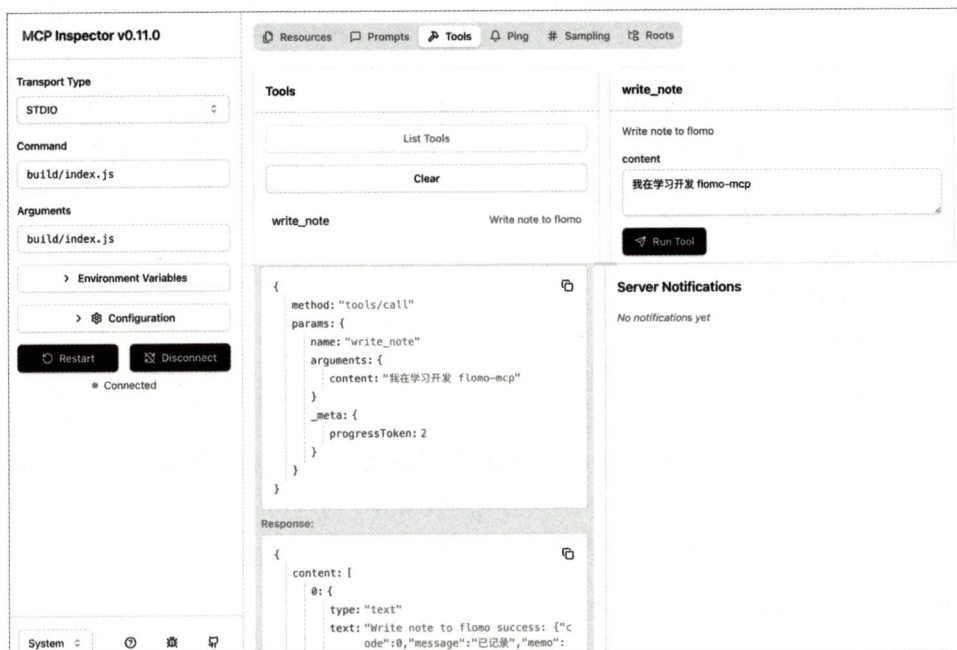

图 3-10　调试 flomo-mcp 的 `write_note` 工具

可以看到，flomo 记录 API 返回了 `code: 0，message: "已记录"`，表示笔记已记录到 flomo 中。

登录 flomo 后台，可以看到笔记确实已记录，如图 3-11 所示。

图 3-11　在 flomo 后台查看笔记

3.2.6 优化 flomo MCP 服务器

通过前面的步骤，我们在 flomo-mcp 中实现了基本的业务逻辑，在发布上线之前，还可以针对一些小问题进行优化。

❋ 1. 删除冗余代码

由于 flomo-mcp 的核心逻辑只有 write_note 这一个工具，因此我们可以把 src/index.ts 文件中默认生成的跟工具无关的代码都删掉，包括以下几部分的逻辑：

- ❑ ListResources
- ❑ ReadResource
- ❑ ListPrompts
- ❑ GetPrompt

❋ 2. 修改响应内容

在 3.2.4 节中，通过调用 create_note 写入笔记成功后，我们把 API 的响应数据通过 JSON 编码后直接返回，这种格式的响应数据对于前端调用方不够友好。我们可以改成返回 flomo 笔记详情页的链接，格式类似于：

```
https://v.flomoapp.com/mine/?memo_id=xxx
```

因此，修改一下

```
server.setRequestHandler(CallToolRequestSchema, async(request) => {
  // …
})
```

里响应数据的逻辑：

```
const flomo = new FlomoClient({ apiUrl });
const result = await flomo.writeNote({ content });

if (!result.memo || !result.memo.slug) {
  throw new Error(
    `Failed to write note to flomo: ${result?.message || "unknown error"}`
  );
}

const flomoUrl = `https://v.flomoapp.com/mine/?memo_id=${result.memo.slug}`;

return {
  content: [
```

```
    {
      type: "text",
      text: `Write note to flomo success, view it at: ${flomoUrl}`,
    },
  ],
};
```

✱ 3. 修改鉴权参数

在前面 CallTool 的实现逻辑中，创建 FlomoClient 时传递的 apiUrl 参数是硬编码的。由于不同的用户使用 flomo-mcp 时，需要使用自己的 flomo 记录 API，因此 apiUrl 的设置需要改成动态传参。

有两种方法可以实现动态传参。

● **通过 MCP 服务器启动命令传递参数**

实现一个 parseArgs 函数，在启动 flomo-mcp 的时候，从命令行参数中读取 flomo_api_url：

```
/**
 * 解析命令行参数
 * 示例: node index.js --flomo_api_url=https://flomoapp.com/iwh/xxx/xxx/
 */
function parseArgs() {
  const args: Record<string, string> = {};
  process.argv.slice(2).forEach((arg) => {
    if (arg.startsWith("--")) {
      const [key, value] = arg.slice(2).split("=");
      args[key] = value;
    }
  });
  return args;
}

const args = parseArgs();
const apiUrl = args.flomo_api_url || "";
```

修改 CallTool 的内部实现逻辑，判断 apiUrl 是否传递，动态传入 apiUrl 参数，用于记笔记：

```
if (!apiUrl) {
  throw new Error("flomo API URL not set");
}

const content = String(request.params.arguments?.content);
if (!content) {
  throw new Error("Content is required");
```

```
}

const flomo = new FlomoClient({ apiUrl });
const result = await flomo.writeNote({ content });
```

在 MCP Inspector 的左侧区域，将 Arguments 输入框内的参数设置为：`--flomo_api_url=https://flomoapp.com/iwh/xxx/xxx/`。

之后按照前面描述的方法请求 `write_note` 工具，写入笔记成功，如图 3-12 所示。

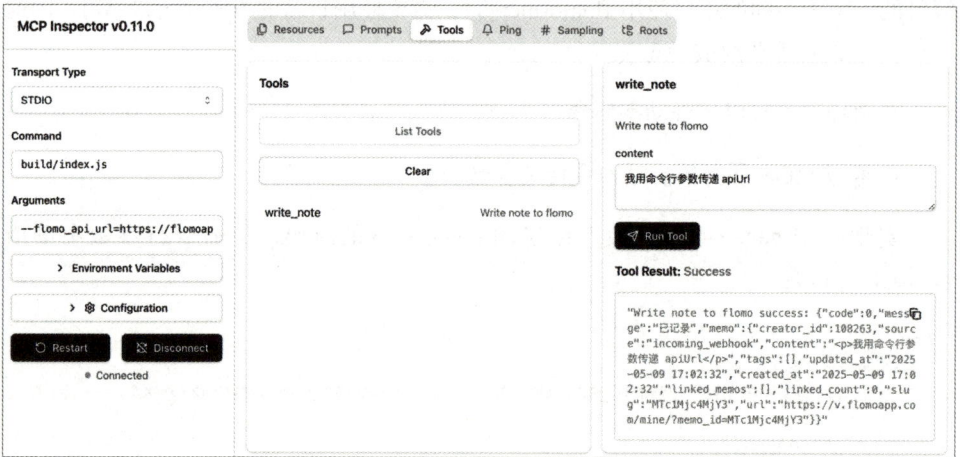

图 3-12　通过 MCP 服务器启动命令传递参数

对应的 MCP 服务器的启动命令是：

```
node build/index.js --flomo_api_url=https://flomoapp.com/iwh/xxx/xxx/
```

● 通过环境变量传递参数

也可以通过环境变量设置动态参数，作为命令行读取参数的一个补充。

修改动态参数的读取逻辑，优先读取命令行参数。如果命令行参数未传递，就从环境变量读取参数：

```
const args = parseArgs();
const apiUrl = args.flomo_api_url || process.env.FLOMO_API_URL || "";
```

在 MCP Inspector 中，删掉 Arguments，添加环境变量 `FLOMO_API_URL` 并设置响应的值。

请求 write_note 工具，写入笔记成功，如图 3-13 所示。

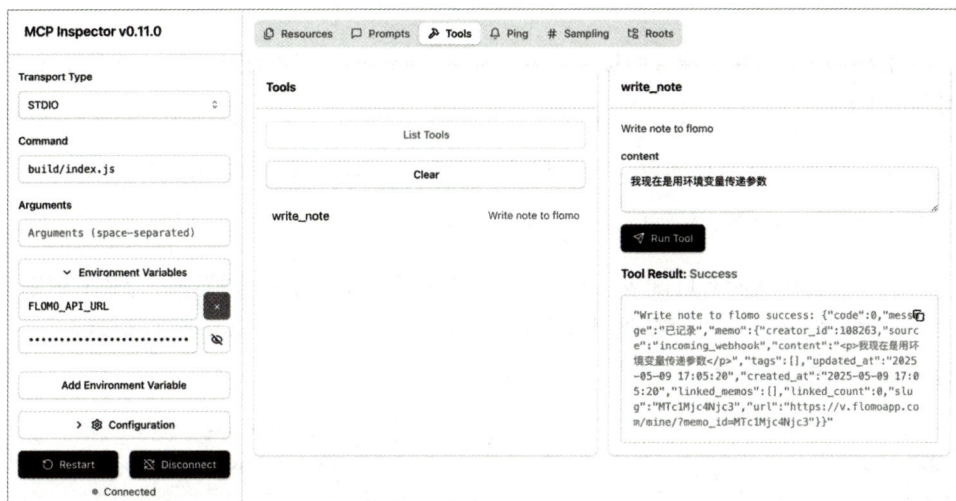

图 3-13 通过环境变量传递参数

对应的 MCP 服务器的启动命令是：

```
FLOMO_API_URL=https://flomoapp.com/iwh/xxx/xxx/ node build/index.js
```

3.2.7 在大模型客户端测试 flomo MCP 服务器

我们选择 Cursor 作为大模型客户端，来测试我们开发的 flomo-mcp。

首先，打开 Cursor 的 MCP 服务器配置文件（一般位于 ~/.cursor/mcp.json），写入 flomo-mcp 的配置：

```
{
  "mcpServers": {
    "flomo-mcp": {
      "command": "node",
      "args": [
        "/Users/idoubi/code/all-in-aigc/chatmcp/flomo-mcp/build/index.js"
      ],
      "env": {
        "FLOMO_API_URL": "https://flomoapp.com/iwh/xxx/xxx/"
      }
    }
  }
}
```

通过环境变量传递 `FLOMO_API_URL`，`args` 里面填写 flomo-mcp 编译后文件的绝对地址。

在 Cursor 的 MCP 配置面板中，可以看到 flomo-mcp 已经成功运行，并且获取了可用的工具。

打开 Cursor AI 对话面板，选择 `Agent` 模式，输入以下或类似的内容：

我今天开发了一个 MCP 服务器，感觉很开心。帮我记录一下。

Cursor 会加载所有已配置 MCP 服务器中的可用工具请求大模型进行意图识别。然后根据大模型返回的参数调用对应的工具，此处调用了 flomo-mcp 的 `write_note` 工具，写入笔记到 flomo，如图 3-14 所示。

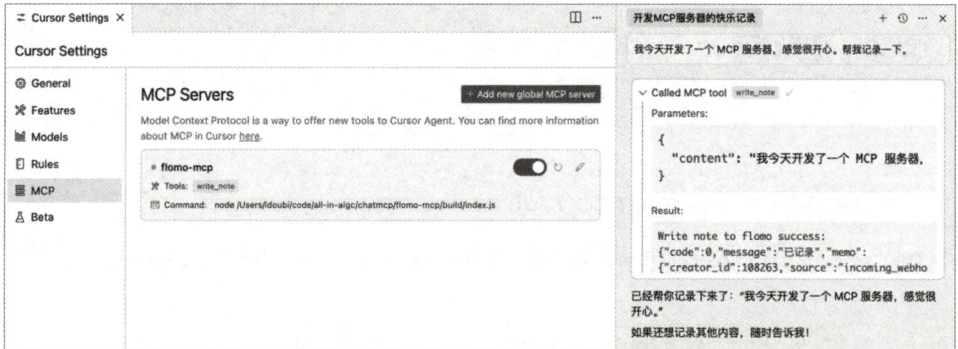

图 3-14　在 Cursor 中调用 flomo-mcp

3.2.8　发布 flomo MCP 服务器

在 Cursor 中测试成功证明我们开发的 flomo-mcp 功能正常，接下来就可以发布给其他人使用了。

✳ 1. 发布到 GitHub 平台

我们可以把新开发的 flomo-mcp 的代码发布到 GitHub，开源给所有用户使用。

首先，更新 `README.md` 文件，写入 flomo-mcp 的示例配置和使用说明。

在 GitHub 创建代码仓库，并提交代码：

```
cd flomo-mcp
git init
```

```
git remote add origin git@github.com:chatmcp/flomo-mcp.git
git add .
git commit -m "first version"
git push origin main
```

flomo-mcp 在 GitHub 的代码仓库如图 3-15 所示。

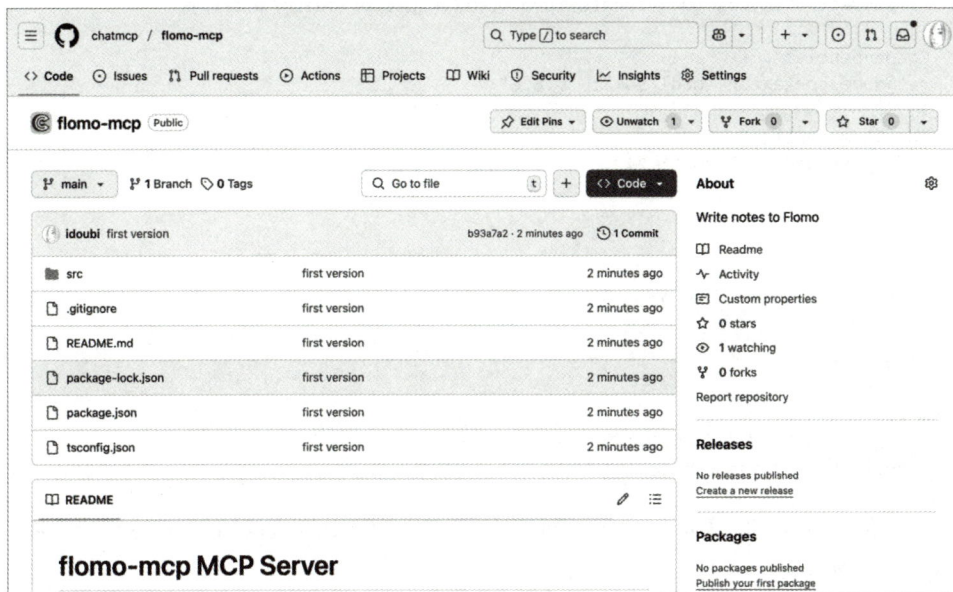

图 3-15 flomo-mcp 的代码仓库

✳ 2. 发布到 npm 平台

我们希望其他用户简单配置即可使用 flomo-mcp，无须拉取源代码。由此，我们可以把 flomo-mcp 作为一个 npm 包，发布到 npm 应用市场。

首先，修改 flomo-mcp 项目的 `package.json`，作为一个公开类型的 npm 包，发布到指定的组织，比如 @chatmcp（这是我创建的一个组织，你可以在 npm 管理后台创建自己的组织）。

```
{
  "name": "@chatmcp/flomo-mcp",
  "version": "0.0.1",
  "description": "write notes to flomo.",
  "private": false,
  "type": "module",
  "homepage": "https://github.com/chatmcp/flomo-mcp",
  "bin": {
```

```
    "flomo-mcp": "./build/index.js"
  },
  "files": ["build"],
  "scripts": {
    "build": "tsc && node -e \"require('fs').chmodSync('build/index.js', '755')\"",
    "prepare": "npm run build",
    "watch": "tsc --watch",
    "inspector": "npx @modelcontextprotocol/inspector build/index.js"
  },
  "dependencies": {
    "@modelcontextprotocol/sdk": "0.6.0"
  },
  "devDependencies": {
    "@types/node": "^20.11.24",
    "typescript": "^5.3.3"
  }
}
```

然后，执行命令，发布 npm 包：

```
cd flomo-mcp
npm install
npm run build
npm login #打开登录连接，在浏览器中登录 npm 平台
npm publish --access public #将包以公开形式发布到 npm
```

发布成功后，打开 npm 包的访问地址，可以看到 @chatmcp/flomo-mcp 已经上线，如图 3-16 所示。

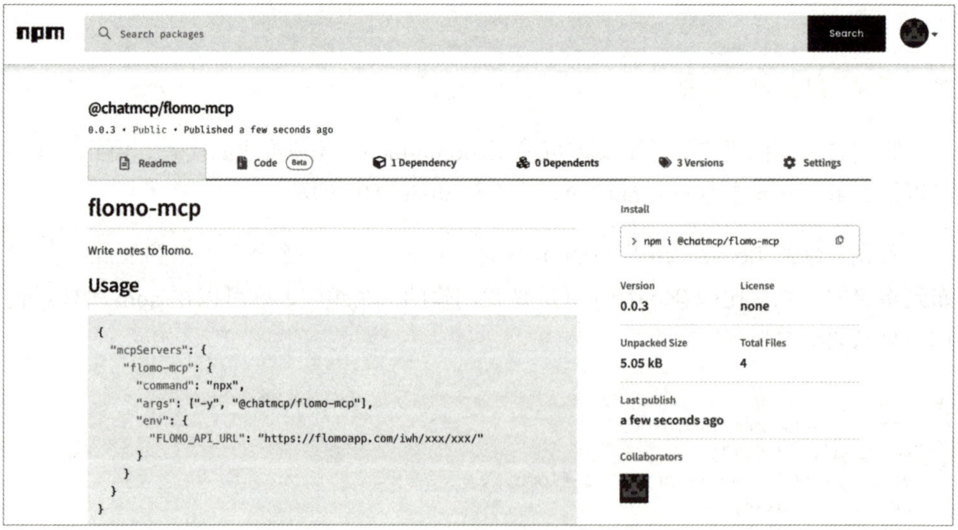

图 3-16　flomo-mcp 的 npm 包信息页

修改 Cursor 的配置信息，使用 npx 作为命令启动 @chatmcp/flomo-mcp，并传入环境变量配置：

```
{
  "mcpServers": {
    "flomo-mcp": {
      "command": "npx",
      "args": ["-y", "@chatmcp/flomo-mcp"],
      "env": {
        "FLOMO_API_URL": "https://flomoapp.com/iwh/xxx/xxx/"
      }
    }
  }
}
```

在 Cursor 中继续使用 flomo-mcp，可以看到该 MCP 服务器已经按照新的配置方式成功运行。我们可以把日常开发中遇到的问题，一句话快速记录到 flomo 中，如图 3-17 所示。

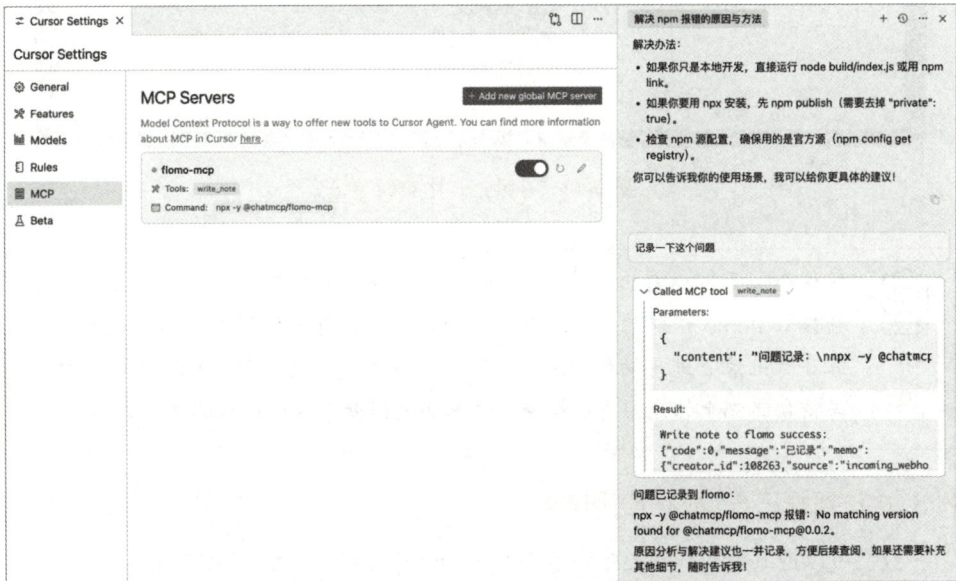

图 3-17　在 Cursor 中记录开发问题

> Cursor 作为大模型客户端，能够自动拼接上下文，调用大模型整理笔记内容，并通过 flomo-mcp 实现记笔记。有了这个 MCP 服务器，我们就可以在编码过程中一边提问、一边记录，从而提升整体工作效率。

这样，我们就可以在 flomo 中查找和回顾日常记录的一些问题，如图 3-18 所示。

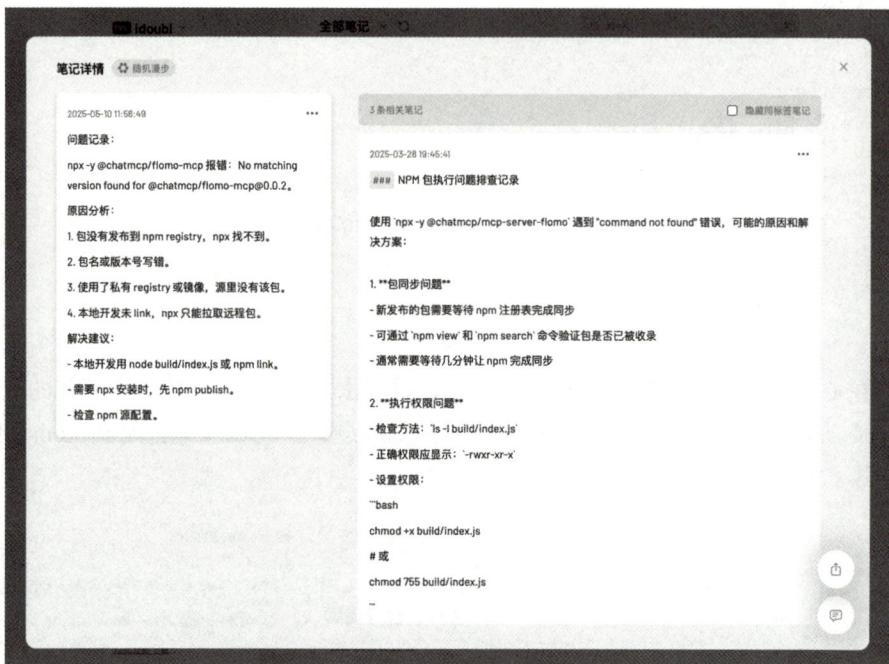

图 3-18　在 flomo 中查看笔记

> 从这个例子可以看出，将 MCP 服务器挂载到大模型客户端，不仅能够顺利接入 flomo 这样的外部工具，还能将日常工作中的问题、思考与产出内容及时记录并进行结构化沉淀。通过这种方式，大模型客户端在知识积累与信息回溯上的能力得以增强，进而极大提升个人或团队的工作效率。

✱ 3. 发布到第三方 MCP 应用市场

我们可以把 flomo-mcp 发布到第三方 MCP 应用市场，比如 MCP.so。

点击进入 Submit 页面，填写 MCP 服务器信息，把 flomo-mcp 提交到 MCP.so 应用市场，如图 3-19 所示。

提交成功之后，你就可以在 MCP.so 应用市场看到自己的 MCP 服务器了。用户在应用详情页面，可以查看此 MCP 服务器的配置信息和内部实现的工具，如图 3-20 所示。

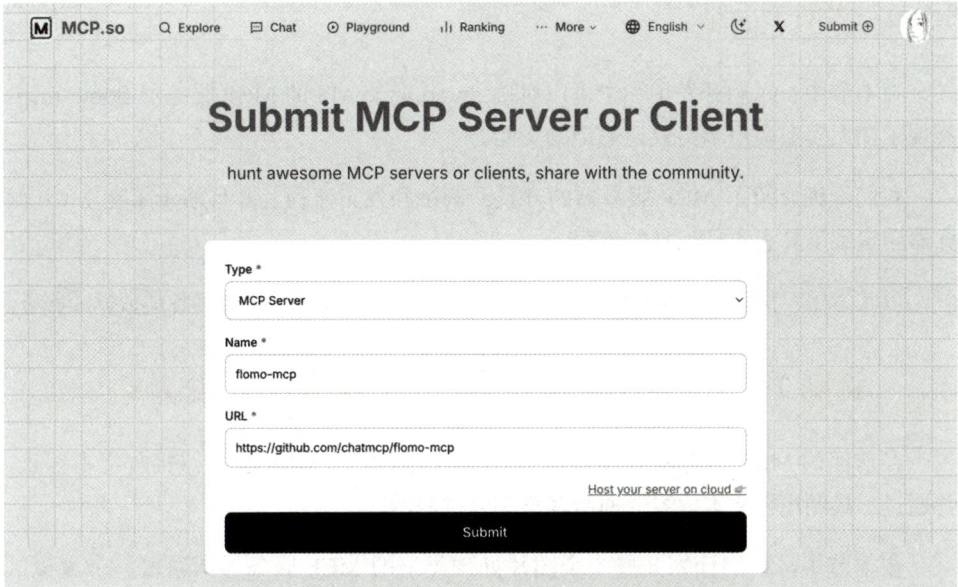

图 3-19　将 flomo-mcp 发布到 MCP.so 应用市场

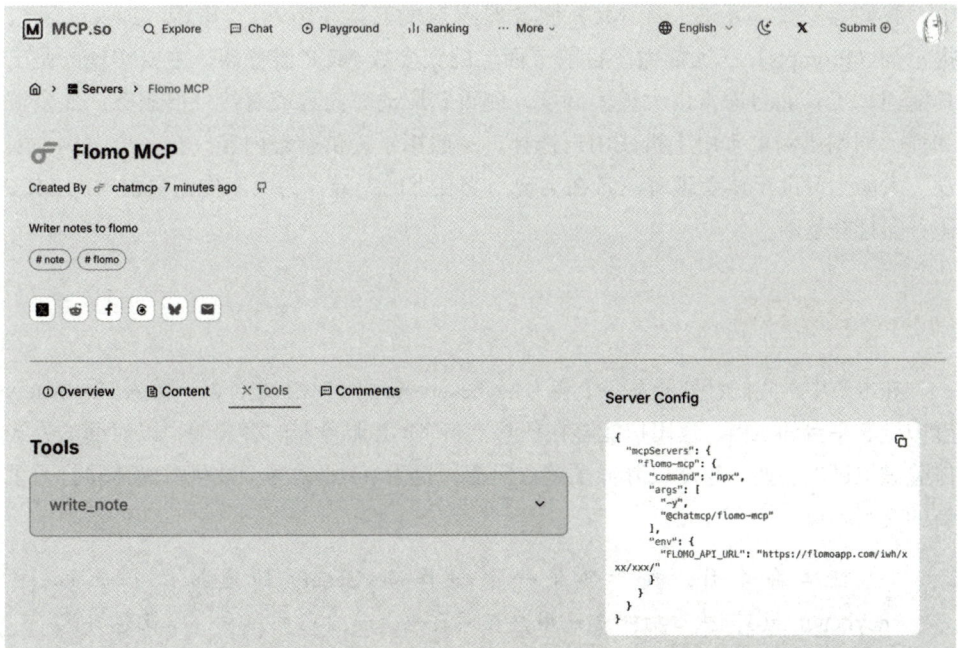

图 3-20　在应用市场查看 flomo MCP 服务器

3.2.9 案例 1 小结

在本节中，我们开发了一个可以对接 flomo 记录 API 的 MCP 服务器 flomo-mcp，实现了在大模型客户端高效记笔记的功能。

我们详细介绍了 MCP 服务器的开发、调试和发布流程，并且演示了在 MCP 服务器中定义工具和实现工具的流程。

以此为例，我们可以开发更多的 MCP 服务器，以 API 的形式对接各类数据或服务。

3.3 案例 2：开发 HeyBeauty MCP 服务器，快速虚拟试衣

在前面的 MCP 服务器开发案例中，我们主要是在 MCP 服务器接收文本输入，并通过工具调用将文本内容返回给客户端以供展示。

在本节中，我们计划开发一个图片处理类型的 MCP 服务器，通过一个虚拟试衣的例子，演示如何接收客户端发送的图片，经过处理之后再将图片结果返回给客户端。此外，上一个案例主要讲解了在 MCP 服务器定义和实现工具能力。在此案例中，我们会完整演示在一个 MCP 服务器内实现工具（Tools）、资源（Resources）、提示词（Prompts）三大能力。目前市面上的大多数 MCP 服务器，主要实现的是工具能力。工具能力通常由大模型调度，侧重获取动态内容或对接外部服务；而资源和提示词则更侧重于由主机或用户选择，一般用于提供静态内容。在一个案例中实现三大能力有助于读者理解三者在实现与交互上的差异，为大家构建更强大的 MCP 服务器打好基础。

3.3.1 开发目标

在本节中，我们计划开发一个名为 heybeauty-mcp 的 MCP 服务器，接入 HeyBeauty 虚拟试衣平台的 API，让用户能够在任意支持 MCP 服务器的客户端，以对话的方式体验虚拟试衣功能。这不仅降低了试衣门槛，也为 AI 驱动的个性化时尚体验打开了新的交互入口。

2024 年 4 月，我开发了一个叫作 HeyBeauty 的虚拟试衣产品（heybeauty.ai），核心功能是让用户在网页端上传自己的照片，以及想要试穿的衣服的图片，HeyBeauty 通过自研的试衣模型生成用户试穿衣服后的效果图，如图 3-21 所示。

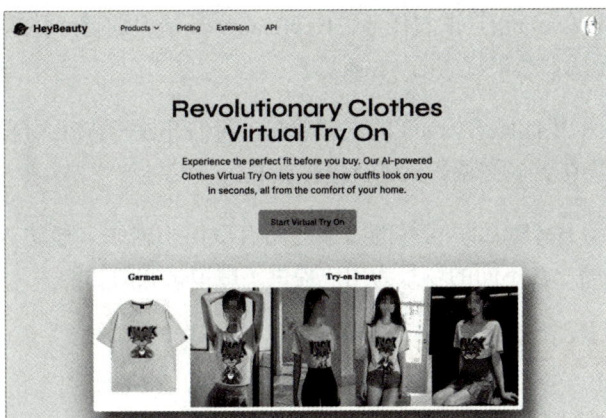

图 3-21　HeyBeauty 产品官网

用户试衣的流程如下所示：

1. 用户打开网页，进入 HeyBeauty 试衣控制台，如图 3-22 所示；

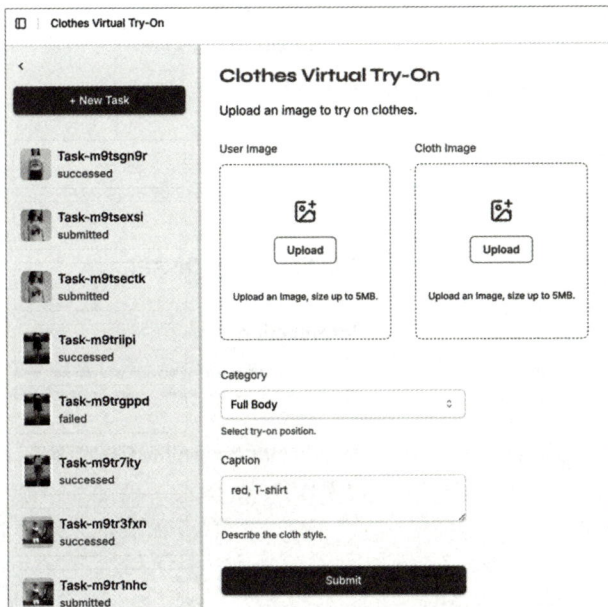

图 3-22　HeyBeauty 试衣控制台

2. 用户上传一张自己的照片（User Image），和一张想要试穿的衣服的图片（Cloth Image）；

3. 用户提交（Submit）试衣任务，HeyBeauty 开始识别图片并运行试衣程序；

4. 用户查看试衣结果（Query Task）。

为了让更多人用上 HeyBeauty 的试衣功能，我们开放了 API，允许第三方应用接入 API，帮助用户在更多终端场景进行虚拟试衣。

在过去一年，HeyBeauty 对接的终端应用有微信小程序、移动 App、Shopify 插件、试衣镜硬件等，在不同的场景为用户提供了虚拟试衣的功能。

3.3.2 前置准备与开发思路

在开发 HeyBeauty MCP 服务器之前，我们先熟悉一下 HeyBeauty 开放的接口。

从 HeyBeauty 接口文档（doc.heybeauty.ai）可以看到，HeyBeauty 开放了虚拟试衣接口（Try-On API），使用方式如下：

1. 从 HeyBeauty 平台申请一个 API 密钥；

2. 请求接口创建试衣任务（Create Try-On Task）；

3. 上传试衣任务需要用到的图片（Upload Images）；

4. 查询试衣结果（Query Try-On Result）。

HeyBeauty 试衣接口文档如图 3-23 所示。

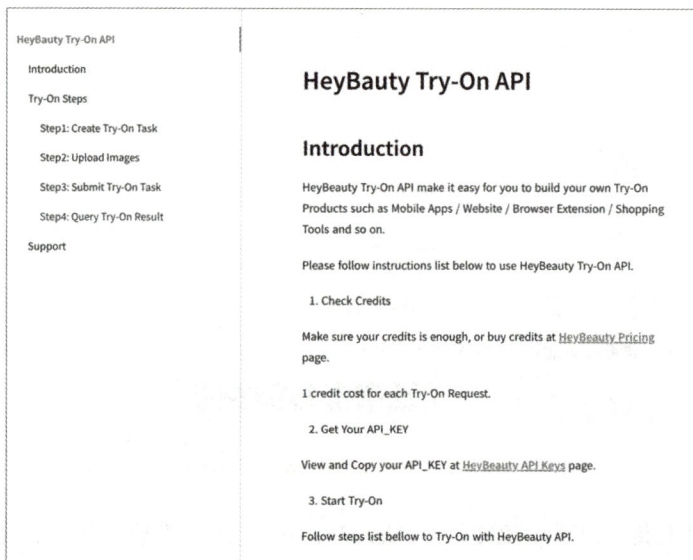

图 3-23　HeyBeauty 试衣接口文档

申请 API 密钥的流程不做过多阐述，用户在 HeyBeauty 官网自助申请即可。

根据 HeyBeauty 接口文档的试衣流程，我们先来梳理一下接下来要开发的 HeyBeauty MCP 服务器，其用户侧主要的交互流程如下：

1. 大模型客户端在启动时，请求 HeyBeauty MCP 服务器，拿到一批衣服图片，提供给用户选择；
2. 用户上传自己的照片，并选择其中一张衣服图片进行试衣；
3. 大模型客户端上传用户照片，得到用户照片对应的图片地址（user_image_url）；
4. 大模型客户端请求大模型挑选可以实现试衣需求的工具；
5. 大模型客户端根据大模型返回的工具和参数，请求 HeyBeauty MCP 服务器，发送两个图片地址；
6. HeyBeauty MCP 服务器请求 HeyBeauty 接口，提交试衣任务；
7. 大模型客户端请求 HeyBeauty MCP 服务器查询试衣结果。

在第 2 步，用户可以不选择 MCP 服务器返回的衣服图片，而是主动发送衣服图片，这样在第 3 步，大模型客户端就需要同时上传用户照片和衣服图片，得到两个图片的地址（user_image_url 和 cloth_image_url）。

在整个交互流程中，大模型客户端必须实现图片转换的逻辑，也就是说，用户上传的图片不能直接以原始文件（二进制内容）的形式发送给大模型或者 MCP 服务器，而应该先将图片上传到第三方图床，得到图片的 URL。

> 虽然按照 MCP 的约定，客户端可以将图片的内容以 base64 编码的方式传给 MCP 服务器，也可以接收 MCP 服务器返回的 base64 编码的图片数据，但在实际流程中存在一些问题：客户端向哪个 MCP 服务器发起请求以及传递什么参数，是由大模型进行调度的，也就是说需要先把图片传给大模型，大模型再告诉客户端，应该调用的 MCP 服务器和需要请求的图片内容。在这个过程中，如果图片都以 base64 的格式进行传输，不仅会大量占用 token，带来额外的成本开销，还可能因数据过大或编码不完整，导致图片解析失败或传输异常。因此，更推荐的做法是将图片上传至图床，仅传递图片的 URL。
>
> 理解这一逻辑后，在开发 HeyBeauty MCP 服务器时，我们不再在服务器内部处理图片的格式转换。凡涉及图片处理的地方，统一使用图片的 URL，而非 base64 编码的图片内容。

接下来，我们就来实现 HeyBeauty MCP 服务器。

3.3.3 创建 HeyBeauty MCP 服务器项目

✳ 1. 创建项目

跟前面的案例一样，我们先通过 MCP 官方提供的命令行工具来创建要开发的 MCP 服务器项目，取名为 heybeauty-mcp：

```
npx @modelcontextprotocol/create-server heybeauty-mcp
```

进入项目根目录，安装项目依赖，启动监听服务：

```
npm install
npm run watch
```

这样，当你修改项目代码时，监听程序会自动重新编译和运行，方便实时调试开发。

创建 HeyBeauty MCP 服务器并启动监听服务的实现过程如图 3-24 所示。

图 3-24　通过命令行创建 MCP 服务器并启动监听服务

✳ 2. 启动 MCP Inspector

在 HeyBeauty MCP 服务器根目录下执行以下命令快速启动 MCP Inspector：

```
npx @modelcontextprotocol/inspector build/index.js
```

点击上述命令运行成功后输出的本地地址，进入 MCP Inspector，随后连接 HeyBeauty MCP 服务器，如图 3-25 所示。

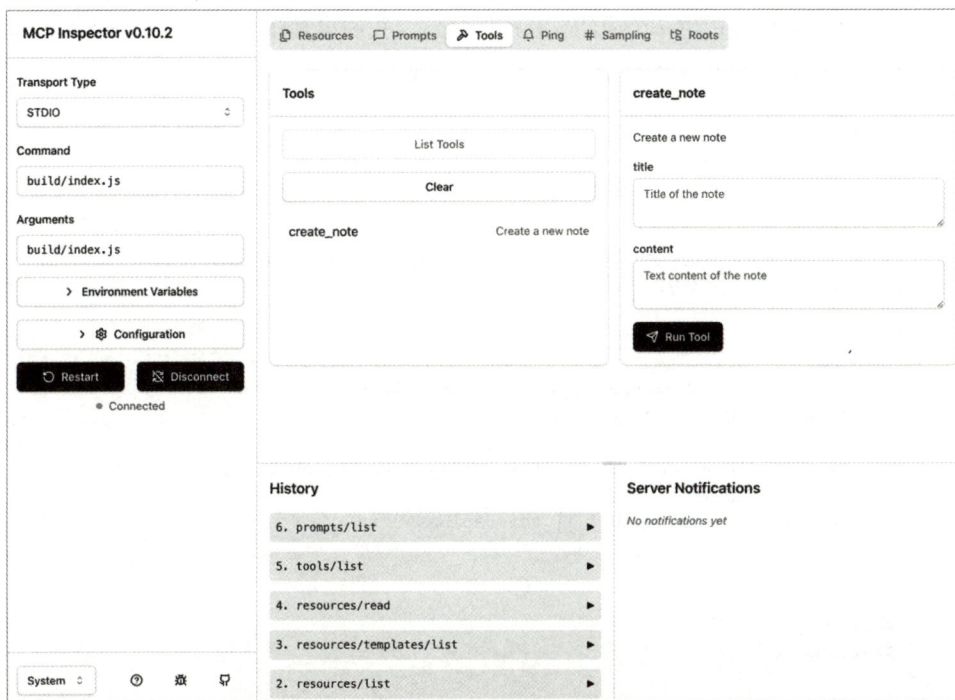

图 3-25　在 MCP Inspector 中调试 HeyBeauty MCP 服务器

从图 3-25 中可以看到，用命令行工具创建的 HeyBeauty MCP 服务器，默认实现了 Resources、Prompts 和 Tools 三大能力。

> MCP Inspector 是一款让 MCP 服务器的调试模块化、系统化、可视化的工作台，聚焦资源、提示词、工具三大模块，支持本地调试，快速连接 MCP 服务器，并可视化配置环境变量和运行参数，显著提升了调试效率。

接下来，我们就开始在 HeyBeauty MCP 服务器内部实现与虚拟试衣相关的功能。

3.3.4 实现 HeyBeauty MCP 服务器的业务逻辑

❋ 1. 实现与 HeyBeauty API 进行交互的客户端类

- 实现调用 HeyBeauty API 的客户端类

在开始开发 HeyBeauty MCP 服务器之前，我们首先要设计一个专门与 HeyBeauty API 进行交互的客户端类。这个类将封装与 HeyBeauty API 通信的细节，为 MCP 服务器的其他功能模块提供一个简洁、易用的接口。我们将其命名为 HeyBeautyClient，并新建文件 src/heybeauty.ts 来实现该类，具体实现如下所示：

```
/**
 * HeyBeauty API 客户端类
 * 用于请求 heybeauty.ai 提供的接口
 */
export class HeyBeautyClient {
  private readonly apiBaseUrl: string = "https://heybeauty.ai/api";
  private readonly apiKey: string;

  /**
   * 构造函数
   * @param apiKey -  从 heybeauty.ai 申请的 API 密钥
   * @param apiBaseUrl - API 基础地址（可选）
   */
  constructor({ apiKey, apiBaseUrl }: { apiKey: string; apiBaseUrl?: string }) {
    this.apiKey = apiKey;
    this.apiBaseUrl = apiBaseUrl || this.apiBaseUrl;
  }

  /**
   * 获取可试穿的衣服列表
   * @returns 衣服列表
   */
  async getClothes() {
    try {
      const req = {
        page: 1,
        limit: 10,
      };
      const resp = await fetch(`${this.apiBaseUrl}/get-clothes`, {
        method: "POST",
        headers: {
          Authorization: `Bearer ${this.apiKey}`,
        },
        body: JSON.stringify(req),
      });

      if (!resp.ok) {
        throw new Error("request failed with status " + resp.status);
      }
```

```
    const { code, message, data } = await resp.json();
    if (code !== 0) {
      throw new Error(message);
    }

    return data;
  } catch (error) {
    throw error;
  }
 }
}
```

在这个客户端类里，我们实现了一个 getClothes 方法，用于请求 HeyBeauty 的 get-clothes 接口，获取一批可以用于虚拟试衣的衣服图片。

● 调试客户端类，调用 getClothes 方法

在实现完 HeyBeautyClient 类之后，我们需要对其进行调试，以确保它能够正确地与 HeyBeauty API 进行交互，并返回预期的数据。为此，我们可以在 src/index.ts 文件中的启动函数里创建该客户端的实例，并调用其方法进行简单测试。具体实现如下所示：

```
/**
 * 使用 stdio 传输启动服务器
 * 通过标准输入/输出通信
 */
async function main() {
  const apiKey = "xxxxxx";
  const client = new HeyBeautyClient({ apiKey });
  const clothes = await client.getClothes();
  console.log(clothes);

  const transport = new StdioServerTransport();
  await server.connect(transport);
}

main().catch((error) => {
  console.error("Server error:", error);
  process.exit(1);
});
```

打开终端，运行 node build/index.js 命令，可以看到在 main 函数调用客户端获取 HeyBeauty 衣服列表的结果。我们主要关心以下 4 个数据字段。

- ❑ title：衣服的名称。
- ❑ description：衣服的描述信息。
- ❑ cloth_id：衣服的编号。
- ❑ cloth_img_url：衣服的图片地址。

HeyBeautyClient 客户端类的设计主要遵循以下几个关键点：

- **职责单一**，专注于封装 HeyBeauty API 的请求逻辑；
- **可配置性强**，支持通过构造函数传入自定义 API 地址；
- **错误处理机制**，对 HTTP 层和业务层异常都进行了判断和错误抛出；
- **可复用性高**，可以在多个 MCP 工具模块中共享调用；
- **易于扩展**，后续可以方便地新增更多接口方法，满足业务需求。

✳ 2. 实现与资源（Resources）相关的功能

● 实现获取资源列表的逻辑

修改 src/index.ts 中获取资源列表的逻辑，传入 apiKey 创建 HeyBeautyClient，把调用 getClothes 得到的衣服列表作为 MCP 服务器的资源列表返回。

```
/**
 * 以资源的形式返回衣服列表
 * 每件衣服作为一个资源
 * - 以 cloth:// URI 作为资源的唯一标识符
 * - 资源是纯文本类型
 * - 资源包含 name 字段和 description 字段
 */
server.setRequestHandler(ListResourcesRequestSchema, async () => {
  try {
    const apiKey = "xxxxxx";
    const client = new HeyBeautyClient({ apiKey });

    const clothes = await client.getClothes();

    return {
      resources: clothes.map((clothe: any) => ({
        uri: `cloth:///${clothe.cloth_id}`,
        mimeType: "text/plain",
        name: clothe.title,
        description: `${clothe.description}`,
      })),
    };
  } catch (error: any) {
    throw new Error("get resources failed: " + error.message);
  }
});
```

在 MCP Inspector 中调用 List Resources 以获取服务器返回的资源列表，如图 3-26 所示。

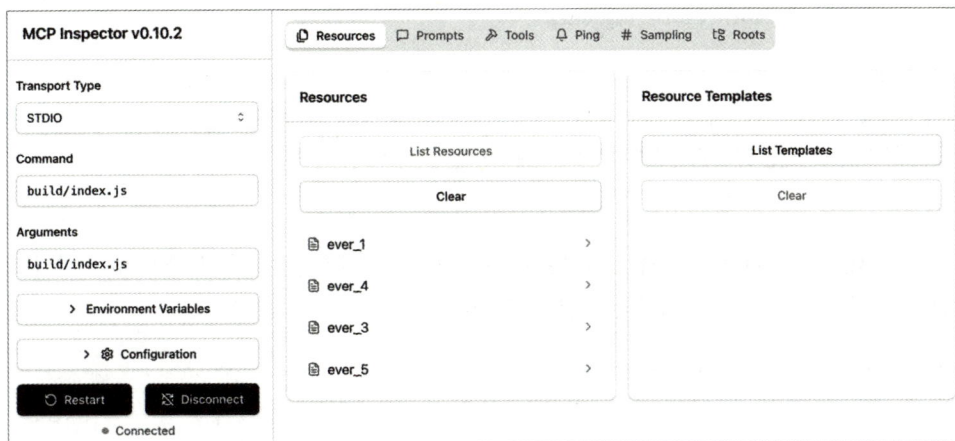

图 3-26　调用 List Resources 获取资源列表

● **实现读取资源的逻辑**

修改 src/index.ts 中读取资源（read resource）内容的逻辑，传入 apiKey 创建 HeyBeautyClient，调用 getClothes 得到衣服列表，再根据请求的衣服 ID，获取对应衣服的图片地址。

```
/**
 * 读取资源内容
 * 接收一个 cloth:// URI，以纯文本的形式返回资源（衣服的图片地址）
 */
server.setRequestHandler(ReadResourceRequestSchema, async (request) => {
  try {
    const url = new URL(request.params.uri);
    const id = url.pathname.replace(/^\//, "");

    const apiKey = "xxxxxx";
    const client = new HeyBeautyClient({ apiKey });

    const clothes = await client.getClothes();

    const cloth = clothes.find((clothe: any) => clothe.cloth_id == id);

    if (!cloth) {
      throw new Error(`Cloth ${id} not found`);
    }

    return {
      contents: [
        {
          uri: request.params.uri,
          mimeType: "text/plain",
```

```
        text: cloth.cloth_img_url,
      },
    ],
  };
  } catch (error: any) {
    throw new Error("read resource failed: " + error.message);
  }
});
```

在 MCP Inspector 中选择 List Resources 返回的资源之一，触发读取资源请求，可以看到服务器返回的资源内容，如图 3-27 所示。

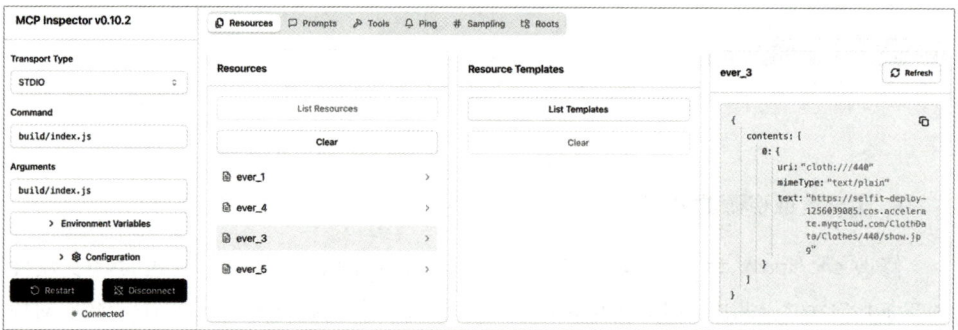

图 3-27　在 MCP Inspector 中读取资源

- **在大模型客户端测试资源**

前面我们已经看到，通过 MCP Inspector 获取资源列表和读取资源都没有问题，接下来，我们再在大模型客户端继续测试，看看如何在大模型客户端使用服务器暴露的资源。

在 Claude 中配置 HeyBeauty MCP 服务器：

```
{
  "mcpServers": {
    "heybeauty-mcp": {
      "command": "node",
      "args": [
        "/Users/idoubi/code/all-in-aigc/chatmcp/heybeauty-mcp/build/index.js"
      ],
      "env": {
        "HEYBEAUTY_API_KEY": "xxxxxx"
      }
    }
  }
}
```

运行以下命令监听 Claude 的输出日志：

```
tail -f ~/Library/Logs/Claude/mcp*.log
```

启动 Claude，如图 3-28 所示，日志输出的内容显示：客户端给 HeyBeauty MCP 服务器发送了 resources/list 请求，获得了 MCP 服务器返回的资源列表。

```
~/code/all-in-aigc/chatmcp/heybeauty-mcp
tail -f ~/Library/Logs/Claude/mcp*.log | grep resource
2025-04-26T02:32:16.251Z [info] [heybeauty-mcp] Message from client: {"method":
resources/list","params":{},"jsonrpc":"2.0","id":12}
2025-04-26T02:32:17.394Z [info] [heybeauty-mcp] Message from server: {"jsonrpc":
"2.0","id":12,"result":{"resources":[{"uri":"cloth:///438","mimeType":"text/plai
n","name":"ever_1","description":"green dress"},{"uri":"cloth:///439","mimeType"
:"text/plain","name":"ever_4","description":"red dress"},{"uri":"cloth:///440","
mimeType":"text/plain","name":"ever_3","description":"pink dress"},{"uri":"cloth
:///442","mimeType":"text/plain","name":"ever_5","description":"green dress"}]}}
2025-04-26T02:32:17.530Z [info] [heybeauty-mcp] Message from server: {"jsonrpc":
"2.0","id":11,"result":{"resources":[{"uri":"cloth:///438","mimeType":"text/plai
n","name":"ever_1","description":"green dress"},{"uri":"cloth:///439","mimeType"
:"text/plain","name":"ever_4","description":"red dress"},{"uri":"cloth:///440","
mimeType":"text/plain","name":"ever_3","description":"pink dress"},{"uri":"cloth
:///442","mimeType":"text/plain","name":"ever_5","description":"green dress"}]}}
```

图 3-28 Claude 读取 HeyBeauty MCP 服务器资源列表的日志

用户在 Claude 中点击输入框最右侧的图标，可以看到 HeyBeauty MCP 服务器返回的资源列表（支持试穿的衣服列表），如图 3-29 所示。

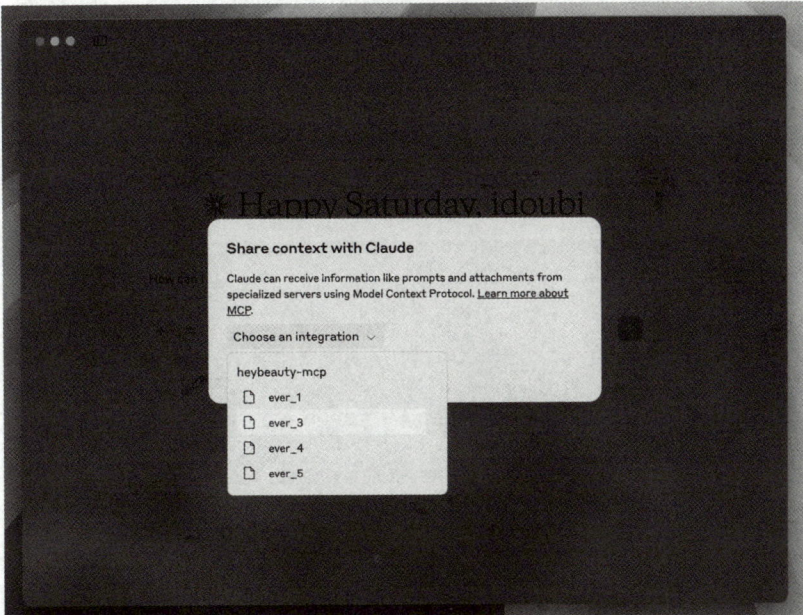

图 3-29 HeyBeauty MCP 服务器返回的资源列表（支持试穿的衣服列表）

用户点击选择其中一个资源，比如 ever_3，通过 Claude 输出的日志可以看到，客户端向 HeyBeauty MCP 服务器发送了 resources/read 请求，传递的参数是资源的 ID（cloth_id），HeyBeauty MCP 服务器返回了资源的内容（支持试穿的衣服的图片地址），如图 3-30 所示。

```
~/code/all-in-aigc/chatmcp/heybeauty-mcp                    ✦ ↓ ▽ ⋮
tail -f ~/Library/Logs/Claude/mcp*.log | grep cloth

2025-04-26T02:40:08.181Z [info] [heybeauty-mcp] Message from client: {"method":"
resources/read","params":{"uri":"cloth:///440"},"jsonrpc":"2.0","id":76}
2025-04-26T02:40:09.104Z [heybeauty-mcp] [info] Message from server: {"jsonrpc":
"2.0","id":76,"result":{"contents":[{"uri":"cloth:///440","mimeType":"text/plain
","text":"https://selfit-deploy-1256039085.cos.accelerate.myqcloud.com/ClothData
/Clothes/440/show.jpg"}]}}
```

图 3-30 HeyBeauty MCP 服务器返回了资源的内容

Claude 会在输入框下方显示用户选择的资源，用户点击资源可以查看资源的内容。在这个场景里，资源的内容就是 HeyBeauty MCP 服务器返回的一件衣服的图片地址，如图 3-31 所示。

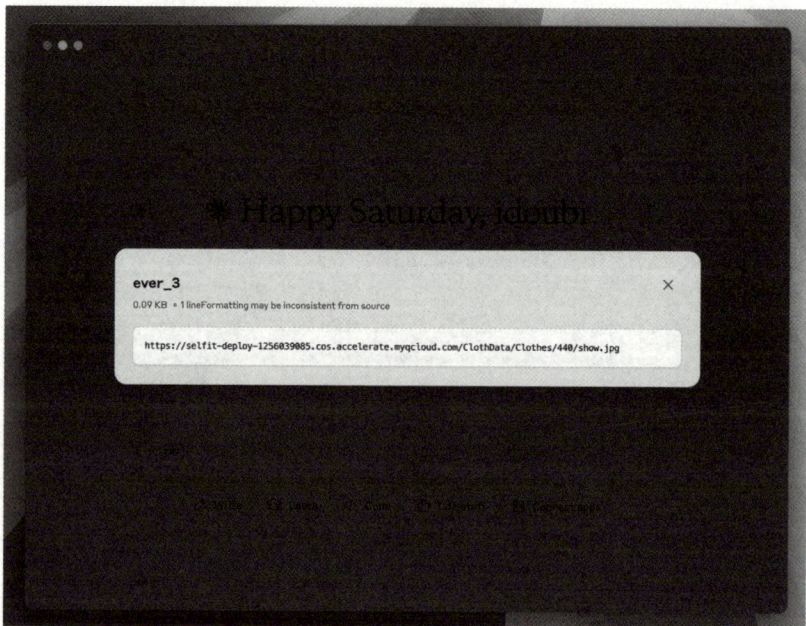

图 3-31 HeyBeauty MCP 服务器返回的一件衣服的图片地址

通过上面的示例，我们了解了大模型客户端获取 MCP 资源列表以及用户选择资源、查看资源的流程。

接下来我们继续实现 HeyBeauty MCP 服务器的业务逻辑。

✳ 3. 完善与 HeyBeauty API 进行交互的客户端类

我们继续完善 src/heybeauty.ts 的逻辑，在 HeyBeautyClient 类里添加 submitTask 和 queryTask 两个方法，分别调用 HeyBeauty 的 API 提交试衣任务和查询试衣结果。

- submitTask（提交试衣任务）

该方法调用 HeyBeauty 的异步试衣接口 /api/mcp-vton，提交一项虚拟试衣任务，其实现逻辑如下：

```
async function submitTask({
  user_img_url,
  cloth_img_url,
  cloth_id,
  cloth_description,
}: {
  user_img_url: string;
  cloth_img_url: string;
  cloth_id?: string;
  cloth_description?: string;
}) {
  try {
    if (!user_img_url || !cloth_img_url) {
      throw new Error("user_img_url and cloth_img_url are required");
    }

    const req = {
      user_img_url,
      cloth_img_url,
      cloth_id,
      caption: cloth_description || "",
      category: "1",
      is_sync: "0",
    };
    const resp = await fetch(`${this.apiBaseUrl}/mcp-vton`, {
      method: "POST",
      headers: {
        Authorization: `Bearer ${this.apiKey}`,
      },
      body: JSON.stringify(req),
    });

    if (!resp.ok) {
      throw new Error("request failed with status " + resp.status);
    }

    const { code, message, data } = await resp.json();
    if (code !== 0) {
```

```
      throw new Error(message);
    }

    return {
      task_id: data.uuid,
      created_at: data.created_at,
      updated_at: data.updated_at,
      status: data.status,
      tryon_img_url: data.tryon_img_url || "",
    };
  } catch (error) {
    throw error;
  }
}
```

该方法包括如下请求参数。

❏ 必填项：用户照片地址和衣服图片地址。

❏ 选填项：衣服 ID 和衣服描述。

❏ 其他参数：category 参数固定为 1；is_sync 设置为 0，表示这是一个异步任务。

接口响应 task_id 作为任务标识，后续可用于查询试衣结果。

● queryTask（查询试衣结果）

该方法用提交试衣任务得到的 task_id 作为请求参数，调用 HeyBeauty 的 /api/ get-task-info 查询试衣任务的结果，其实现逻辑如下：

```
async function queryTask({ task_id }: { task_id: string }) {
  try {
    const uri = `${this.apiBaseUrl}/get-task-info`;
    const req = {
      task_uuid: task_id,
    };

    const resp = await fetch(uri, {
      method: "POST",
      headers: {
        "Content-Type": "application/json",
        Authorization: `Bearer ${this.apiKey}`,
      },
      body: JSON.stringify(req),
    });

    if (!resp.ok) {
      throw new Error("request failed with status: " + resp.status);
    }

    const { code, message, data } = await resp.json();
```

```
    if (code !== 0) {
      throw new Error(message);
    }

    return {
      task_id: task_id,
      created_at: data.created_at,
      updated_at: data.updated_at,
      status: data.status,
      tryon_img_url: data.tryon_img_url || "",
    };
  } catch (err) {
    throw err;
  }
}
```

接口返回试衣状态 status，其值可能是：

❑ successed，表示试衣成功；

❑ failed，表示试衣失败；

❑ processing，表示任务正在处理中。

如果试衣成功，那么接口返回的字段 tryon_img_url 中会包含一张图片的地址，这张图片就是用户"试穿"完成后的效果图。

✱ 4. 实现与工具（Tools）相关的功能

● 定义工具列表

我们在 src/index.ts 里面定义两个工具：submit_tryon_task、query_tryon_task，分别对应 HeyBeautyClient 里实现的 submitTask 和 queryTask 方法。它们的实现逻辑如下：

```
/**
 * 列出服务器实现的工具列表
 * 暴露一个 submit_tryon_task 工具用于提交试衣任务
 * 暴露一个 query_tryon_task 工具用于查询试衣结果
 */
server.setRequestHandler(ListToolsRequestSchema, async () => {
  return {
    tools: [
      {
        name: "submit_tryon_task",
        description:
          "Submit a tryon task with user image url and cloth image url",
        inputSchema: {
```

```
            type: "object",
            properties: {
              user_img_url: {
                type: "string",
                description: "User image url, should be a url of a picture",
              },
              cloth_img_url: {
                type: "string",
                description:
                  "Cloth image url, should be a url of a picture, user input or get
from the selected cloth resource",
              },
              cloth_id: {
                type: "string",
                description: "Cloth id, get from the selected cloth resource",
              },
              cloth_description: {
                type: "string",
                description:
                  "Cloth description, user input or get from the selected cloth
resource",
              },
            },
            required: ["user_img_url", "cloth_img_url"],
          },
        },
        {
          name: "query_tryon_task",
          description: "Query a tryon task with task id",
          inputSchema: {
            type: "object",
            properties: {
              task_id: {
                type: "string",
                description: "Task id, get from the submit_tryon_task tool",
              },
            },
            required: ["task_id"],
          },
        },
      ],
    };
});
```

请注意，在定义工具时，应尽可能在 description 字段中详细说明工具的用途，帮助大模型准确理解并提高调度效率。同时，还需合理设置每个字段的类型和说明，以便模型在识别工具后能够返回正确的调用参数。

通过 MCP Inspector 可以获取 HeyBeauty MCP 服务器定义的工具列表，如图 3-32 所示。

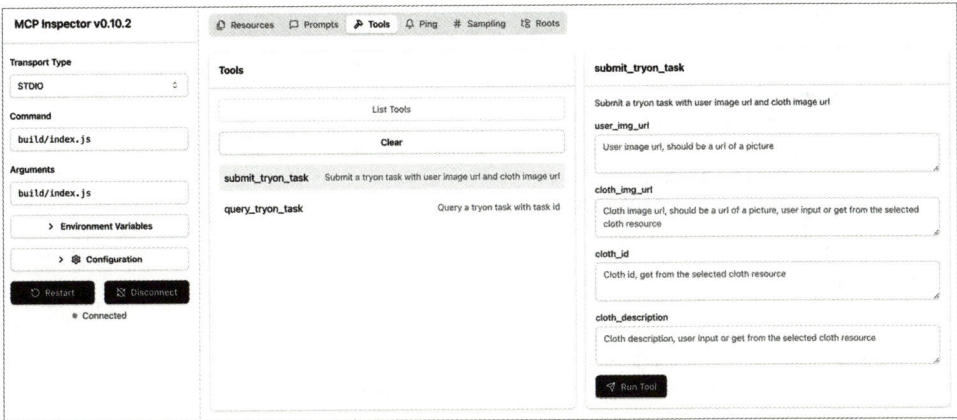

图 3-32 通过 MCP Inspector 获取工具列表

- **实现调用工具的逻辑**

在 `src/index.ts` 中实现调用试衣工具的核心逻辑（主要包含两个工具的处理）：

```
/**
 * 实现 submit_tryon_task 和 query_tryon_task 两个工具的逻辑
 */
server.setRequestHandler(CallToolRequestSchema, async (request) => {
  try {
    const apiKey = "xxxxxx";
    const client = new HeyBeautyClient({ apiKey });

    switch (request.params.name) {
      case "submit_tryon_task": {
        const user_img_url = String(request.params.arguments?.user_img_url);
        const cloth_img_url = String(request.params.arguments?.cloth_img_url);
        const cloth_id = String(request.params.arguments?.cloth_id);
        const cloth_description = String(
          request.params.arguments?.cloth_description
        );

        if (!user_img_url) {
          throw new Error("user image is required");
        }

        if (!cloth_img_url) {
          throw new Error("cloth image is required");
        }

        const res = await client.submitTask({
          user_img_url,
          cloth_img_url,
          cloth_id,
```

```
      cloth_description,
    });

    return {
      content: [
        {
          type: "text",
          text: JSON.stringify(res),
        },
      ],
    };
  }

  case "query_tryon_task": {
    const task_id = String(request.params.arguments?.task_id);
    if (!task_id) {
      throw new Error("task id is required");
    }

    const res = await client.queryTask({ task_id });
    return {
      content: [
        {
          type: "text",
          text: JSON.stringify(res),
        },
      ],
    };
  }

  default:
    throw new Error("Unknown tool");
  }
} catch (error: any) {
  throw new Error("call tool failed: " + error.message);
  }
});
```

❑ submit_tryon_task

接到 submit_tryon_task 工具的调用请求时，从请求参数中读取用户照片地址、衣服图片地址、衣服 ID、衣服描述等信息，通过 HeyBeautyClient 调用 submitTask 方法，提交试衣任务，得到试衣任务的 task_id。

❑ query_tryon_task

接到 query_tryon_task 工具的调用请求时，从请求参数中读取 task_id，调用 HeyBeautyClient 的 queryTask 方法，查询试衣结果。

- **调试工具**

□ 调试 submit_tryon_task 接口

在 MCP Inspector 中输入请求参数，对 submit_tryon_task 工具进行调试，工具响应成功会返回试衣任务的 task_id，如图 3-33 所示。

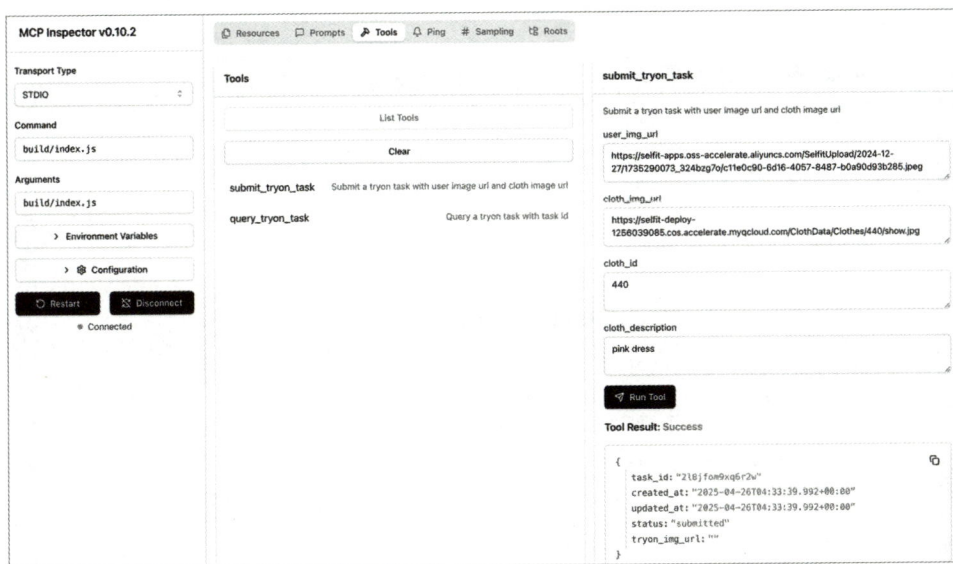

图 3-33　对 submit_tryon_task 工具进行调试

□ 调试 query_tryon_task 接口

在 MCP Inspector 中，输入请求参数，对 query_tryon_task 工具进行调试，工具响应成功会返回试衣任务的结果信息，如图 3-34 所示。

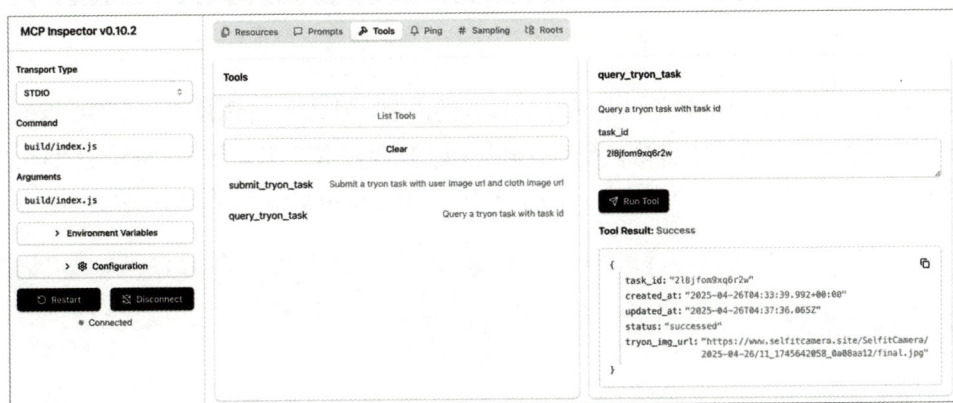

图 3-34　对 query_tryon_task 工具进行调试

当任务状态为 successed 时，表示试衣流程已成功完成，tryon_img_url 字段中返回的是用户试穿衣服后的照片地址。

✳ 5. 在大模型客户端测试

重启 Claude，选择一张衣服图片，输入一张照片的地址，在输入框中写明试衣需求，如图 3-35 所示。

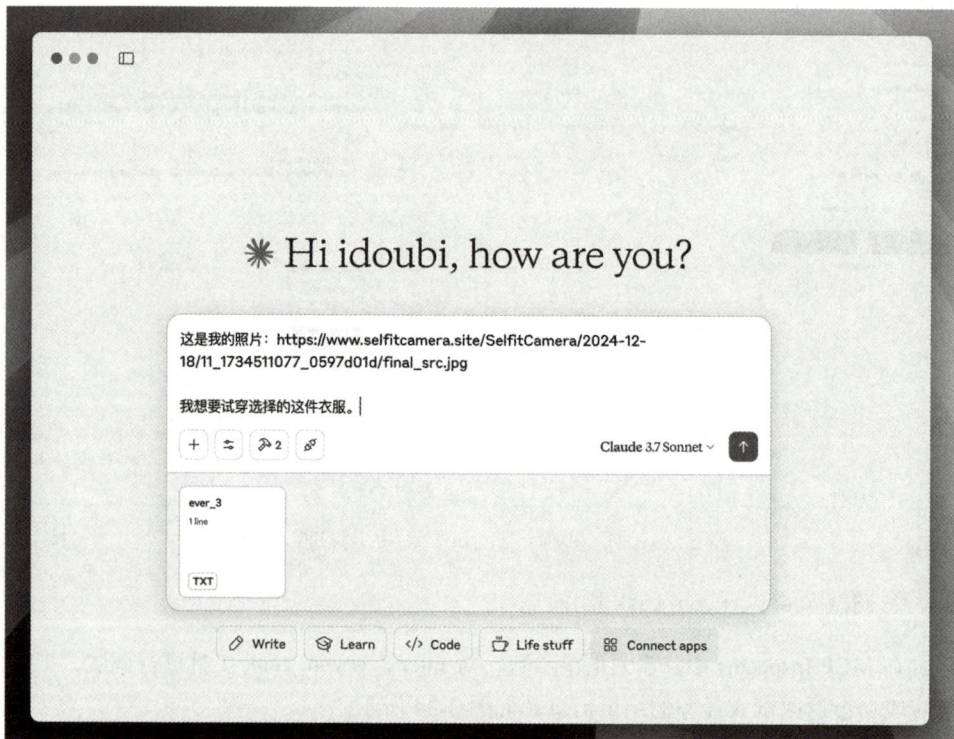

图 3-35　通过 Claude 虚拟试衣

Claude 解析用户选择的图片地址和输入的内容，请求大模型调度，大模型返回要调用的工具名称和请求参数；客户端调用 HeyBeauty MCP 服务器的 submit_tryon_task 工具，得到响应的 task_id，表明试衣任务已经成功创建，如图 3-36 所示。

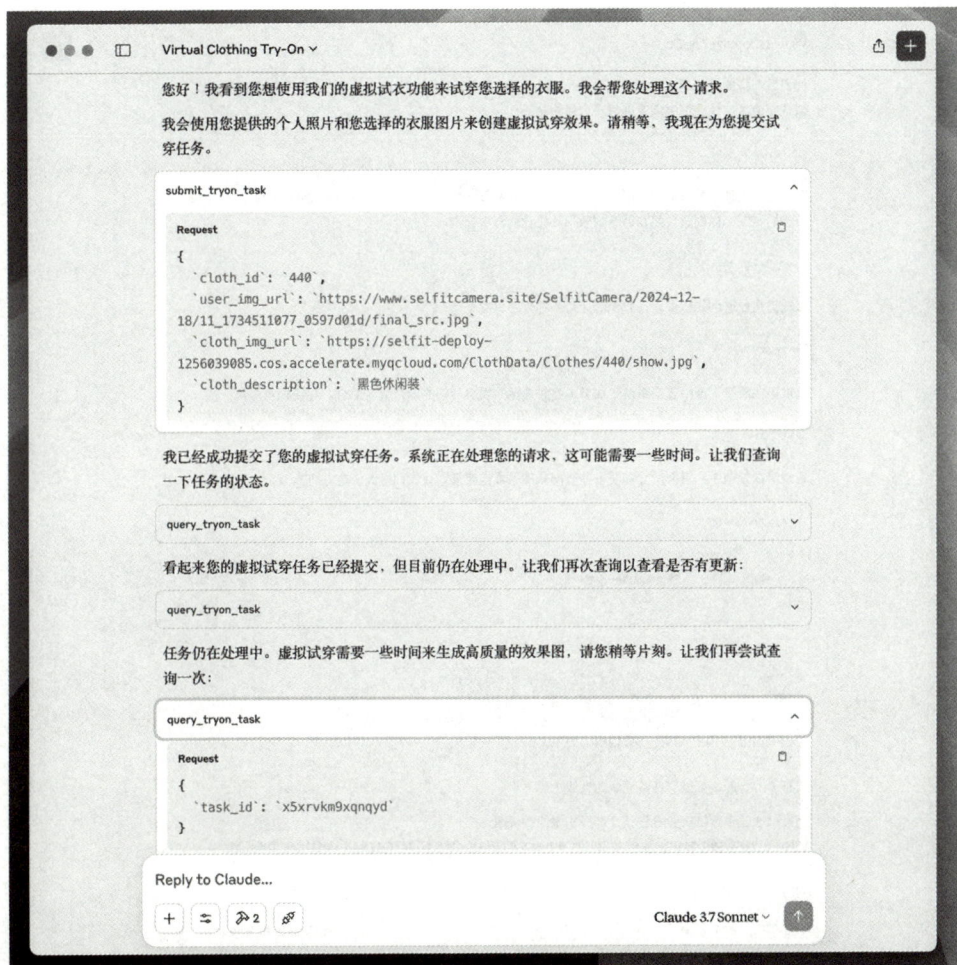

您好！我看到您想使用我们的虚拟试衣功能来试穿您选择的衣服。我会帮您处理这个请求。

我会使用您提供的个人照片和您选择的衣服图片来创建虚拟试穿效果。请稍等，我现在为您提交试穿任务。

submit_tryon_task

Request

```
{
  `cloth_id`: `440`,
  `user_img_url`: `https://www.selfitcamera.site/SelfitCamera/2024-12-
18/11_1734511077_0597d01d/final_src.jpg`,
  `cloth_img_url`: `https://selfit-deploy-
1256039085.cos.accelerate.myqcloud.com/ClothData/Clothes/440/show.jpg`,
  `cloth_description`: `黑色休闲装`
}
```

我已经成功提交了您的虚拟试穿任务。系统正在处理您的请求，这可能需要一些时间。让我们查询一下任务的状态。

query_tryon_task

看起来您的虚拟试穿任务已经提交，但目前仍在处理中。让我们再次查询以查看是否有更新：

query_tryon_task

任务仍在处理中。虚拟试穿需要一些时间来生成高质量的效果图，请您稍等片刻。让我们再尝试查询一次：

query_tryon_task

Request

```
{
  `task_id`: `x5xrvkm9xqnqyd`
}
```

Reply to Claude...

Claude 3.7 Sonnet

图 3-36　试衣任务已成功创建

接下来，继续由 Claude 请求大模型调度，根据大模型的调度指示，调用 HeyBeauty MCP 服务器的 `query_tryon_task` 工具，查询试衣任务结果。当查到的任务状态为 `successed` 的时候，不再请求查询任务工具，而是由大模型根据查询试衣任务的结果，将最终的试衣效果图回复给用户。用户打开链接即可看到试衣效果图。在这里，用户通过一次对话完成了试穿衣服的需求，如图 3-37 所示。

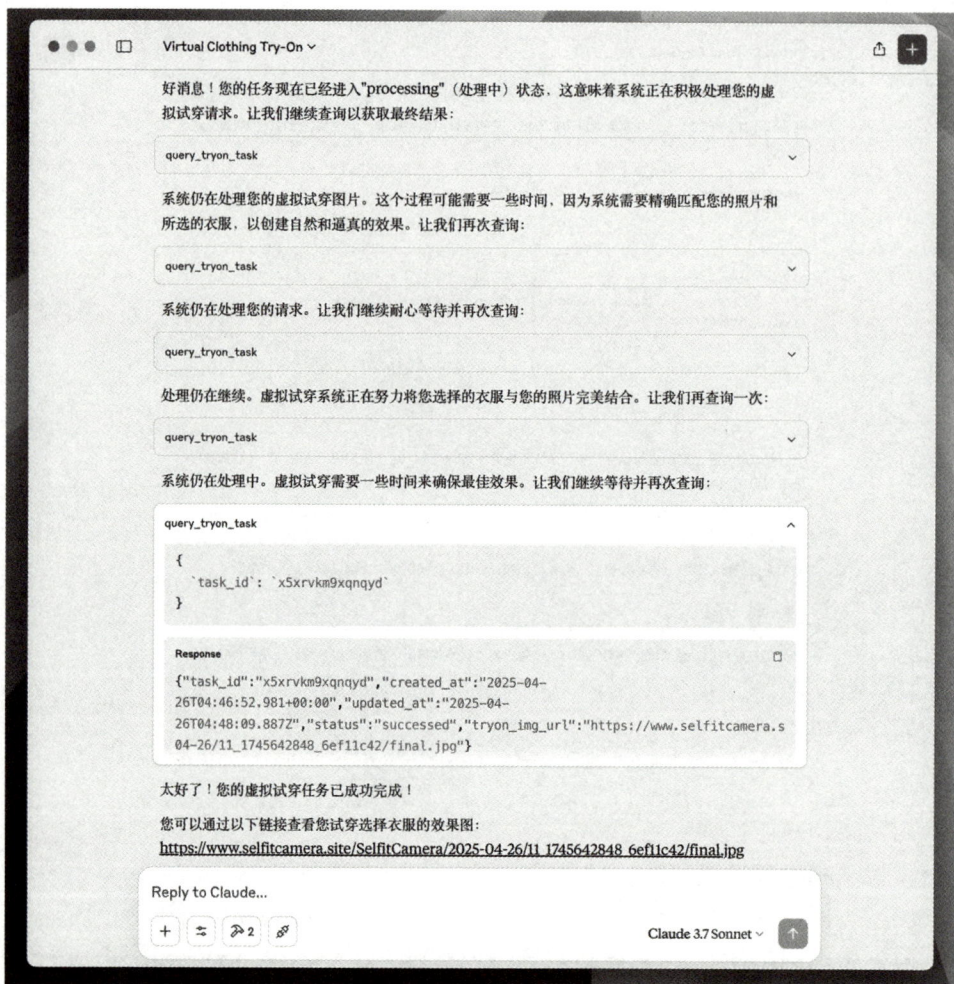

{"task_id":"x5xrvkm9xqnqyd","created_at":"2025-04-26T04:46:52.981+00:00","updated_at":"2025-04-26T04:48:09.887Z","status":"successed","tryon_img_url":"https://www.selfitcamera.s 04-26/11_1745642848_6ef11c42/final.jpg"}

图 3-37　用户通过一次对话完成了试穿衣服的需求

　　我把这个任务中涉及的图片——用户输入的照片、选择的衣服图片和最终试衣的效果图——放在了同一张图里，更加直观地展示试衣的效果，如图 3-38 所示。

　　至此，HeyBeauty MCP 服务器的核心功能就开发完成了。

　　用户可以在任意支持 Resources 的客户端，选择一张衣服图片，再发送一张照片进行试穿。

用户照片　　　　　　　衣服图片　　　　　　　效果图

图 3-38　HeyBeauty 试衣效果展示

如果客户端不支持 Resources，那就需要用户输入两张图片的地址，比如在 Cursor 中使用 HeyBeauty MCP 时，需要如图 3-39（右侧区域）所示这样发送提示词。

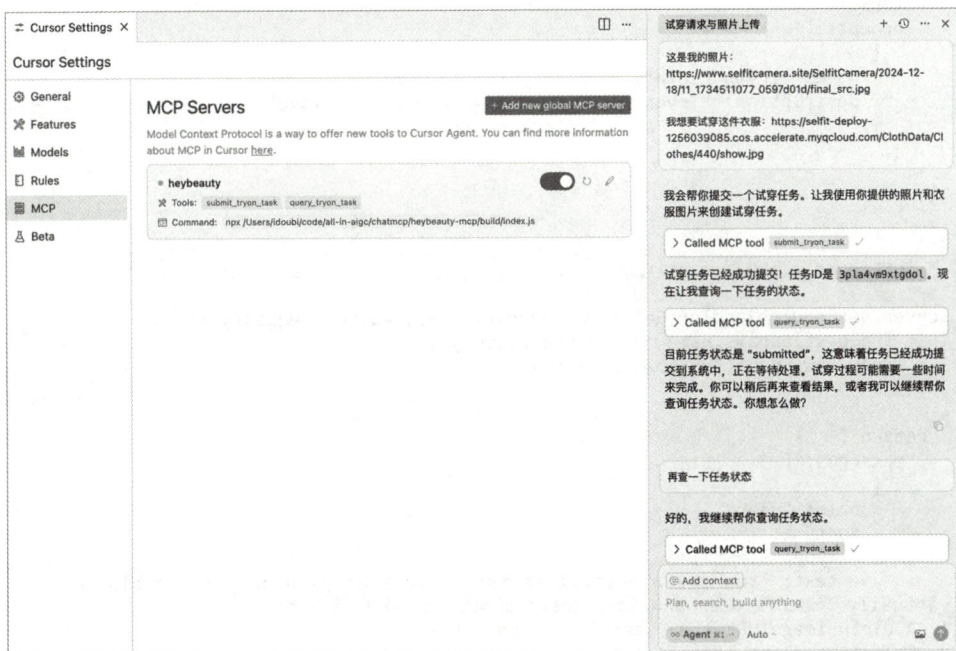

图 3-39　在 Cursor 中使用 HeyBeauty MCP 服务器

✱ 6. 实现与提示词（Prompts）相关的功能

● 为 HeyBeauty MCP 服务器内置提示词

通过前面的步骤，我们实现了 HeyBeauty MCP 服务器，可以实现试衣需求。但是用户需要在大模型客户端明确告诉大模型自己要试衣，如果只发图片地址，大模型可能不会调度 HeyBeauty MCP 服务器。另外，在成功提交试衣任务之后，如何轮询试衣任务状态，以及多久轮询一次，不同的模型调度结果会有比较大的差别。

我们可以通过设置提示词来提高 HeyBeauty MCP 服务器的调度准确性，明确告知大模型查询试衣任务的调度频率，减少不必要的资源消耗。

修改 `src/index.ts` 中返回提示词列表和获取提示词内容的方法，定义一个名为 `tryon_cloth` 的提示词，指导大模型在接到用户发送的图片地址后，自动调度 HeyBeauty MCP 服务器的试衣工具。

```
/**
 * 列出服务器实现的提示词列表
 * 暴露一个 tryon_cloth 提示词（使用用户照片和衣服图片试衣）
 */
server.setRequestHandler(ListPromptsRequestSchema, async () => {
  return {
    prompts: [
      {
        name: "tryon_cloth",
        description: "Tryon with user image and cloth image",
      },
    ],
  };
});

/**
 * 返回 tryon_cloth 提示词的内容
 */
server.setRequestHandler(GetPromptRequestSchema, async (request) => {
  if (request.params.name !== "tryon_cloth") {
    throw new Error("Unknown prompt");
  }

  return {
    messages: [
      {
        role: "user",
        content: {
          type: "text",
          text: `You are a helpful assistant that helps users try on clothes
virtually. When a user provides their photo URL and either:
1. A cloth image URL they want to try on, or
2. Selects a cloth item from the available resources

Here's how to handle each case:
```

```
1. If the user provides their own cloth image URL:
   - Use the submit_tryon_task tool with:
     - user_img_url: The URL of the user's photo
     - cloth_img_url: The URL of the cloth image provided by the user
   - cloth_id and cloth_description can be left empty

2. If the user selects a cloth item from resources:
   - Use the submit_tryon_task tool with:
     - user_img_url: The URL of the user's photo
     - cloth_img_url: The URL from the selected cloth resource
     - cloth_id: The ID from the selected cloth resource
     - cloth_description: The description from the selected cloth resource

After submitting the task:
- Get the task_id from the response
- Use the query_tryon_task tool every 5 seconds to check the task status
- Continue checking until the task status is either "succeeded" or "failed"
- If successful, display the tryon_img_url in markdown format: ![Try-on Result]
(tryon_img_url)
- If failed, inform the user about the failure

Throughout the process:
- Keep the user informed about the current status
- Be patient and friendly
- Handle any errors gracefully

Here is the user's photo URL and either their cloth image URL or the selected cloth
item:`,
        },
      },
    ],
  };
});
```

在 MCP Inspector 中调用提示词列表，查询提示词的内容，如图 3-40 所示。

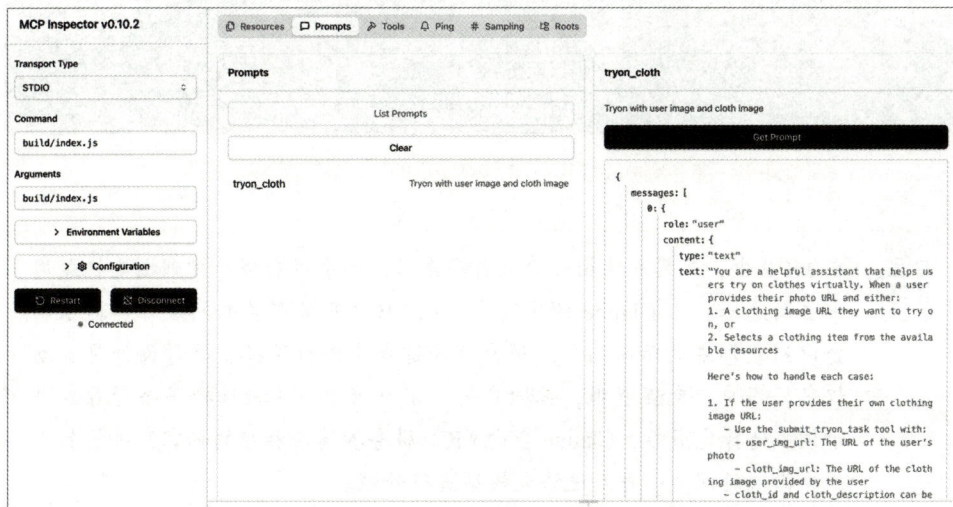

图 3-40　在 MCP Inspector 中查询提示词的内容

● 在 Claude 中使用提示词

重启 Claude，点击右下角的连接图标，可以看到 HeyBeauty MCP 服务器提供的提示词列表和资源列表，如图 3-41 所示。

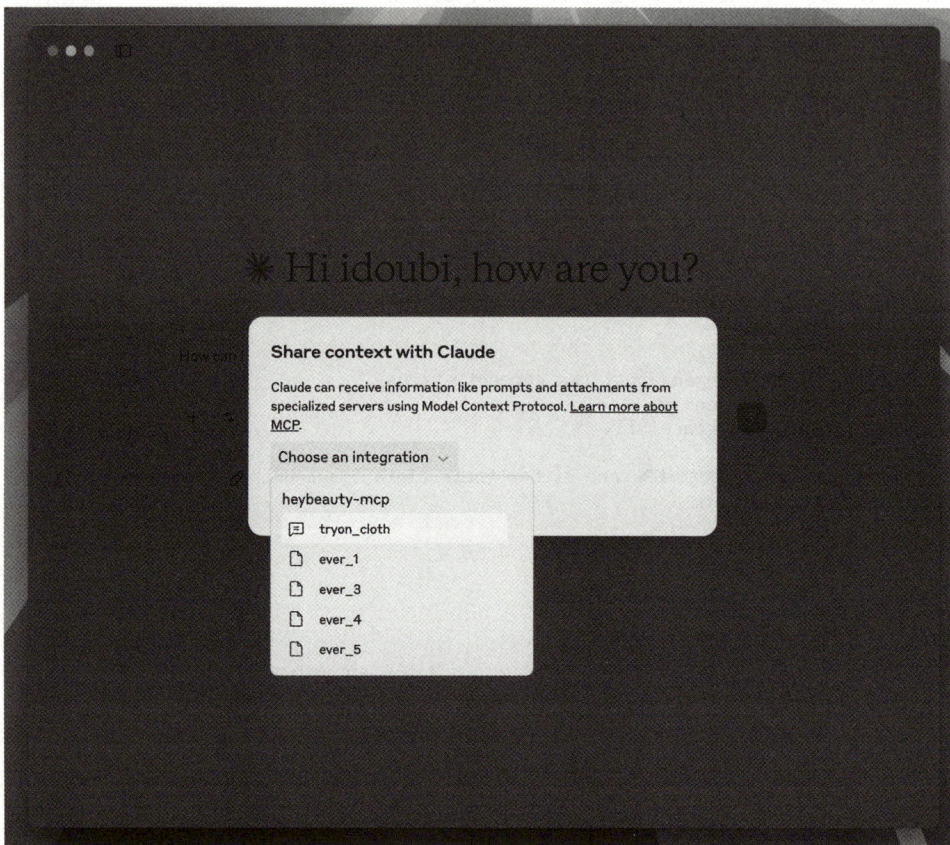

图 3-41　HeyBeauty MCP 服务器提供的提示词列表和资源列表

在 MCP 中，工具通常由大模型自动选择，而资源和提示词则由主机或用户主动选择。在 Claude 的实现中，从 MCP 服务器获取的资源和提示词会以列表形式展示给用户，用户可通过点击进行选择。这种设计将主动权交给用户，交互直观，体验良好。用户可以一次性选择多个资源或提示词。选择完成后，Claude 会向 MCP 服务器请求相应的内容，并将其与用户输入的问题一并发送给大模型进行处理。

选择提示词 `tryon_cloth` 和一张衣服图片，用户只需要在输入框中输入照片地址，不需要任何文字说明，大模型即可识别 HeyBeauty MCP 服务器的试衣工具并进行调度，如图 3-42 所示。

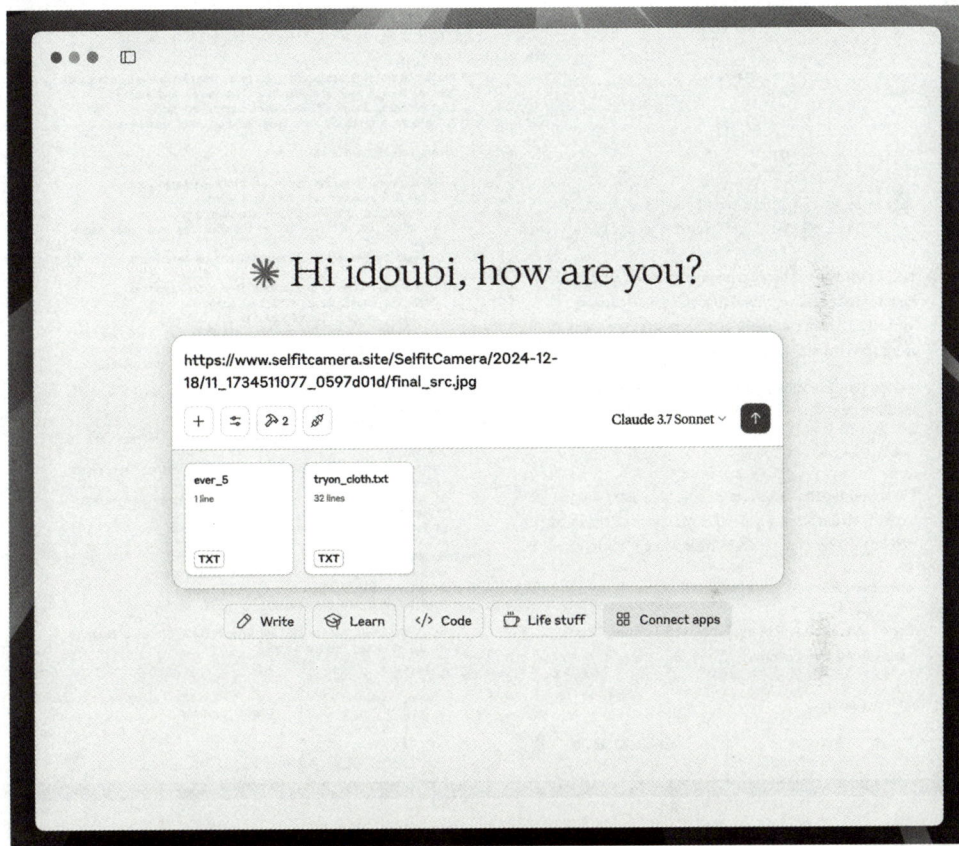

图 3-42　使用 MCP 服务器内置的提示词和资源

在该交互中，提示词的作用尤为关键，它不仅定义了任务触发的条件（如检测用户输入的图片地址），还详细规定了后续工具的调用流程，包括参数格式、任务提交方式及状态查询逻辑。这种通过提示词模板驱动的设计，极大地降低了用户操作的复杂度，并提升了大模型对任务意图理解的准确率。对于开发者而言，合理撰写提示词内容，尤其是清晰描述工具用途和参数约束，是确保模型正确调度工具的基础，也是实现低代码甚至零代码集成的核心路径。

客户端调用 HeyBeauty MCP 服务器的 `submit_tryon_task` 工具提交试衣任务之后，拿到 `task_id` 开始查询任务状态，如图 3-43 所示。

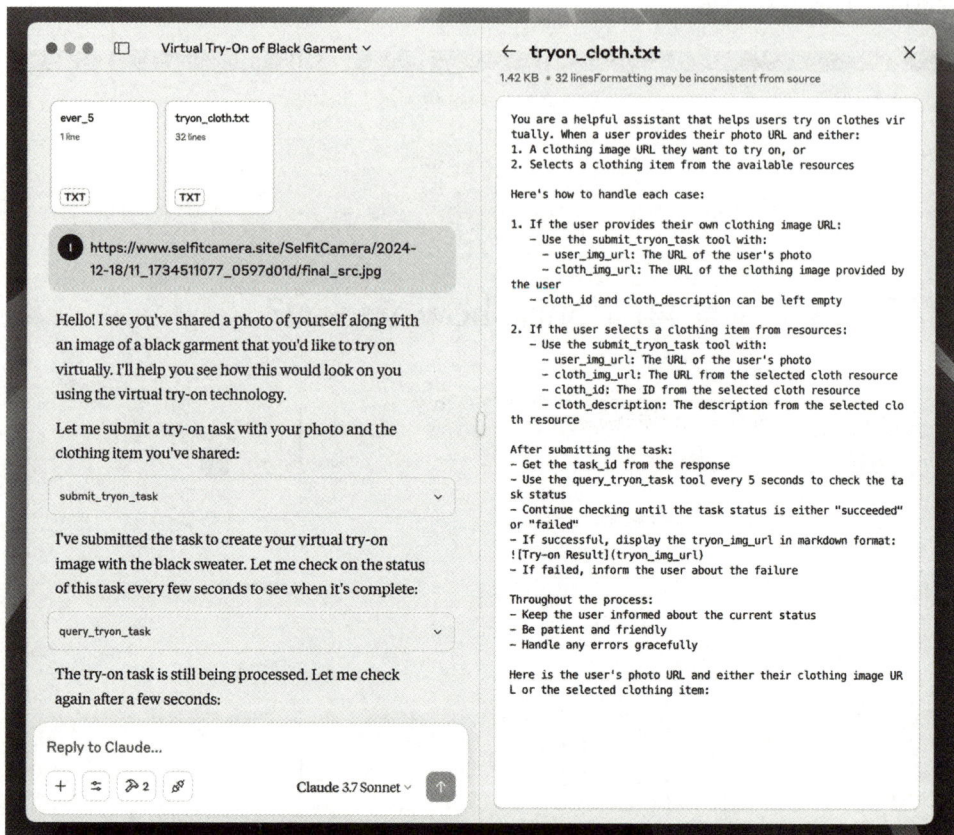

图 3-43　客户端开始查询任务状态

试衣任务提交成功后，进入状态查询流程。虽然这一过程由提示词定义，但其运行逻辑完全交由大模型客户端自动控制。这种"提示词定义＋客户端执行"的分离式结构，使得系统具备高度灵活性，同时也对提示词的准确性提出更高的要求。

值得注意的是，提示词中定义的轮询策略（如每 5 秒查询一次）并非强约束，不同客户端和模型对它的解释可能存在差异。因此，在实际部署中，开发者需关注任务延迟、资源占用与用户体验的平衡，适当调整提示词策略，以确保执行过程既稳定又高效。

每 5 秒调用 query_tryon_task 工具查询一次任务状态，大概查了 10 次之后，客户端得到了试衣结果，如图 3-44 所示。

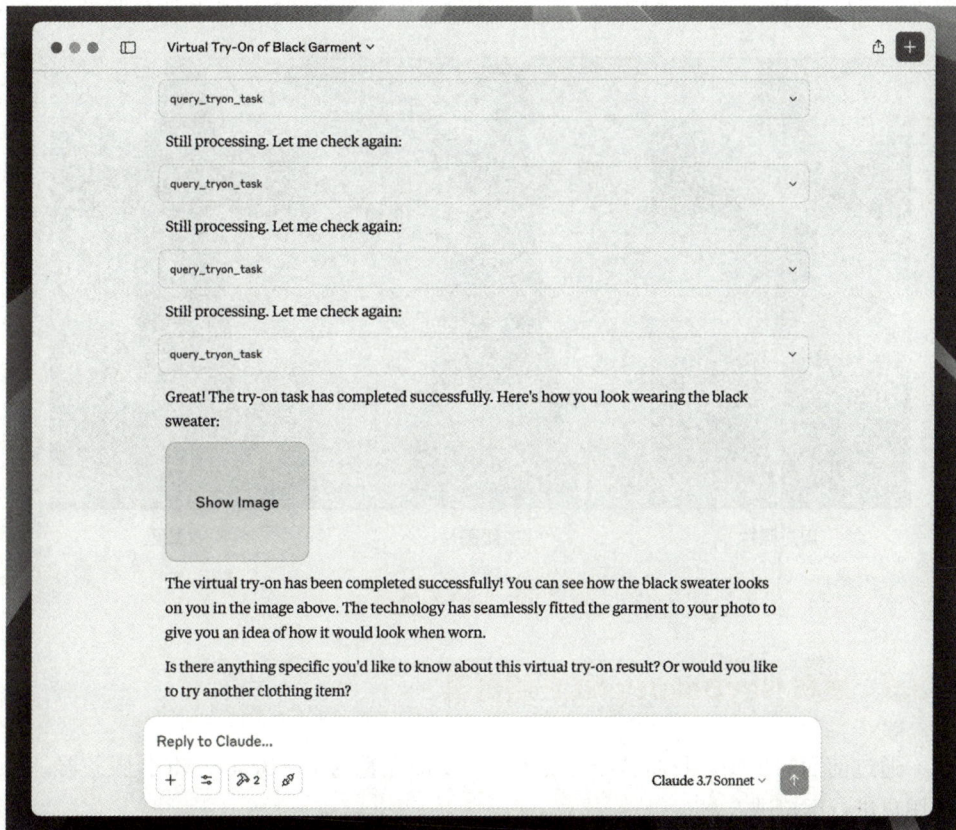

图 3-44　客户端得到试衣结果

以上过程由 Claude 自主控制循环调度工具，根据提示词中的轮询间隔，调用 query_tryon_task 工具查询试衣任务状态。开发者可根据实际情况调整查询试衣任务的轮询间隔。

需要注意的是，轮询间隔的设置是由提示词控制的，并不是通过程序逻辑设定的，因此，在不同的大模型客户端中调用不同的大模型时，实际执行情况可能不同，很可能跟你的预期不一致。

把用户输入的照片地址、选择的衣服图片、试衣结果图片放在一起，可以看到本次试衣任务完成得很不错，如图 3-45 所示。而用户只需在大模型客户端输入一张照片的地址，选择一张衣服图片，选择一个内置的提示词即可，交互非常简单。

用户照片　　　　　　　　衣服图片　　　　　　　　效果图

图 3-45　试衣效果图

3.3.5　发布 HeyBeauty MCP 服务器

通过前面的步骤，我们已经实现了一个功能完整的 HeyBeauty MCP 服务器，帮助用户进行虚拟试衣。

在真正发布 MCP 服务器之前，我们需要先检查一遍实现代码，优化业务逻辑。为简单起见，这里就不展开了，优化思路可以参考我们在 3.2 节实现的 flomo MCP 服务器的案例。

＊1. 发布到 GitHub 平台

登录 GitHub，创建代码仓库并提交 HeyBeauty MCP 服务器的代码：

```
git init
git remote add origin git@github.com:chatmcp/heybeauty-mcp.git
git add .
git commit -m "first version"
git push origin main
```

✳ 2. 发布到 npm 平台

修改 package.json，设置为公有 npm 包：

```json
{
  "name": "heybeauty-mcp",
  "version": "0.1.0",
  "description": "HeyBeauty Virtual TryOn",
  "private": false,
  "type": "module",
  "bin": {
    "heybeauty-mcp": "./build/index.js"
  },
  "files": ["build"],
  "scripts": {
    "build": "tsc && node -e \"require('fs').chmodSync('build/index.js',
'755')\"",
    "prepare": "npm run build",
    "watch": "tsc --watch",
    "inspector": "npx @modelcontextprotocol/inspector build/index.js"
  },
  "dependencies": {
    "@modelcontextprotocol/sdk": "0.6.0"
  },
  "devDependencies": {
    "@types/node": "^20.11.24",
    "typescript": "^5.3.3"
  }
}
```

执行命令将其发布到 npm 平台：

```
npm publish --access=public
```

发布成功后，在 npm 官网可以看到这个包。然后其他人就可以通过以下配置使用 HeyBeauty MCP 服务器了：

```json
{
  "mcpServers": {
    "heybeauty-mcp": {
      "command": "npx",
      "args": ["-y", "heybeauty-mcp"],
      "env": {
        "HEYBEAUTY_API_KEY": "xxxxxx"
      }
    }
  }
}
```

＊3. 发布到第三方 MCP 应用市场

可以把 HeyBeauty MCP 服务器提交到 MCP.so 之类的第三方应用市场，以方便更多人发现和使用，如图 3-46 所示。

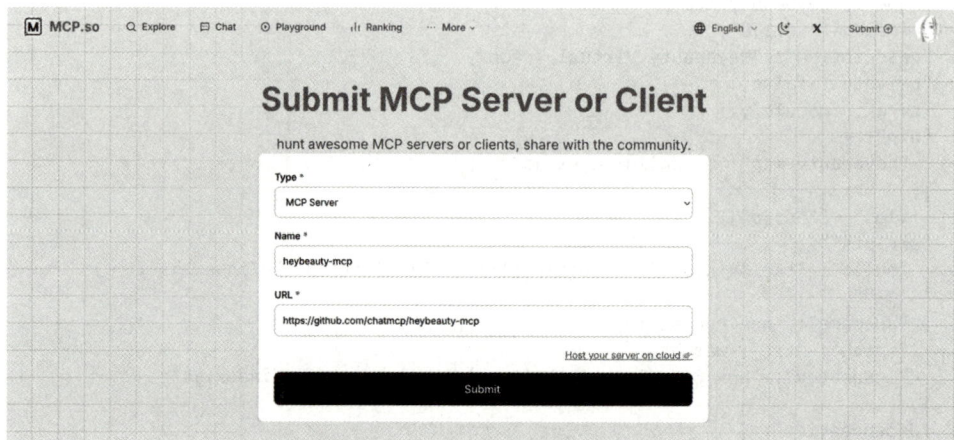

图 3-46　将 HeyBeauty MCP 服务器发布到第三方应用市场 MCP.so

MCP.so 应用市场展示的 HeyBeauty MCP 服务器的详情如图 3-47 所示。

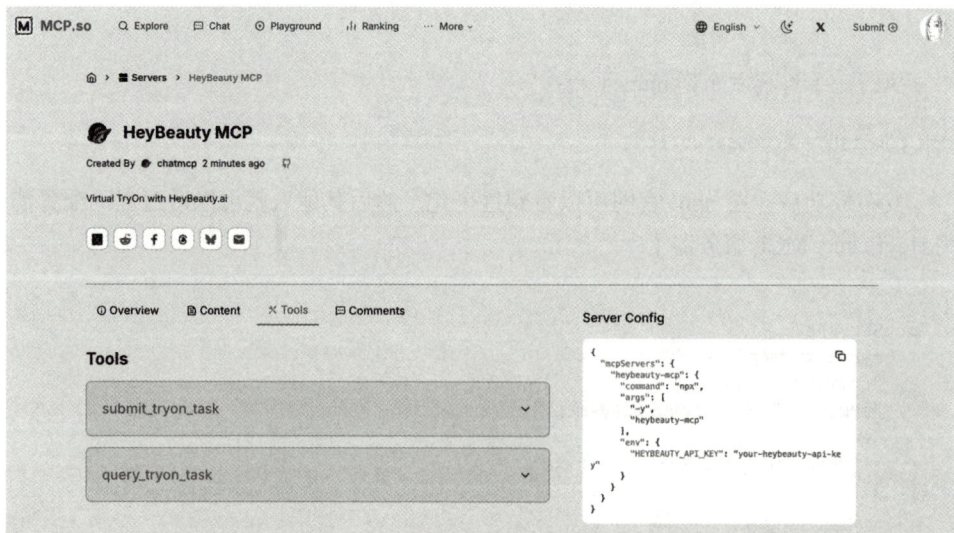

图 3-47　MCP.so 应用市场展示的 HeyBeauty MCP 服务器

3.3.6 案例 2 小结

本节以 HeyBeauty MCP 服务器为例，展示了一个支持图片处理的 MCP 服务器的完整开发流程，主要实现了以下三大能力。

- **Resources（资源）**

  通过 ListResources 和 ReadResource 接口，向客户端提供 HeyBeauty 平台上的衣服资源，支持用户选图试衣。

- **Tools（工具）**

  实现 `submit_tryon_task` 和 `query_tryon_task` 两个工具，接入 HeyBeauty API，实现虚拟试衣任务的提交与查询。

- **Prompts（提示词）**

  内置 `tryon_cloth` 提示词，引导大模型正确调用试衣工具，同时控制查询频率，优化资源使用。

通过该案例，我们学习了如何开发支持图片处理的 MCP 服务器，以及如何在服务器中整合资源、工具和提示词三大能力来提升用户体验。

与此同时，这个案例展示了 MCP 在图像处理场景中的实际应用，希望能为大家今后开发如图像编辑、风格迁移等更丰富的图像类 MCP 服务器提供参考。

3.4 小结

本章通过两个案例展示了 MCP 服务器开发的完整流程，帮助读者掌握创建、调试与发布 MCP 服务器的基本方法，从而快速上手实际开发。

本章重点展示了 MCP 服务器中最核心的能力——**工具能力**的实现方式，并进一步介绍了**资源能力与提示词能力**的开发方法，使读者对 MCP 服务器的能力体系有更全面的认识，从而在实际应用中构建出功能完善、可扩展的 MCP 服务器。

第 4 章

MCP 客户端开发

在第 2 章讲解 MCP 架构时，我们了解到 MCP 定义了主机、客户端、服务器三个角色。MCP 客户端是"寄生"在主机中的子进程，用于与 MCP 服务器通信。而主机也就是我们常说的大模型客户端，主要用于与大模型交互。

我们在第 3 章通过两个实际的案例演示了 MCP 服务器开发的完整流程。用户在大模型客户端配置后即可使用我们开发的 MCP 服务器。

为了跟 MCP 服务器开发对应，本章的主题叫作" MCP 客户端开发"，但实际讲述的是大模型客户端的开发流程。在本章中，我们统一使用"MCP 客户端"这一表述，后续不再额外说明。

本章计划通过两个实际的案例，演示 MCP 客户端开发的完整流程。第一个案例是开发一个 AI 对话助手，读取用户本地配置的 MCP 服务器列表，由大模型调度工具增强生成；第二个案例是开发一个 AI 搜索智能体，通过程序预置的 MCP 服务器配置，用特定的工具列表编排工作流，实现 RAG（检索增强生成）。

4.1　MCP 客户端开发流程

MCP 客户端通常是大型项目，不同类型的应用对应不同的技术栈。例如，在开发跨平台的桌面端对话类应用（比如 Claude、Cursor 等）时，常会使用 React Native、Flutter、Electron 或 Tauri；而智能体类项目（比如 Manus、Lovart 等）多以 Web 形态为主，常用的技术栈包括 Next.js、Nuxt 等。鉴于篇幅所限，本章的两个案例将重点讲解后台业务的核心实现逻辑，前端 /UI 部分不作展开。

在进入具体案例前，我们先梳理一下 MCP 客户端开发的基本流程，聚焦核心步骤与实现思路，具体细节将在后文案例中详述。

核心步骤与实现思路

✱ 1. 安装 MCP 客户端 SDK

在创建 MCP 客户端项目之后，需要安装对应编程语言的 MCP 客户端 SDK，主要用于创建 MCP 客户端实例，连接 MCP 服务器，执行获取工具列表、调用工具等操作。

以 TypeScript 开发为例，安装对应的 MCP 客户端 SDK 的命令如下：

```
npm install @modelcontextprotocol/sdk
```

✱ 2. 读取 MCP 服务器列表

MCP 客户端需要读取用户配置的 MCP 服务器列表，以获取可用的工具并提供给大模型调度使用。因此在开发 MCP 客户端时，需要先实现读取 MCP 服务器列表的逻辑。对于不同类型的 MCP 客户端，其配置方式有所不同。

- ❑ 如果是桌面端对话类 MCP 客户端，MCP 服务器列表一般配置在本地，由用户根据自身需求填入 MCP 服务器配置。例如在 macOS 操作系统下，Claude 的 MCP 服务器配置文件为 ~/Library/Application Support/Claude/claude_desktop _config.json，Cursor 编辑器的 MCP 服务器配置文件为 ~/.cursor/mcp.json。
- ❑ 如果是智能体类 MCP 客户端，MCP 服务器列表一般配置在项目文件中，由开发者根据业务需求预置 MCP 服务器配置。

✱ 3. 从 MCP 服务器获取工具列表

MCP 客户端在获取 MCP 服务器列表之后，需要连接 MCP 服务器以获取其内部定义的工具列表。此处需要用到第 1 步的 MCP 客户端 SDK，创建 MCP 客户端实例，连接 MCP 服务器，并发送 listTools 请求，以获取该服务器定义的工具列表。

✱ 4. 将工具列表发送给大模型，由其选择调用

MCP 客户端可过滤和组合从用户配置的 MCP 服务器列表获取的全部工具，并设置提示词请求大模型挑选工具，由大模型选择合适的工具并返回工具调用信息（工具名称、参数）。

✱ 5. 解析大模型返回的工具调用信息

大模型的回复为纯文本，其中的工具调用信息被特殊标签包裹。MCP 客户端需

从中提取有效的调用数据，以便后续调用工具。

✳ 6. 调用工具

MCP 客户端根据上一步解析出来的工具调用信息，向目标 MCP 服务器发送 `callTool` 请求，并获取工具调用结果。

✳ 7. 总结输出或进入下一轮工具调用

MCP 客户端可将工具调用结果再次提交给大模型，进入下一轮工具调用流程（步骤 4）。若大模型不再返回包含工具调用信息的回复，或调用次数已达设定上限，则 MCP 客户端终止循环，输出最终结果。

可以用一幅图概括 MCP 客户端的交互流程（请注意，这里跟上述的核心步骤并非一一对应），如图 4-1 所示。

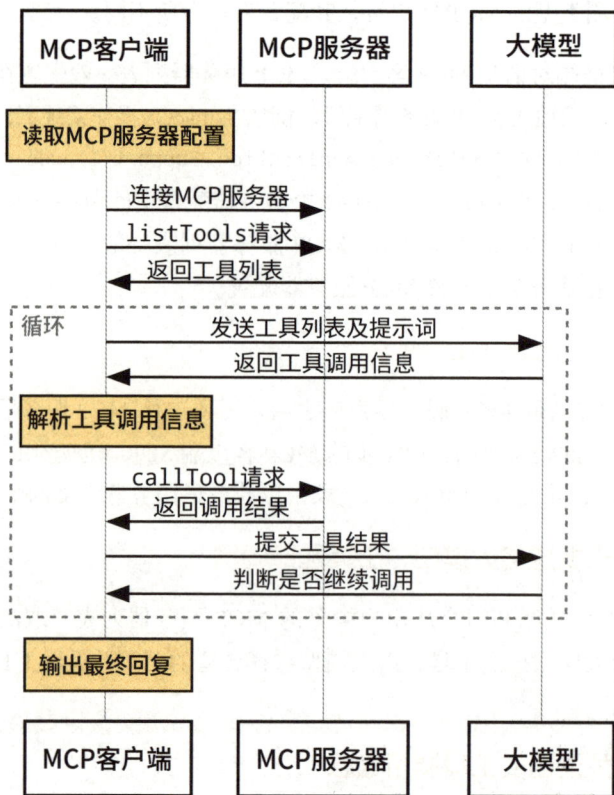

图 4-1 MCP 客户端的交互流程

接下来，我们就通过具体的案例来讲解 MCP 客户端的开发。

4.2 案例 1：开发 AI 对话助手

在本节中，我们计划开发一个名为 ChatMCP 的 AI 对话助手，通过这个案例来演示对话助手类 MCP 客户端开发的具体流程。

4.2.1 开发目标

本案例旨在开发一个通过 MCP 服务器增强大模型生成能力的通用型 AI 对话助手，其中，外部功能的扩展由用户配置 MCP 服务器实现。

按照"测试用例驱动开发"的思路，我们先来设计一个测试用例，梳理用户使用 ChatMCP 与大模型对话的流程。

1. 用户打开 ChatMCP 的配置文件，写入 MCP 服务器配置。
2. 用户启动 ChatMCP，ChatMCP 从配置文件中读取 MCP 服务器列表，并获取所有 MCP 服务器提供的所有工具。
3. 用户在对话框中输入问题，ChatMCP 带上支持的工具列表，请求大模型调度。
4. 大模型挑选工具，返回工具名称、调用参数和工具所属的服务器名称。
5. ChatMCP 调用工具，获得结果。
6. ChatMCP 带上工具列表、工具调用结果，继续请求大模型调度。
7. ChatMCP 循环步骤 4~6，直到大模型的回复内容不包含工具调用信息，或者达到程序设置的最大循环次数时退出循环。
8. ChatMCP 给用户输出最终回复。

用已经在 mcp.so/chat 上线的 ChatMCP 网页版演示用户配置 MCP 服务器与大模型对话并获得回复的效果，如图 4-2 所示。

在这个演示案例中，用户配置了一个高德地图 MCP 服务器（amap-maps）。在用户输入问题后，ChatMCP 将 maps_geo、maps_direction_driving 等工具传递给大模型。根据大模型返回的工具调用信息，ChatMCP 执行了三次工具调用，最终实现了用户的行程计划需求。

此演示案例旨在从用户视角直观展示 ChatMCP 网页版的交互流程，参考这个流程，我们来实现 ChatMCP 客户端的交互逻辑。

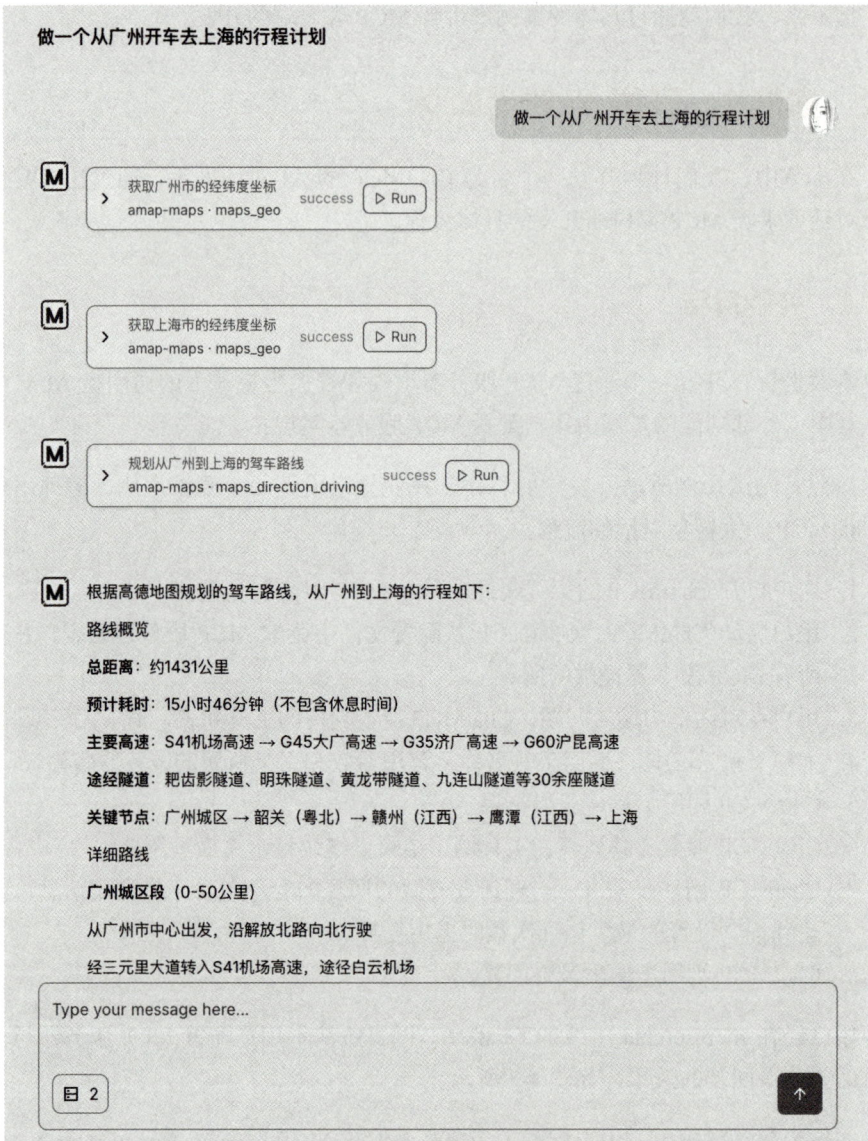

做一个从广州开车去上海的行程计划

做一个从广州开车去上海的行程计划

> 获取广州市的经纬度坐标
amap-maps · maps_geo   success   ▷ Run

> 获取上海市的经纬度坐标
amap-maps · maps_geo   success   ▷ Run

> 规划从广州到上海的驾车路线
amap-maps · maps_direction_driving   success   ▷ Run

根据高德地图规划的驾车路线，从广州到上海的行程如下：

路线概览

总距离：约1431公里

预计耗时：15小时46分钟（不包含休息时间）

主要高速：S41机场高速 → G45大广高速 → G35济广高速 → G60沪昆高速

途经隧道：耙齿影隧道、明珠隧道、黄龙带隧道、九连山隧道等30余座隧道

关键节点：广州城区 → 韶关（粤北）→ 赣州（江西）→ 鹰潭（江西）→ 上海

详细路线

广州城区段（0-50公里）

从广州市中心出发，沿解放北路向北行驶

经三元里大道转入S41机场高速，途径白云机场

Type your message here...

⊟ 2   ↑

图 4-2   ChatMCP 网页版用户对话演示

4.2.2   前置准备

在实现 ChatMCP 的交互逻辑之前，我们做一些前置准备，安装需要用到的外部依赖，实现通用的功能函数。

✱ 1. 安装 SDK

我们选择用 TypeScript 来开发 ChatMCP，所以需要先安装 TypeScript 版本的 MCP 客户端 SDK：

```
npm install @modelcontextprotocol/sdk
```

✱ 2. 实现获取工具列表的函数

我们来实现一个 listTools 函数，使用 SDK 创建 MCP 客户端实例，获取 MCP 服务器内部定义的工具列表：

```typescript
import { Client } from "@modelcontextprotocol/sdk/client/index.js";
import { StdioClientTransport } from "@modelcontextprotocol/sdk/client/stdio.js";

async function listTools({
  command,
  args,
  env = {},
}: {
  command: string;
  args: string[];
  env?: Record<string, string>;
}) {
  const transport = new StdioClientTransport({
    command,
    args,
    env: {
      ...(process.env as Record<string, string>),
      ...env,
    },
  });

  const client = new Client({
    name: "chatmcp",
    version: "1.0.0",
  });

  await client.connect(transport);

  const tools = await client.listTools();

  return tools;
}
```

配置一个提供天气查询服务的 MCP 服务器，测试 listTools 函数，获得此服务器内部定义的工具列表，如图 4-3 所示。

```
api > mcp > test > route.ts > listTools
export async function POST(req: Request) {
  const tools = await listTools({
    command: "npx",
    args: ["-y", "@chatmcp/weather-mcp"],
    env: {
      WEATHER_API_KEY: "22████████2a",
    },
  });

  return Response.json(tools);
}

async function listTools({
  command,
  args,
  env = {},
}: {
  command: string;
  args: string[];
  env?: Record<string, string>;
}) {
  const transport = new StdioClientTransport({
    command,
    args,
    env: {
      ...(process.env as Record<string, string>),
      ...env,
    },
  });
```

```
 1  HTTP/1.1 200 OK
 2  vary: RSC, Next-Router-State-Tree, Next-Router-Prefetch
 3  content-type: application/json
 4  Date: Mon, 12 May 2025 12:17:01 GMT
 5  Connection: close
 6  Transfer-Encoding: chunked
 7
 8  {
 9    "tools": [
10      {
11        "name": "query-weather",
12        "description": "query weather for given city",
13        "inputSchema": {
14          "type": "object",
15          "properties": {
16            "city": {
17              "type": "string",
18              "description": "city name"
19            }
20          },
21          "required": [
22            "city"
23          ],
24          "additionalProperties": false,
25          "$schema": "http://json-schema.org/draft-07/schema#"
26        }
27      }
28    ]
29  }
```

图 4-3　测试获取 MCP 服务器工具列表的函数

＊ 3. 实现调用工具的函数

我们来实现一个 callTool 函数，使用 SDK 创建 MCP 客户端实例，调用 MCP 服务器内部实现的工具：

```
async function callTool({
  command,
  args,
  env = {},
  name,
  params,
}: {
  command: string;
  args: string[];
  env?: Record<string, string>;
  name: string;
  params?: Record<string, unknown>;
}) {
  const transport = new StdioClientTransport({
    command,
    args,
    env: {
      ...(process.env as Record<string, string>),
      ...env,
    },
  });
```

```
const client = new Client({
  name: "chatmcp",
  version: "1.0.0",
});

await client.connect(transport);

const result = await client.callTool({
  name,
  arguments: params,
});

return result;
}
```

使用上一步的天气查询 MCP 服务器配置、工具名称和请求参数，测试 callTool 函数，获得目标工具调用结果，如图 4-4 所示。

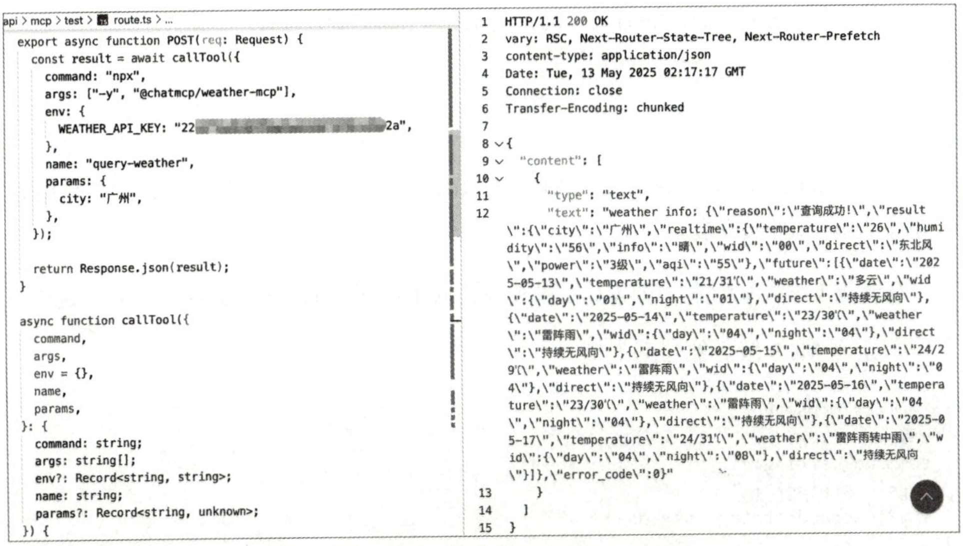

图 4-4　测试调用 MCP 服务器工具的函数

在准备好这两个功能函数之后，接下来就可以实现 ChatMCP 的交互逻辑了。

4.2.3　读取用户配置的 MCP 服务器列表

ChatMCP 需要设置一个本地文件来保存用户配置的 MCP 服务器列表。在 ChatMCP 启动时，从此文件中读取 MCP 服务器列表。

为了方便实现，我们把 Cursor 的 MCP 配置文件作为 ChatMCP 的配置文件。

macOS 操作系统下 Cursor 的配置文件路径是：/Users/$USER/.cursor/mcp.json。

用户在此文件内配置要使用的 MCP 服务器列表，比如我们配置两个 MCP 服务器，分别提供天气查询和记笔记服务，配置内容如下：

```
{
  "mcpServers": {
    "weather-mcp": {
      "command": "npx",
      "args": ["-y", "@chatmcp/weather-mcp"],
      "env": {
        "WEATHER_API_KEY": "xxx"
      }
    },
    "flomo-mcp": {
      "command": "npx",
      "args": ["-y", "@chatmcp/flomo-mcp"],
      "env": {
        "FLOMO_API_URL": "https://flomoapp.com/iwh/xxx/xxxxxx/"
      }
    }
  }
}
```

其中，WEATHER_API_KEY 和 FLOMO_API_URL 需要根据实际情况填写，此处采用脱敏处理，用占位符替代。

在开发 ChatMCP 时，按以下步骤实现读取用户配置的 MCP 服务器列表的逻辑。

❑ 定义 MCP 服务器数据类型：

```
interface McpServer {
  name: string;
  command: string;
  args?: string[];
  env?: Record<string, string>;
}
```

❑ 实现一个函数，从给定的配置内容中解析 MCP 服务器列表：

```
async function getMcpServers(
  config: string
): Promise<Record<string, McpServer>> {
  const mcpConfig = JSON.parse(config);

  const mcpServers = Object.entries(mcpConfig.mcpServers).reduce(
    (acc, [key, value]) => {
      acc[key] = {
        name: key,
        command: (value as any).command,
```

```
        args: (value as any).args,
        env: (value as any).env,
      };
      return acc;
    },
    {} as Record<string, McpServer>
  );

  return mcpServers;
}
```

此函数返回一个 key-value 对象，其中 key 是 MCP 服务器的名称，value 是步骤 1 定义的 MCP 服务器信息。

- 读取配置文件，从配置内容中获取 MCP 服务器列表：

```
const configFile = `/Users/idoubi/.cursor/mcp.json`;
const config = await fs.readFile(configFile, "utf-8");
const mcpServers = await getMcpServers(config);
```

此处的 configFile 需要开发者根据实际情况设置为用户本地的 ChatMCP 配置文件地址。

- 调试接口，输出配置的 MCP 服务器列表，如图 4-5 所示。

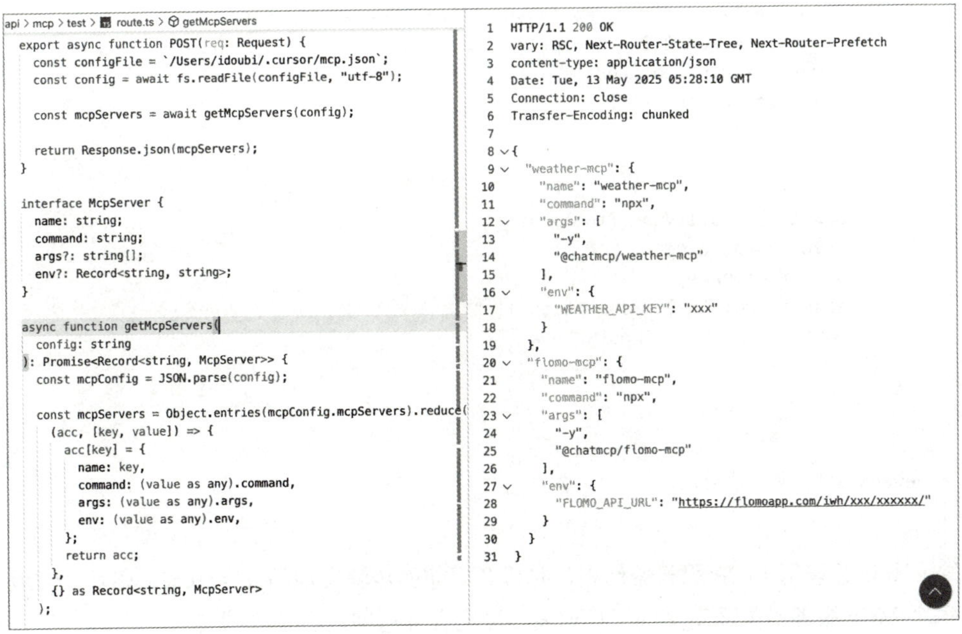

图 4-5　调试接口，输出配置的 MCP 服务器列表

4.2.4 从 MCP 服务器获取工具列表

ChatMCP 启动时，会从配置文件中读取用户配置的 MCP 服务器列表，并通过 SDK 与每个 MCP 服务器建立连接，请求获取每个 MCP 服务器内部定义的工具列表。

在开发 ChatMCP 时，按以下步骤实现获取 MCP 服务器工具列表的逻辑。

1. 定义工具数据类型：

```
interface McpTool {
  server_name: string;
  name: string;
  description: string;
  inputSchema: Record<string, unknown>;
}
```

2. 实现一个函数，从 MCP 服务器列表中获取工具列表：

```
async function getMcpTools(
  mcpServers: Record<string, McpServer>
): Promise<McpTool[]> {
  const allTools = await Promise.all(
    Object.entries(mcpServers).map(async ([name, server]) => {
      const tools = await listTools({
        command: server.command,
        args: server.args || [],
        env: server.env || {},
      });

      return tools.tools.map((tool) => ({
        server_name: name,
        name: tool.name,
        description: tool.description || "",
        inputSchema: tool.inputSchema,
      }));
    })
  );

  return allTools.flat();
}
```

此函数遍历 MCP 服务器列表，并行调用前面步骤实现的 `listTools` 函数，获取每个 MCP 服务器内部定义的工具列表，最后合并返回所有工具列表。

3. 读取配置文件，解析 MCP 服务器列表，获取所有工具：

```
const configFile = `/Users/idoubi/.cursor/mcp.json`;
const config = await fs.readFile(configFile, "utf-8");
const mcpServers = await getMcpServers(config);
const mcpTools = await getMcpTools(mcpServers);
```

此处的 `configFile` 需要开发者根据实际情况设置为用户本地的 ChatMCP 配置文件地址。

4. 调试接口，输出获取到的所有工具列表，如图 4-6 所示。

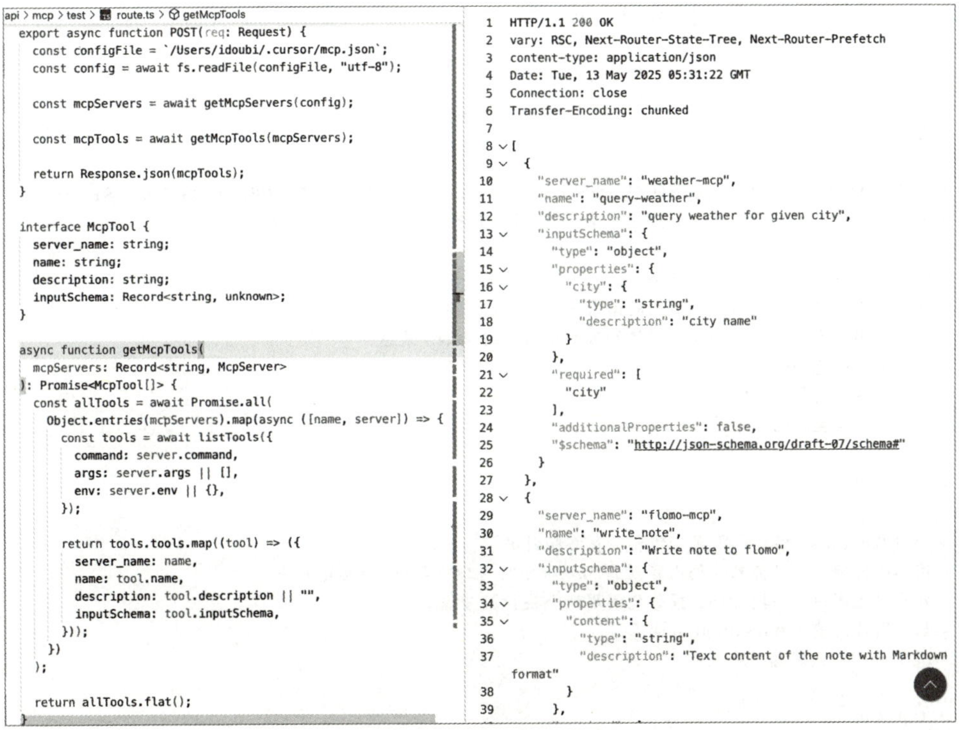

图 4-6　调试接口，输出获取到的所有工具列表

4.2.5　请求大模型挑选工具

ChatMCP 启动时，获取了用户配置的 MCP 服务器列表，并通过与每个 MCP 服务器连接，获取到了所有可用的工具。

用户在 ChatMCP 的对话框中输入问题后，ChatMCP 会根据用户勾选启用的 MCP 服务器，从所有工具中过滤出部分工具，并将这些工具跟用户的问题一起发送给大模型，由大模型挑选最适合的工具进行调用。

在开发 ChatMCP 时，按以下步骤实现请求大模型挑选工具的逻辑。

＊1. 设置系统提示词

为了让大模型更好地理解用户意图，在请求大模型挑选工具时，需要设置系统提示词。

本案例设计的系统提示词如下：

你是 ChatMCP，由 ThinkAny AI 开发的 AI 对话助手。

通用指令

请结合可用的上下文信息（CONTEXT_MESSAGES）和上一次工具调用结果（PREVIOUS_TOOL_RE-SULTS），针对用户的查询（USER_QUERY），写出准确、详细且全面的回复。

- 回答应精确、高质量、专业且公正。
- 回答所用的语言必须与提问所用的语言一致。
- 禁止使用带有主观判断倾向或模棱两可的语言，避免如下表达：
  - "重要的是……"
  - "不适当的是……"
  - "……是主观的"

格式要求

- 使用 Markdown 格式化段落、列表、表格和引用。
- 用二级标题、三级标题分隔内容，如 "## 标题"，但**不要**以标题开头。
- 列表项之间用单个换行符，段落之间用两个换行符分隔。
- 如有图片，使用 Markdown 渲染。
- 不要写 URL 或链接。

工具调用

如需调用工具，请遵循以下流程。

1. 判断是否需要工具，判断依据是：当前用户查询、已有工具结果和可用工具列表（AVAILABLE_TOOLS）。
2. 返回的 tool_name 仅能使用可用工具列表中明示的工具，tool_params 中的参数必须跟in-putSchema 完全匹配。
3. 返回的 server_name 必须跟 tool_name 完全匹配。
4. 工具调用格式如下，且必须放在回复的最后一行：

```
<<tool-start>>
{
  "server_name": "提供工具的服务器名称",
  "tool_name": "工具名称",
  "tool_params": {
    "参数1": "参数1的值",
    "参数2": "参数2的值"
  }
}
<<tool-end>>

- 一次只能调用一个工具，不能提前给出答案。
- 工具调用后等待结果，再继续回复。
- 工具调用失败两次后，不再重试，直接基于已有信息作答并说明原因。

如果不需要工具，直接回复内容，不要包含工具调用区块。

----

以下为本次请求的变量信息：

用户查询：USER_QUERY={USER_QUERY}
上下文：CONTEXT_MESSAGES={CONTEXT_MESSAGES}
上一次工具调用结果：PREVIOUS_TOOL_RESULTS={PREVIOUS_TOOL_RESULTS}
可用工具列表：AVAILABLE_TOOLS={AVAILABLE_TOOLS}

请用你的推理能力，分析信息，生成最有帮助的回复。
```

此提示词的核心逻辑是：把可用的工具列表通过参数 AVAILABLE_TOOLS 传递给大模型，让大模型从中选择应该调用的工具来补充上下文。把历史消息和上一次工具调用结果通过 CONTEXT_MESSAGES、PREVIOUS_TOOL_RESULTS 传递给大模型，让大模型在多轮对话或连续调用多个工具时，有足够的信息作为参考。

如果大模型判断需要调用工具来补充上下文，会返回应该调用的工具信息。上面的提示词约定用特殊标签 <<tool-start>> 和 <<tool-end>> 包裹需要调用的工具信息。

✱ 2. 实现与大模型对话的函数

在开发 ChatMCP 时，通过 AI SDK 库实现与大模型对话的逻辑，并使用 OpenRouter 作为大模型接口供应商。安装相关依赖的命令如下：

```
npm install ai
npm install @openrouter/ai-sdk-provider
```

然后我们来实现一个 chatWithLLM 函数，通过此函数请求大模型，并获得大模型的响应内容。chatWithLLM 函数的实现逻辑如下：

```
import { openrouter } from "@openrouter/ai-sdk-provider";
import { streamText } from "ai";

async function chatWithLLM({
  query,
  contextMessages,
  tools,
  toolResults,
}: {
  query: string;
  contextMessages?: string;
  tools?: string;
  toolResults?: string;
}) {
  const prompt = mcpPrompt
    .replace("{USER_QUERY}", query)
    .replace("{CONTEXT_MESSAGES}", contextMessages || "")
    .replace("{AVAILABLE_TOOLS}", tools || "")
    .replace("{PREVIOUS_TOOL_RESULTS}", toolResults || "");

  const result = await streamText({
    model: openrouter("anthropic/claude-3.5-sonnet"),
    prompt,
  });

  return result;
}
```

在此函数中，mcpPrompt 是前面步骤定义的系统提示词，query 是用户输入的问题，contextMessages 是历史对话消息，tools 是可用工具列表，toolResults 是上一次工具调用结果，作为上下文的一部分与其他内容一同填入提示词的对应位置。函数最终调用 AI SDK 库的 streamText 函数，将构造后的提示词发送给大模型，并获取大模型的流式响应内容。

> chatWithLLM 的实现较为简单，主要通过字符串替换的方式，将系统提示词中的占位符替换为实际内容，从而生成用于请求大模型的提示词。streamText 函数封装了调用大模型所需的参数，我们只需传入模型名称和提示词即可。此处通过大模型接口供应商 OpenRouter 调用 anthropic/claude-3.5-sonnet，该模型在识别传入的工具列表（tools）方面表现更优，具有更高的调用准确率。

✳ 3. 调试大模型输出结果

把 ChatMCP 启动时获取到的工具列表作为 tools 参数，跟用户的 query 一同传入 chatWithLLM 函数，调试大模型的输出结果，如图 4-7 所示。

```typescript
api > mcp > test > route.ts > chatWithLLM
export async function POST(req: Request) {
  const configFile = `/Users/idoubi/.cursor/mcp.json`;
  const config = await fs.readFile(configFile, "utf-8");

  const mcpServers = await getMcpServers(config);

  const mcpTools = await getMcpTools(mcpServers);

  const result = await chatWithLLM({
    query: "广州在下雨吗? ",
    contextMessages: "",
    tools: JSON.stringify(mcpTools),
    toolResults: "",
  });

  return result.toTextStreamResponse();
}

async function chatWithLLM({
  query,
  contextMessages,
  tools,
  toolResults,
}: {
  query: string;
  contextMessages?: string;
  tools?: string;
  toolResults?: string;
}) {
  const prompt = mcpPrompt
    .replace("{USER_QUERY}", query)
    .replace("{CONTEXT_MESSAGES}", contextMessages || "")
    .replace("{AVAILABLE_TOOLS}", tools || "")
    .replace("{PREVIOUS_TOOL_RESULTS}", toolResults || "");

  const result = await streamText({
    model: openrouter("anthropic/claude-3.5-sonnet"),
    prompt,
  });
```

```
1   HTTP/1.1 200 OK
2   vary: RSC, Next-Router-State-Tree, Next-Router-Prefetch
3   content-type: text/plain; charset=utf-8
4   Date: Tue, 13 May 2025 05:55:52 GMT
5   Connection: close
6   Transfer-Encoding: chunked
7
8   为了查询广州的天气情况，我需要使用天气查询工具。
9
10  <<tool-start>>
11  {
12    "server_name": "weather-mcp",
13    "tool_name": "query-weather",
14    "tool_params": {
15      "city": "广州"
16    }
17  }
18  <<tool-end>>
```

图 4-7　调试大模型的输出结果

可以看到，大模型返回了需要调用的工具信息，并将其包裹在特殊标签中。

4.2.6　解析大模型响应的工具信息

在 4.2.5 节中，ChatMCP 请求大模型挑选工具，大模型响应了需要调用的工具信息，并将其包裹在特殊标签中。接下来，ChatMCP 需要从大模型的响应内容中，解析需要调用的工具信息。按以下步骤实现解析工具信息的逻辑。

✳ 1. 定义混合内容数据类型

大模型响应的内容是在文本中包裹了特殊标签，因此我们可以定义一个混合内容数据类型，把文本内容和特殊标签包裹的工具信息区分开：

```
interface MixContent {
  type: "text" | "tool";
  text?: string;
  tool?: {
    server_name: string;
    tool_name: string;
    tool_params?: Record<string, unknown>;
  };
}
```

* 2. 实现一个函数，解析混合内容

此函数通过正则表达式，从文本内容中提取特殊标签包裹的工具信息，并返回一个混合内容数组。

```
function parseMixContents(input: string): MixContent[] {
  const result: MixContent[] = [];
  // 提取工具信息的正则表达式
  const regex = /<<tool-start>>\s*([\s\S]*?)\s*<<tool-end>>/g;
  let lastIndex = 0;
  let match: RegExpExecArray | null;

  while ((match = regex.exec(input)) !== null) {
    // 处理当前 tool 块之前的普通文本
    if (match.index > lastIndex) {
      const text = input.slice(lastIndex, match.index).trim();
      if (text) {
        result.push({ type: "text", text });
      }
    }
    // 解析并处理 tool 块中的 JSON 内容
    const toolJson = match[1].trim();
    try {
      const tool = JSON.parse(toolJson);
      result.push({ type: "tool", tool });
    } catch (e) {
      // 如果遇到解析失败的情况，跳过这个错误继续执行
    }
    lastIndex = regex.lastIndex;
  }
  // 处理最后一个 tool 块之后剩余的普通文本
  if (lastIndex < input.length) {
    const text = input.slice(lastIndex).trim();
    if (text) {
      result.push({ type: "text", text });
    }
  }

  // 返回解析后的混合内容
  return result;
}
```

✳ 3. 调试解析工具信息

将大模型返回的包含工具调用信息的内容作为输入，调用 parseMixContents 函数进行解析，得到一个由文本片段和特殊标签包裹的工具信息组成的混合内容数组。通过调试接口查看输出结果，如图 4-8 所示。

```
api > mcp > test > 📄 route.ts > ⚙ parseMixContents
export async function POST(req: Request) {
  const pickToolResults = `
为了查询广州的天气情况，我需要使用天气查询工具。

<<tool-start>>
{
  "server_name": "weather-mcp",
  "tool_name": "query-weather",
  "tool_params": {
    "city": "广州"
  }
}
<<tool-end>>
`;

  const result = parseMixContents(pickToolResults);

  return Response.json(result);
}

interface MixContent {
  type: "text" | "tool";
  text?: string;
  tool?: {
    server_name: string;
    tool_name: string;
    tool_params?: Record<string, unknown>;
  };
}

function parseMixContents(input: string): MixContent[] {
  const result: MixContent[] = [];
  const regex = /<<tool-start>>\s*([\s\S]*?)\s*<<tool-end>>/g;
  let lastIndex = 0;
  let match: RegExpExecArray | null;

  while ((match = regex.exec(input)) !== null) {
    // 前面的文本
    if (match.index > lastIndex) {
```

```
 1  HTTP/1.1 200 OK
 2  vary: RSC, Next-Router-State-Tree, Next-Router-Prefetch
 3  content-type: application/json
 4  Date: Tue, 13 May 2025 06:06:04 GMT
 5  Connection: close
 6  Transfer-Encoding: chunked
 7
 8 ∨ [
 9 ∨   {
10        "type": "text",
11        "text": "为了查询广州的天气情况，我需要使用天气查询工具。"
12      },
13 ∨   {
14        "type": "tool",
15 ∨     "tool": {
16          "server_name": "weather-mcp",
17          "tool_name": "query-weather",
18 ∨        "tool_params": {
19            "city": "广州"
20          }
21        }
22      }
23    ]
```

图 4-8 调试解析工具信息

可以看到，混合内容数组中的文本内容和工具信息已经被成功区分。在后续的步骤中，我们可以分别处理这两类内容。

> 📋 调用 parseMixContents 函数返回的数组可能包含多个元素，后续代码应遍历该数组，根据每个元素的 type 字段执行相应的操作。具体来说，当 type 为 tool 时，提取参数并调用对应的工具；当 type 为 text 时，则直接显示文本内容。

4.2.7 调用工具

在 ChatMCP 解析的大模型返回的混合内容数组中，包含了需要调用的工具信息：

```
{
  "type": "tool",
  "tool": {
    "server name": "weather-mcp",
    "tool name": "query-weather",
    "tool_params": {
      "city": "广州"
    }
  }
}
```

我们先将解析出来的工具信息作为 callTool 函数的固定参数，跟前面读取 MCP 服务器列表的逻辑结合起来，实现调用工具的逻辑，如下所示：

```
const configFile = `/Users/idoubi/.cursor/mcp.json`;
const config = await fs.readFile(configFile, "utf-8");

const mcpServers = await getMcpServers(config);

const mcpTools = await getMcpTools(mcpServers);

const mixContents = parseMixContents(pickToolResults);

const callToolResult = await callTool({
  command: mcpServers["weather-mcp"].command,
  args: mcpServers["weather-mcp"].args || [],
  env: mcpServers["weather-mcp"].env || {},
  name: "query-weather",
  params: {
    city: "广州",
  },
});
```

然后把解析得到的混合内容数组（包含了上一次大模型返回的工具调用信息），带上工具调用结果，再次请求大模型回答用户最初的问题。实现逻辑如下：

```
const result = await chatWithLLM({
  query: "广州在下雨吗？",
  contextMessages: JSON.stringify(mixContents),
  tools: JSON.stringify(mcpTools),
  toolResults: JSON.stringify(callToolResult),
});
```

调试接口，输出结果如图 4-9 所示。

```
api > mcp > test > 📄 route.ts > ⨂ chatWithLLM
export async function POST(req: Request) {
  const configFile = `/Users/idoubi/.cursor/mcp.json`;
  const config = await fs.readFile(configFile, "utf-8");

  const mcpServers = await getMcpServers(config);

  const mcpTools = await getMcpTools(mcpServers);

  const mixContents = parseMixContents(pickToolResults);

  const callToolResult = await callTool({
    command: mcpServers["weather-mcp"].command,
    args: mcpServers["weather-mcp"].args || [],
    env: mcpServers["weather-mcp"].env || {},
    name: "query-weather",
    params: {
      city: "广州",
    },
  });

  const result = await chatWithLLM({
    query: "广州在下雨吗？",
    contextMessages: JSON.stringify(mixContents),
    tools: JSON.stringify(mcpTools),
    toolResults: JSON.stringify(callToolResult),
  });

  return result.toTextStreamResponse();
}
```

```
1   HTTP/1.1 200 OK
2   vary: RSC, Next-Router-State-Tree, Next-Router-Prefetch
3   content-type: text/plain; charset=utf-8
4   Date: Tue, 13 May 2025 06:31:05 GMT
5   Connection: close
6   Transfer-Encoding: chunked
7
8   根据天气查询结果，广州目前天气状况为多云，没有下雨。具体天气情况如下：
9
10  ## 实时天气
11  - 温度：28°C
12  - 湿度：55%
13  - 天气：多云
14  - 风向：南风
15  - 风力：3级
16  - 空气质量指数：62
17
18  ## 未来天气预报
19  - 5月14日：多云转阵雨，气温21-32°C
20  - 5月15日：阵雨转雷阵雨，气温23-31°C
21  - 5月16日：雷阵雨，气温23-30°C
22  - 5月17日：雷阵雨转中雨，气温24-31°C
23
24  虽然现在没有下雨，但未来几天有降雨趋势，建议出门携带雨具。
```

图 4-9　调试大模型回复结果

可以看到，大模型有了工具调用结果作为上下文，回复内容包含了实时信息。

至此，ChatMCP 的核心逻辑基本开发完成。ChatMCP 可以根据用户输入的问题和配置的 MCP 服务器，请求大模型调度工具，由客户端执行工具调用，实现为大模型补充上下文的目的，最终让大模型的回复内容更加准确和实时。

4.2.8　优化交互逻辑

在前面的内容中，我们拆解了几个步骤，实现了 ChatMCP 读取 MCP 服务器工具列表，与大模型交互的基本流程。在此基础上，我们继续优化交互逻辑，把接口层的逻辑写完整。

✳ 1. 实现接口，处理用户请求

我们在 ChatMCP 中实现一个 POST 接口，包含以下几部分逻辑：

❑ 接收用户输入的 query 参数，获取用户配置的 MCP 服务器提供的工具列表，请求大模型挑选一个工具；

❑ 解析工具信息，调用工具，获取工具调用结果，再次请求大模型回答用户的问题；

❑ 输出接口响应内容。

此接口的实现逻辑如下：

```
export async function POST(req: Request) {
  let { query } = await req.json();
  let contextMessages: MixContent[] = [];

  // 加载 MCP 配置文件，获取 MCP 服务器列表及其提供的工具
  const configFile = `/Users/idoubi/.cursor/mcp.json`;
  const config = await fs.readFile(configFile, "utf-8");
  const mcpServers = await getMcpServers(config);
  const mcpTools = await getMcpTools(mcpServers);

  // 向大模型发送用户问题和工具列表，请求其选择需要调用的工具
  const pickToolResult = await chatWithLLM({
    query,
    contextMessages: JSON.stringify(contextMessages),
    tools: JSON.stringify(mcpTools),
    toolResults: "",
  });

  let content = "";
  for await (const chunk of pickToolResult.textStream) {
    content += chunk;
  }

  // 解析大模型响应的混合内容
  const mixContents = parseMixContents(content);

  // 解析需要调用的工具信息
  let callToolParams = null;
  for (const mixContent of mixContents) {
    if (mixContent.type === "tool") {
      const tool = mixContent.tool;
      if (
        tool &&
        tool.tool_name &&
        tool.server_name &&
        mcpServers[tool.server_name] &&
        mcpServers[tool.server_name].command
      ) {
        callToolParams = {
          command: mcpServers[tool.server_name].command,
          args: mcpServers[tool.server_name].args || [],
          env: mcpServers[tool.server_name].env || {},
          name: tool.tool_name,
          params: tool.tool_params,
        };
        break;
      }
    }
  }
```

```
// 需要调用工具
if (callToolParams) {
  // 调用工具
  const callToolResult = await callTool(callToolParams);
  // 带上工具调用结果请求大模型回复
  const result = await chatWithLLM({
    query,
    contextMessages: JSON.stringify(mixContents),
    tools: JSON.stringify(mcpTools),
    toolResults: JSON.stringify(callToolResult),
  });

  return result.toTextStreamResponse();
}

// 无须调用工具
return pickToolResult.toTextStreamResponse();
}
```

模拟用户输入一个问题，并将其作为 query 参数传入调试接口，以查看大模型的响应内容，输出结果如图 4-10 所示。

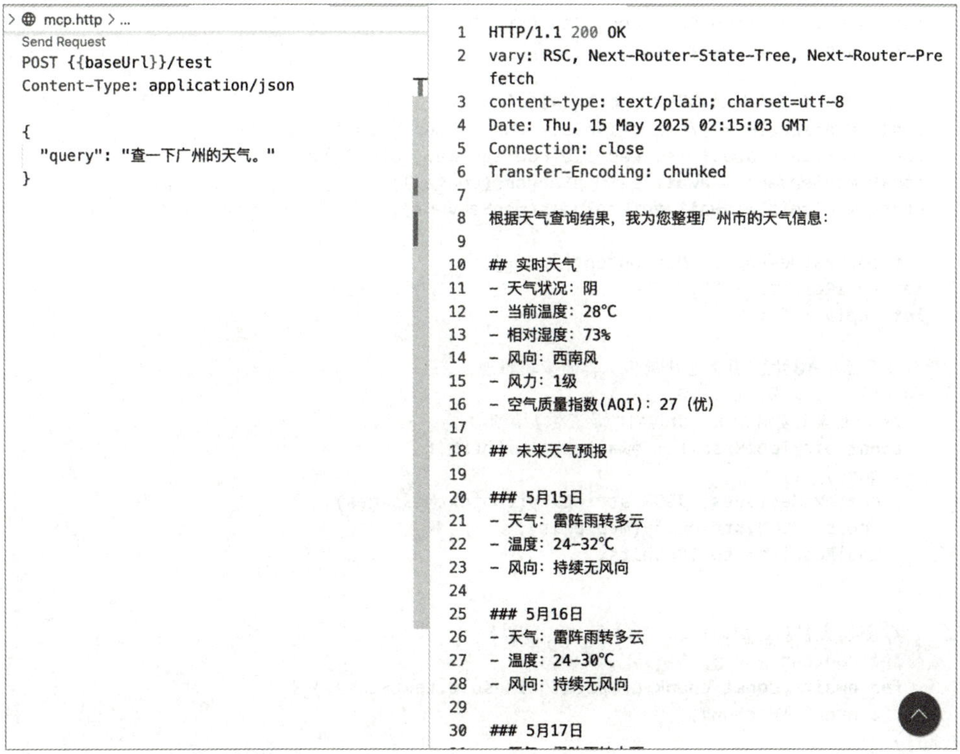

图 4-10　调试接口响应内容

可以看到，接口响应符合预期。ChatMCP 调用天气查询 MCP 服务器内部的工具，为大模型补充了实时天气信息，给用户响应了正确的内容。

✱ 2. 循环调用多个工具，实现自动工作流

上面实现的接口逻辑最多只能调用一次工具，在把第一次工具调用结果传给大模型之后，就算大模型继续返回工具调用信息，ChatMCP 也不会再调用工具，而是直接回复用户了。

然而，实际情况中，用户的问题有时候会很复杂，需要调用多个工具才能补充足够的信息。因此我们可以继续优化接口，实现循环调用工具的逻辑，让大模型根据传递的工具列表和用户输入的问题，自动编排工作流。

设置最大循环次数为 10 次。当大模型的响应内容不包含工具调用信息或者循环次数达到最大次数时，退出循环。

优化后的接口逻辑如下：

```
export async function POST(req: Request) {
  let { query } = await req.json();

  // 加载 MCP 配置文件，获取 MCP 服务器列表和可用工具
  const configFile = `/Users/idoubi/.cursor/mcp.json`;
  const config = await fs.readFile(configFile, "utf-8");
  const mcpServers = await getMcpServers(config);
  const mcpTools = await getMcpTools(mcpServers);

  let contextMessages: MixContent[] = [];
  let toolResults = "";
  let reply = "";

  // 最多循环 10 次，用于连续调用工具的多轮推理
  for (let i = 0; i < 10; i++) {
    // 向大模型发送请求，由其判断是否需要调用工具
    const pickToolResult = await chatWithLLM({
      query,
      contextMessages: JSON.stringify(contextMessages),
      tools: JSON.stringify(mcpTools),
      toolResults: toolResults,
    });

    // 解析大模型返回的内容（文本 + 工具信息）
    let content = "";
    for await (const chunk of pickToolResult.textStream) {
      content += chunk;
    }
    const mixContents = parseMixContents(content);
```

```
    contextMessages.push(...mixContents);
    reply += content;

    // 从返回内容中提取工具调用请求参数
    let callToolParams = null;
    for (const mixContent of mixContents) {
      if (mixContent.type === "tool") {
        const tool = mixContent.tool;
        if (
          tool &&
          tool.tool_name &&
          tool.server_name &&
          mcpServers[tool.server_name] &&
          mcpServers[tool.server_name].command
        ) {
          callToolParams = {
            command: mcpServers[tool.server_name].command,
            args: mcpServers[tool.server_name].args || [],
            env: mcpServers[tool.server_name].env || {},
            name: tool.tool_name,
            params: tool.tool_params,
          };
          break;
        }
      }
    }

    // 如果需要调用工具，则执行调用，并将结果更新为下一轮上下文
    if (callToolParams) {
      const callToolResult = await callTool(callToolParams);
      toolResults = JSON.stringify(callToolResult);

      reply += `\n\n${toolResults}\n\n`;

      continue;
    }

    // 如果不需要调用工具，则跳出循环
    break;
  }

  return new Response(reply);
}
```

我们以一个新的问题作为 query 参数，通过调试接口查看大模型的响应内容，
输出结果如图 4-11 所示。

可以看到，当用户的提问意图涉及多个工具调用时，大模型会自动编排工作流，
依次返回多个工具的调用信息。每次由客户端执行工具调用，并把工具调用结果作
为上下文补充给大模型，大模型再返回下一个工具的调用信息。

```
> @ mcp.http > ...                          1  HTTP/1.1 200 OK
POST {{baseUrl}}/test                       2  vary: RSC, Next-Router-State-Tree, Next-Router-Pre
Content-Type: application/json                 fetch
                                            3  content-type: text/plain;charset=UTF-8
{                                           4  Date: Thu, 15 May 2025 02:23:05 GMT
  "query": "查一下广州的天气, 保存到笔记中。"      5  Connection: close
}                                           6  Transfer-Encoding: chunked
                                            7
                                            8  我需要分两步完成这个任务:
                                            9  1. 先查询广州天气
                                           10  2. 然后将天气信息保存到笔记中
                                           11
                                           12  让我们先查询广州的天气:
                                           13
                                           14  <<tool-start>>
                                           15 ∨ {
                                           16    "server_name": "weather-mcp",
                                           17    "tool_name": "query-weather",
                                           18 ∨  "tool_params": {
                                           19      "city": "广州"
                                           20    }
                                           21  }
                                           22  <<tool-end>>
                                           23
                                           24  我看到已经获取到了广州天气信息, 现在需要将这些信息整理后保存
                                               到笔记中。我会将天气信息格式化为易读的笔记格式。
                                           25
                                           26  <<tool-start>>
                                           27 ∨ {
                                           28    "server_name": "flomo-mcp",
                                           29    "tool_name": "write_note",
                                           30 ∨  "tool_params": {
                                           31      "content": "# 广州天气预报\n\n## 实时天气\n- 温
                                                  度: 28℃\n- 湿度: 73%\n- 天气: 阴\n- 风向: 西南风\n- 风
                                                  力: 1级\n- 空气质量指数: 27\n\n## 未来天气预报\n### 5
                                                  月15日\n- 温度: 24-32℃\n- 天气: 雷阵雨转多云\n- 风向:
                                                  持续无风向\n\n### 5月16日\n- 温度: 24-30℃\n- 天气: 雷
                                                  阵雨转多云\n- 风向: 持续无风向\n\n### 5月17日\n- 温度: 2
                                                  4-31℃\n- 天气: 雷阵雨转中雨\n- 风向: 持续无风向\n\n###
                                                  5月18日\n- 温度: 24-31℃\n- 天气: 中雨\n- 风向: 持续无风
                                                  向\n\n### 5月19日\n- 温度: 24-30℃\n- 天气: 中雨\n- 风
                                                  向: 持续无风向"
                                           32    }
                                           33  }
```

图 4-11　调试循环调用多个工具的接口

4.2.9　案例 1 小结

本节通过一个 AI 对话助手的例子，讲解了开发 MCP 客户端的基本流程和核心逻辑。

通过这个例子，我们演示了如何读取用户配置的 MCP 服务器列表，如何获取 MCP 服务器提供的工具，如何设置提示词让大模型挑选合适的工具，如何调用工具为大模型补充上下文等知识。

在实际工程实践中，要开发一个面向用户的 MCP 客户端，还涉及前端 UI 交互、流式数据解析、工具调用错误处理、失败重试、调度流程优化等内容，鉴于篇幅有限，本书就不一一展开了。

理解了本节内容，大家就可以开始动手开发自己的 MCP 客户端了。

4.3 案例 2：开发 AI 搜索智能体

在上一节内容中，我们学习了如何开发对话助手类的 MCP 客户端，调用用户配置的 MCP 服务器与大模型交互。在本节中，我们继续学习如何开发智能体类的 MCP 客户端。在开始讲解具体的案例之前，先来介绍一下我在 2024 年做的一款 AI 搜索引擎产品——ThinkAny。

2024 年 3 月，我发布了 ThinkAny，其核心功能是根据用户输入的问题，先联网检索信息，再请求大模型回答用户的问题。它的核心原理是通过 RAG 技术，将传统搜索引擎的搜索结果作为上下文补充给大模型，旨在减少大模型的幻觉，为用户提供更准确的回答。ThinkAny 的一个问答示例如图 4-12 所示。

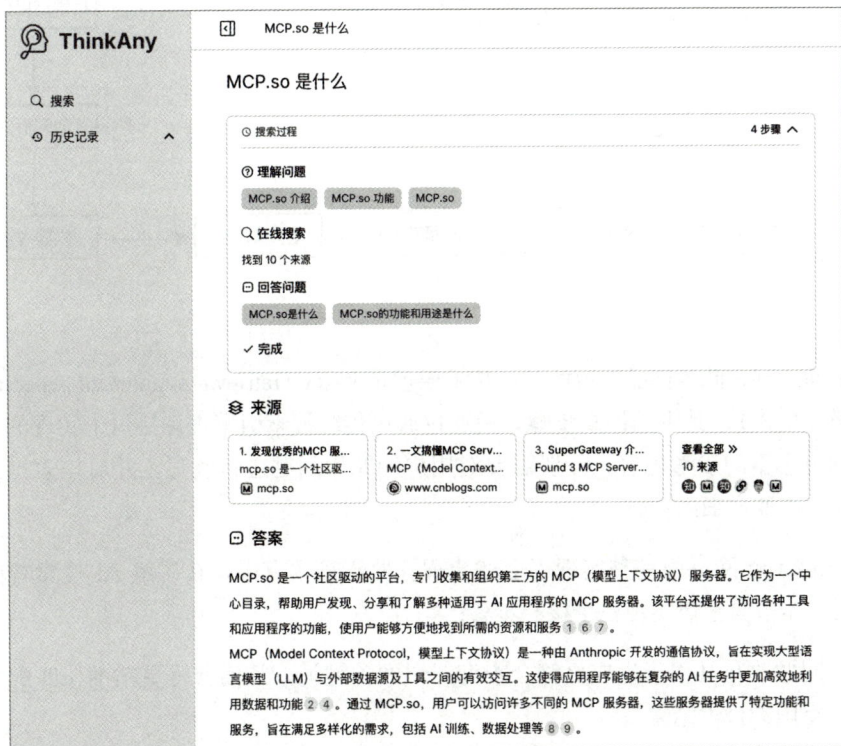

图 4-12 ThinkAny 的一个问答示例

在本节内容中，我们计划开发一个与 ThinkAny 同名的 AI 搜索智能体，通过这个案例来演示智能体类 MCP 客户端开发的具体流程。

4.3.1　开发目标

本案例旨在开发一个支持 AI 搜索功能的智能体，完成问题改写、联网检索、读取网页内容，且以上三步均通过 MCP 工具实现，由提示词自动编排工具调用流程，构建基础的搜索问答能力。

我梳理了 AI 搜索引擎类产品的核心流程，如图 4-13 所示。

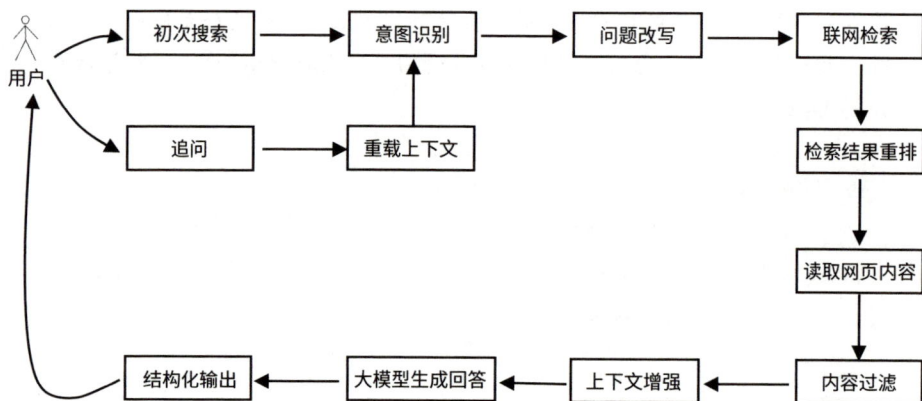

图 4-13　AI 搜索引擎类产品的核心流程

上面提到，此类产品背后的核心技术原理是 RAG（retrieval-augmented generation，检索增强生成），其中的检索步骤，是通过调用传统搜索引擎查询接口来实现的。为了得到更丰富的参考内容，一般需要对用户的原始问题进行改写，并对检索得到的部分网页读取详细内容。

ThinkAny 网页版完整实现了上述流程。鉴于篇幅有限，在讲解 AI 搜索智能体开发时，本节只聚焦实现三个核心步骤：

- 问题改写（用于生成更符合查询习惯的关键词，从而获得更精准、匹配用户意图的检索结果）；
- 联网检索（是 RAG 的基础，主要获取一批相关网页的链接和摘要）；
- 读取网页内容（进一步提取目标网页中的详细信息，以丰富后续生成的答案）。

4.3.2　前置准备

我们先来为开发目标中所述的三个步骤选择合适的 MCP 服务器并进行调试。

✳ 1. 获取问题改写 MCP 服务器的工具列表

用户输入的问题可能是某个关键词，也可能是某个句子。为了获得更好的搜索结果，往往需要对用户的原始问题进行改写，然后用改写后的内容作为查询关键词联网检索。

这里选择一个叫作 query-rewrite-mcp 的 MCP 服务器，其提供一个 rewrite_query 工具，可以对用户输入的问题进行改写。

配置此 MCP 服务器的运行信息，通过 listTools 函数获取此 MCP 服务器内部定义的工具列表，调试输出结果，如图 4-14 所示。

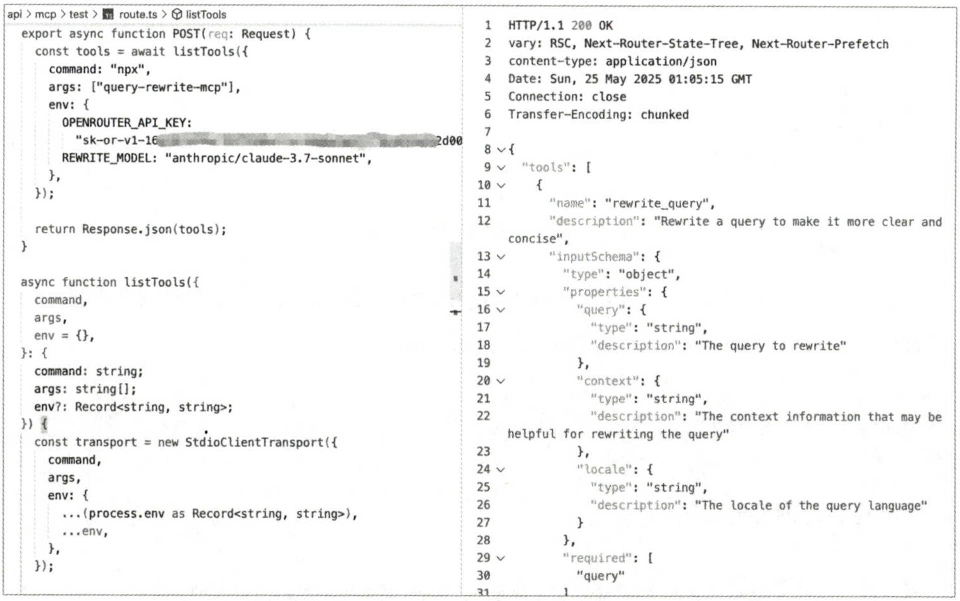

```
api > mcp > test > route.ts > listTools
export async function POST(req: Request) {
  const tools = await listTools({
    command: "npx",
    args: ["query-rewrite-mcp"],
    env: {
      OPENROUTER_API_KEY:
        "sk-or-v1-16           2d00       ",
      REWRITE_MODEL: "anthropic/claude-3.7-sonnet",
    },
  });

  return Response.json(tools);
}

async function listTools({
  command,
  args,
  env = {},
}: {
  command: string;
  args: string[];
  env?: Record<string, string>;
}) {
  const transport = new StdioClientTransport({
    command,
    args,
    env: {
      ...(process.env as Record<string, string>),
      ...env,
    },
  });
```

```
1   HTTP/1.1 200 OK
2   vary: RSC, Next-Router-State-Tree, Next-Router-Prefetch
3   content-type: application/json
4   Date: Sun, 25 May 2025 01:05:15 GMT
5   Connection: close
6   Transfer-Encoding: chunked
7
8 ▾ {
9 ▾   "tools": [
10 ▾     {
11        "name": "rewrite_query",
12        "description": "Rewrite a query to make it more clear and
          concise",
13 ▾      "inputSchema": {
14          "type": "object",
15 ▾        "properties": {
16 ▾          "query": {
17              "type": "string",
18              "description": "The query to rewrite"
19            },
20 ▾          "context": {
21              "type": "string",
22              "description": "The context information that may be
              helpful for rewriting the query"
23            },
24 ▾          "locale": {
25              "type": "string",
26              "description": "The locale of the query language"
27            }
28          },
29 ▾        "required": [
30            "query"
31 {
```

图 4-14　调试 query-rewrite-mcp 工具列表

> 📋 调试逻辑里面用到的 listTools 函数，我们在 4.2 节已详细讲解过其实现逻辑，这里不再赘述。调试此 MCP 服务器需要填写的 OPENROUTER_API_KEY 在 OpenRouter 平台获取；REWRITE_MODEL 是用于改写问题的模型，开发者可自行指定，推荐使用 Claude 系列模型，会有更好的改写效果。

*2. 调用问题改写工具

根据问题改写 MCP 服务器输出的工具列表，通过 callTool 函数调用 rewrite_query 工具，调试输出结果，如图 4-15 所示。

```
api > mcp > test > ⚙️ route.ts > ⦿ callTool
export async function POST(req: Request) {
  const result = await callTool({
    command: "npx",
    args: ["query-rewrite-mcp"],
    env: {
      OPENROUTER_API_KEY:
        "sk-or-v1-169        9432d
      REWRITE_MODEL: "anthropic/claude-3.7-sonnet",
    },
    name: "rewrite_query",
    params: {
      query: "MCP 是什么？",
    },
  });

  return Response.json(result);
}

async function callTool({
  command,
  args,
  env = {},
  name,
  params,
}: {
  command: string;
  args: string[];
  env?: Record<string, string>;
  name: string;
  params?: Record<string, unknown>;
}) {
```

```
1   HTTP/1.1 200 OK
2   vary: RSC, Next-Router-State-Tree, Next-Router-Prefetch
3   content-type: application/json
4   Date: Sun, 25 May 2025 01:10:40 GMT
5   Connection: close
6   Transfer-Encoding: chunked
7
8 ∨ {
9     "content": [
10 ∨    {
11       "type": "text",
12       "text": "{\"questions\":[\"MCP是什么？\",\"MCP代表什么？\",\"M
      CP的定义和用途是什么？\"],\"concepts\":[\"MCP\"],\"queries\":[\"MCP
      定义\",\"MCP 含义\",\"MCP 用途\"]}"
13     }
14   ]
15 }
```

图 4-15　调试 rewrite_query 工具

通过上述调试输出可以得知，rewrite_query 工具可以改写用户的原始问题，返回更加丰富的改写内容。比如输入的原始问题是：

```
{
  "query": "MCP 是什么？"
}
```

改写后的内容是：

```
{
  "questions": ["MCP 是什么？", "MCP 代表什么？", "MCP 的定义和用途是什么？"],
  "concepts": ["MCP"],
  "queries": ["MCP 定义", "MCP 含义", "MCP 用途"]
}
```

以上代码中三个字段的含义说明如下：

❑ questions，基于原始问题生成的扩展问题，帮助大模型从不同的维度构建回答；

❏ concepts，从原始问题提取的相关概念或术语，用于百科词条检索；

❏ queries，根据原始问题生成的查询语句，用于搜索引擎检索。

✱ 3. 获取联网检索 MCP 服务器的工具列表

这里选择一个叫作 serper-mcp-server 的 MCP 服务器，其提供一个 google_search 工具，可以模拟 Google 搜索引擎查询得到搜索结果。

配置此 MCP 服务器的运行信息，通过 listTools 函数获取此 MCP 服务器内部定义的工具列表，调试输出结果，如图 4-16 所示。

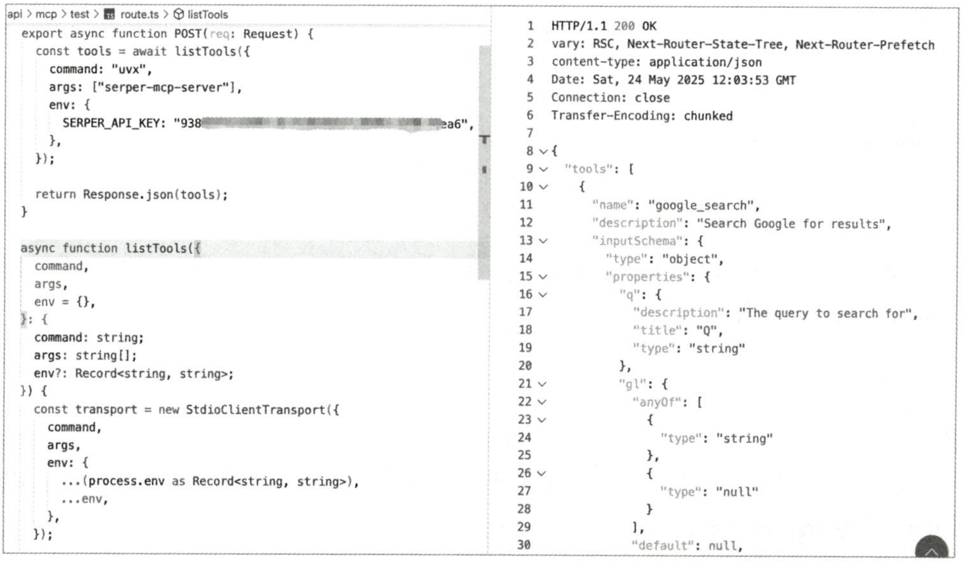

图 4-16 调试 serper-mcp-server 工具列表

> 调试此 MCP 服务器需要填写的 SERPER_API_KEY 在 Serper 平台获取。

✱ 4. 调用联网检索工具

根据联网检索 MCP 服务器输出的工具列表，通过 callTool 函数调用 google_search 工具，调试输出结果，如图 4-17 所示。

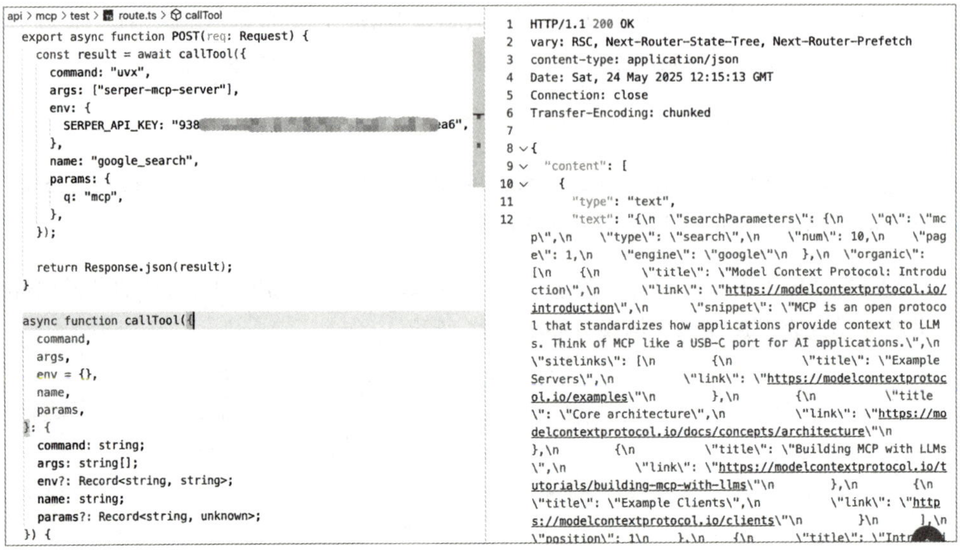

```
api > mcp > test > route.ts > callTool
export async function POST(req: Request) {
  const result = await callTool({
    command: "uvx",
    args: ["serper-mcp-server"],
    env: {
      SERPER_API_KEY: "938          a6",
    },
    name: "google_search",
    params: {
      q: "mcp",
    },
  });

  return Response.json(result);
}

async function callTool({
  command,
  args,
  env = {},
  name,
  params,
}: {
  command: string;
  args: string[];
  env?: Record<string, string>;
  name: string;
  params?: Record<string, unknown>;
}) {
```

```
1  HTTP/1.1 200 OK
2  vary: RSC, Next-Router-State-Tree, Next-Router-Prefetch
3  content-type: application/json
4  Date: Sat, 24 May 2025 12:15:13 GMT
5  Connection: close
6  Transfer-Encoding: chunked
7
8  {
9    "content": [
10     {
11       "type": "text",
12       "text": "{\n    \"searchParameters\": {\n    \"q\": \"mc
p\",\n    \"type\": \"search\",\n    \"num\": 10,\n    \"pag
e\": 1,\n    \"engine\": \"google\"\n },\n \"organic\":
[\n    {\n    \"title\": \"Model Context Protocol: Introdu
ction\",\n    \"link\": \"https://modelcontextprotocol.io/
introduction\",\n    \"snippet\": \"MCP is an open protoco
l that standardizes how applications provide context to LLM
s. Think of MCP like a USB-C port for AI applications.\",\n
\"sitelinks\": [\n    {\n    \"title\": \"Example
Servers\",\n    \"link\": \"https://modelcontextprotoc
ol.io/examples\"\n },\n    {\n    \"title
\": \"Core architecture\",\n    \"link\": \"https://mo
delcontextprotocol.io/docs/concepts/architecture\"\n
},\n    {\n    \"title\": \"Building MCP with LLMs
\",\n    \"link\": \"https://modelcontextprotocol.io/t
utorials/building-mcp-with-llms\"\n    },\n    {\n
\"title\": \"Example Clients\",\n    \"link\": \"http
s://modelcontextprotocol.io/clients\"\n }\n ],\n
\"position\": 1\n    },\n    {\n    \"title\": \"Intr
```

图 4-17　调试 google_search 工具

通过上述的调试输出得知，google_search 工具可以模拟 Google 搜索引擎查询得到搜索结果。比如输入的查询参数为：

```
{
  "q": "mcp"
}
```

此工具返回搜索结果列表，每个结果包含标题、链接、描述、来源等信息，其中的一条搜索结果示例如下：

```
{
  "title": "Model Context Protocol: Introduction",
  "link": "https://modelcontextprotocol.io/introduction",
  "snippet": "MCP is an open protocol that standardizes how applications provide
context to LLMs. Think of MCP like a USB-C port for AI applications."
}
```

✳ 5. 获取读取网页内容 MCP 服务器的工具列表

这里选择一个叫作 jina-mcp-tools 的 MCP 服务器，其提供一个 jina_reader 工具，可以读取网页内容。配置此 MCP 服务器的运行信息，通过 listTools 函数获取此 MCP 服务器内部定义的工具列表，调试输出结果，如图 4-18 所示。

调试此 MCP 服务器需要填写的 JINA_API_KEY 在 Jina 平台获取。

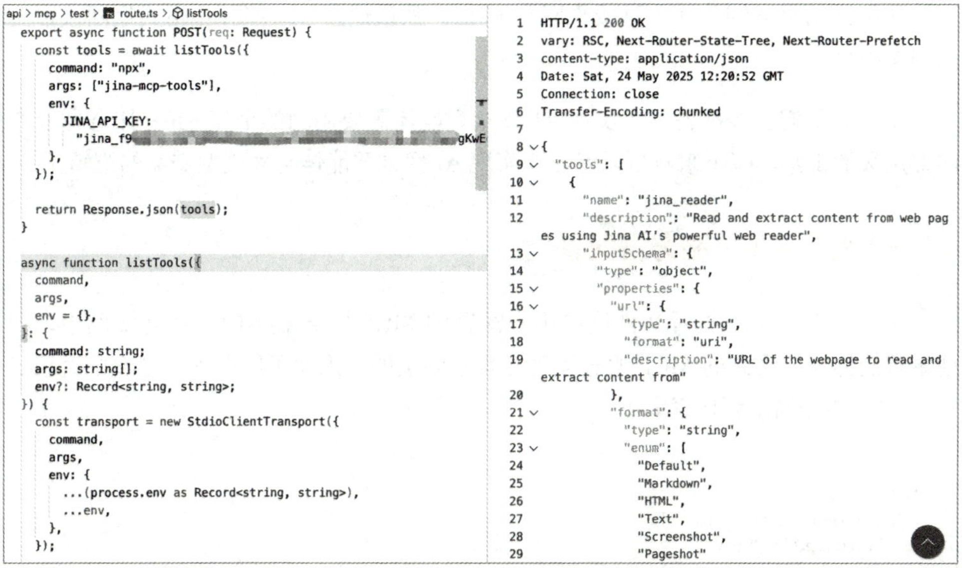

```
api > mcp > test > ⌨ route.ts > ⦿ listTools
export async function POST(req: Request) {
  const tools = await listTools({
    command: "npx",
    args: ["jina-mcp-tools"],
    env: {
      JINA_API_KEY:
        "jina_f9          gKwE
    },
  });

  return Response.json(tools);
}

async function listTools({
  command,
  args,
  env = {},
}: {
  command: string;
  args: string[];
  env?: Record<string, string>;
}) {
  const transport = new StdioClientTransport({
    command,
    args,
    env: {
      ...(process.env as Record<string, string>),
      ...env,
    },
  });
```

```
1   HTTP/1.1 200 OK
2   vary: RSC, Next-Router-State-Tree, Next-Router-Prefetch
3   content-type: application/json
4   Date: Sat, 24 May 2025 12:20:52 GMT
5   Connection: close
6   Transfer-Encoding: chunked
7
8 ∨ {
9 ∨   "tools": [
10 ∨    {
11        "name": "jina_reader",
12        "description": "Read and extract content from web pag
           es using Jina AI's powerful web reader",
13 ∨      "inputSchema": {
14          "type": "object",
15 ∨        "properties": {
16 ∨          "url": {
17              "type": "string",
18              "format": "uri",
19              "description": "URL of the webpage to read and
                 extract content from"
20            },
21 ∨          "format": {
22              "type": "string",
23 ∨            "enum": [
24                "Default",
25                "Markdown",
26                "HTML",
27                "Text",
28                "Screenshot",
29                "Pageshot"
```

图 4-18　调试 jina-mcp-tools 工具列表

＊6. 调用读取网页内容的工具

根据读取网页内容 MCP 服务器输出的工具列表，通过 callTool 函数调用 jina_reader 工具，调试输出结果，如图 4-19 所示。

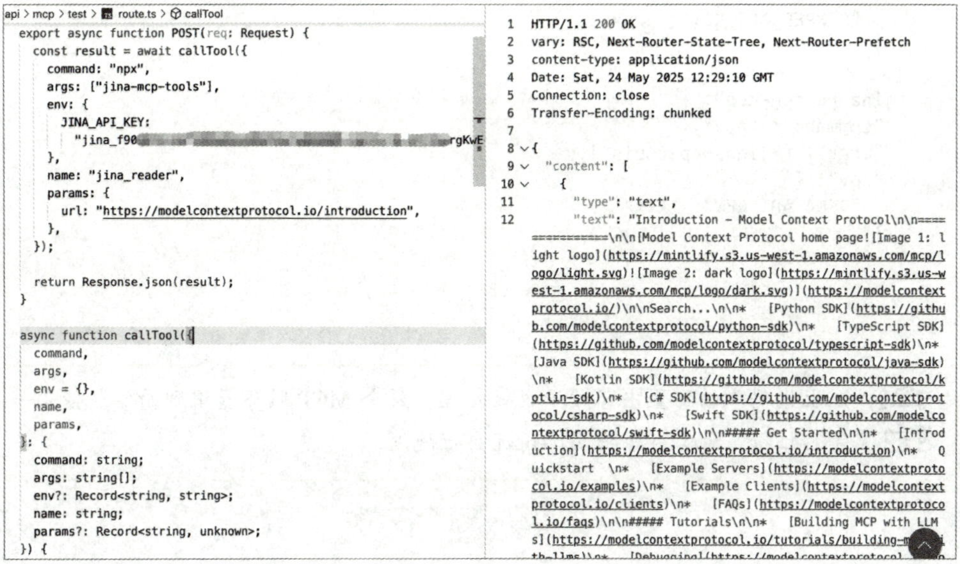

```
api > mcp > test > ⌨ route.ts > ⦿ callTool
export async function POST(req: Request) {
  const result = await callTool({
    command: "npx",
    args: ["jina-mcp-tools"],
    env: {
      JINA_API_KEY:
        "jina_f90          rgKwE
    },
    name: "jina_reader",
    params: {
      url: "https://modelcontextprotocol.io/introduction",
    },
  });

  return Response.json(result);
}

async function callTool({
  command,
  args,
  env = {},
  name,
  params,
}: {
  command: string;
  args: string[];
  env?: Record<string, string>;
  name: string;
  params?: Record<string, unknown>;
}) {
```

```
1   HTTP/1.1 200 OK
2   vary: RSC, Next-Router-State-Tree, Next-Router-Prefetch
3   content-type: application/json
4   Date: Sat, 24 May 2025 12:29:10 GMT
5   Connection: close
6   Transfer-Encoding: chunked
7
8 ∨ {
9 ∨   "content": [
10 ∨    {
11        "type": "text",
12        "text": "Introduction – Model Context Protocol\n\n====
           ==========\n\n[Model Context Protocol home page![Image 1: l
           ight logo](https://mintlify.s3.us-west-1.amazonaws.com/mcp/l
           ogo/light.svg)![Image 2: dark logo](https://mintlify.s3.us-w
           est-1.amazonaws.com/mcp/logo/dark.svg)](https://modelcontext
           protocol.io/)\n\nSearch...\n\n* [Python SDK](https://githu
           b.com/modelcontextprotocol/python-sdk)\n* [TypeScript SDK]
           (https://github.com/modelcontextprotocol/typescript-sdk)\n*
           [Java SDK](https://github.com/modelcontextprotocol/java-sdk)
           \n* [Kotlin SDK](https://github.com/modelcontextprotocol/k
           otlin-sdk)\n* [C# SDK](https://github.com/modelcontextprot
           ocol/csharp-sdk)\n* [Swift SDK](https://github.com/modelco
           ntextprotocol/swift-sdk)\n\n#### Get Started\n\n* [Introd
           uction](https://modelcontextprotocol.io/introduction)\n*  Q
           uickstart\n*  [Example Servers](https://modelcontextproto
           col.io/examples)\n*  [Example Clients](https://modelcontext
           protocol.io/clients)\n*  [FAQs](https://modelcontextprotoco
           l.io/faqs)\n\n##### Tutorials\n\n*  [Building MCP with LLM
           s](https://modelcontextprotocol.io/tutorials/building-m
           th-llms)\n*  [Debugging](https://modelcontextprotocol.io/
```

图 4-19　调试 jina_reader 工具

从调试结果得知，此工具接收网页 URL，默认通过 Markdown 格式返回读取到的网页内容。

至此，我们已经准备好了实现 AI 搜索智能体需要用到的全部 MCP 服务器及其内部定义的工具。接下来就可以专注于实现 AI 搜索智能体与大模型交互的逻辑了。

4.3.3　定义 MCP 服务器配置

跟上一个案例从配置文件读取用户配置的 MCP 服务器不同，在此案例中，AI 搜索智能体需要用到的 MCP 服务器和工具是固定的，因此可以在程序逻辑中直接定义。MCP 服务器配置内容如下：

```
{
  "mcpServers": {
    "query-rewrite-mcp": {
      "command": "npx",
      "args": ["query-rewrite-mcp"],
      "env": {
        "OPENROUTER_API_KEY": "xxx",
        "REWRITE_MODEL": "anthropic/claude-3.7-sonnet"
      }
    },
    "serper-search-mcp": {
      "command": "uvx",
      "args": ["serper-mcp-server"],
      "env": {
        "SERPER_API_KEY": "xxx"
      }
    },
    "jina-reader-mcp": {
      "command": "npx",
      "args": ["jina-mcp-tools"],
      "env": {
        "JINA_API_KEY": "xxx"
      }
    }
  }
}
```

以上代码中的配置内容做了脱敏处理，每个 MCP 服务器用到的参数使用了占位符，大家可根据实际情况自行填写。

4.3.4　过滤 MCP 服务器工具列表

跟上一个案例把用户配置的 MCP 服务器内部定义的全部工具传给大模型不同，在此案例中，AI 搜索智能体用到的工具是固定的，因此可以定义一个工具列表，对获取到的 MCP 服务器工具列表进行过滤，只选择实现 AI 搜索智能体需要用到的工具。

过滤 MCP 服务器工具列表的逻辑如下：

```
const mcpServers = await getMcpServers(config);
const mcpTools = await getMcpTools(mcpServers);

const filterTools = ["rewrite_query", "google_search", "jina_reader"];
const filteredTools = mcpTools.filter((tool) =>
  filterTools.includes(tool.name)
);
```

> 此逻辑中，config 是在程序中定义的 MCP 服务器配置内容。关于 getMcpServers 和 getMcpTools 函数，我们在 4.2 节已详细讲解其实现逻辑，这里不再赘述。

调用接口获取过滤后的工具列表，调试输出结果，如图 4-20 所示。

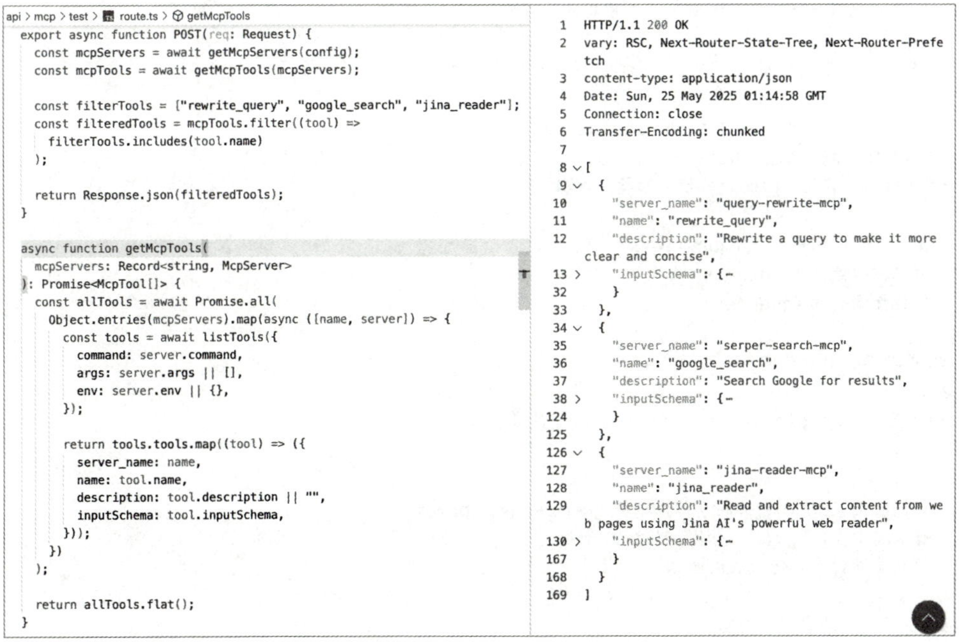

图 4-20　获取过滤后的 MCP 服务器工具列表

从调试结果得到，在接口逻辑中获得了 AI 搜索智能体需要用到的三个工具及其对应的 MCP 服务器：

- rewrite_query 工具，对应 query-rewrite-mcp MCP 服务器；
- google_search 工具，对应 serper-search-mcp MCP 服务器；
- jina_reader 工具，对应 jina-reader-mcp MCP 服务器。

4.3.5 通过提示词编排工作流

为了让大模型按照 AI 搜索引擎的标准流程调度工具，我们需要设置系统提示词，编排工作流。

本案例设计的系统提示词如下：

```
你是 ThinkAny，由 ThinkAny AI 开发的AI搜索智能体。

# 核心工作流

## 执行原则

- 检查上下文中已有的工具执行结果，避免重复选择工具
- 按顺序执行：问题改写 → 联网检索 → 读取网页内容 → 生成答案
- 一次只选择一个工具，返回工具调用信息

## 阶段一：问题改写

**条件**：仅当上下文中无 rewrite_query 结果时执行
**工具**：rewrite_query
**目标**：将用户的问题转换为结构化参数

- 生成具体的问题列表 (questions)
- 提取核心概念 (concepts)
- 优化搜索查询 (queries)

## 阶段二：联网检索

**工具**：google_search（可多次调用，最多 3 次）
**策略**：

- 优先使用 rewrite_query 结果中的 queries 和 concepts
- 每次搜索 10 条记录，总计不超过 30 条
- 按相关性排序，优选权威网站

## 阶段三：读取网页内容
```

工具：jina_reader（可多次调用）
要求：

- 使用 Markdown 格式获取内容
- 优先读取最相关的 URL
- 过滤无效内容（验证页面、错误页面等）
- 确保获得 2~3 个网页的详细内容

最终答案生成

要求：

- 直接回答用户的原始问题
- 使用 [1]、[2] 等数字标注引用
- 末尾提供完整的引用链接列表
- 使用清晰的 Markdown 格式

工具调用格式

```
<<tool-start>>
{
"server_name": "工具服务器名称",
"tool_name": "工具名称",
"tool_params": {
"参数名": "参数值"
}
}
<<tool-end>>
```

执行参数

- 用户查询：USER_QUERY={USER_QUERY}
- 对话上下文：CONTEXT_MESSAGES={CONTEXT_MESSAGES}
- 工具执行结果：PREVIOUS_TOOL_RESULTS={PREVIOUS_TOOL_RESULTS}
- 可用工具列表：AVAILABLE_TOOLS={AVAILABLE_TOOLS}

　　此提示词的核心设计思路是定义了三个步骤，每个步骤包含一个可以调用的工具。让大模型根据定义编排工作流，返回每个步骤对应的工具调用信息。

　　这里的提示词设计是一个非常典型的智能体提示工程案例，它为一个具备工具调用能力的智能体（如 ThinkAny）定义了清晰的执行规则、分阶段的任务流程、调用格式、输入参数要求。好的智能体提示词不是简单地说明功能，而是像写"简化版程序说明书"，通过规则＋状态＋输入 / 输出定义＋可执行格式，将智能体的行为变成一种"可理解与控制的流程"。

4.3.6 实现与大模型的交互逻辑

跟上一个案例与大模型交互的逻辑类似，AI 搜索智能体与大模型交互的步骤也包括：

1. 请求大模型挑选工具；
2. 解析大模型响应的工具信息；
3. 调用工具；
4. 重复步骤 1~3，直到大模型不再返回工具调用信息或者达到最大循环次数。

在上一个案例中，我们已详细讲解了以上步骤的具体实现逻辑，这里不再赘述，而是直接给出 AI 搜索智能体与大模型交互的逻辑实现代码，如下所示：

```
export async function POST(req: Request) {
  const { query } = await req.json();

  // 读取系统提示词
  const mcpPrompt = await fs.readFile(
    path.join(process.cwd(), "app/api/mcp/test/search.md"),
    "utf-8"
  );

  // 读取 MCP 服务器及工具
  const mcpServers = await getMcpServers(config);
  const mcpTools = await getMcpTools(mcpServers);

  const filterTools = ["rewrite_query", "google_search", "jina_reader"];
  const filteredTools = mcpTools.filter((tool) =>
    filterTools.includes(tool.name)
  );

  let contextMessages: MixContent[] = [];
  let toolResults = "";
  let reply = "";

  // 最多循环 10 次，实现连续调用工具
  for (let i = 0; i < 10; i++) {
    // 请求大模型挑选工具
    const pickToolResult = await chatWithLLM({
      mcpPrompt,
      query,
      contextMessages: JSON.stringify(contextMessages),
      tools: JSON.stringify(filteredTools),
      toolResults: toolResults,
    });
```

```javascript
// 解析大模型返回的内容（文本 + 工具信息）
let content = "";
for await (const chunk of pickToolResult.textStream) {
  content += chunk;
}
const mixContents = parseMixContents(content);
contextMessages.push(...mixContents);
reply += content;

// 从混合内容中提取工具信息
let callToolParams = null;
for (const mixContent of mixContents) {
  if (mixContent.type === "tool") {
    const tool = mixContent.tool;
    if (
      tool &&
      tool.tool_name &&
      tool.server_name &&
      mcpServers[tool.server_name] &&
      mcpServers[tool.server_name].command
    ) {
      callToolParams = {
        command: mcpServers[tool.server_name].command,
        args: mcpServers[tool.server_name].args || [],
        env: mcpServers[tool.server_name].env || {},
        name: tool.tool_name,
        params: tool.tool_params,
      };
      break;
    }
  }
}

// 如果需要调用工具，则执行调用，并将结果更新为下一轮上下文
if (callToolParams) {
  const callToolResult = await callTool(callToolParams);
  toolResults = JSON.stringify(callToolResult);

  reply += `\n\n${toolResults}\n\n`;

  continue;
}

// 如果不需要调用工具，则跳出循环
break;
}

return new Response(reply);
}
```

跟 AI 对话助手与大模型交互的逻辑比较，AI 搜索智能体与大模型交互的逻辑主要区别在于：传递的工具列表以及系统提示词不同。

4.3.7　调试接口逻辑

对上一步实现的 AI 搜索智能体接口进行调试，输入问题，输出调试结果，如图 4-21 所示。

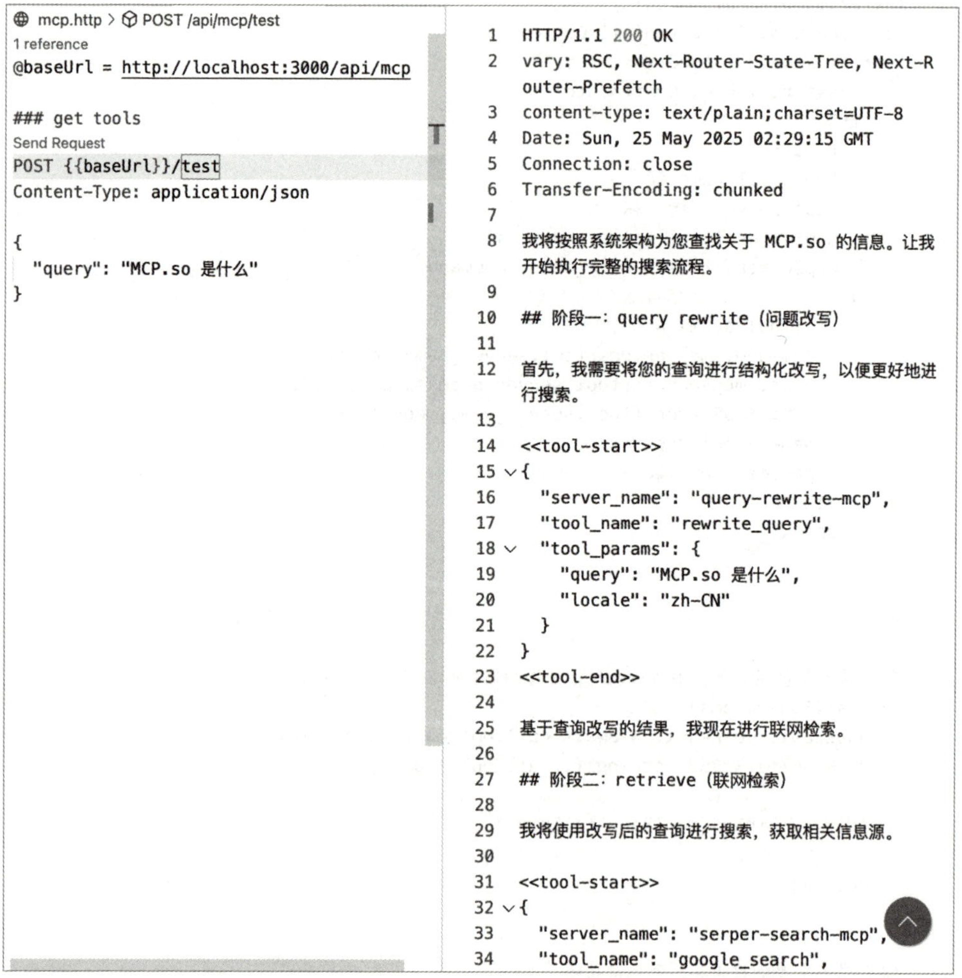

```
⊕ mcp.http > ⌖ POST /api/mcp/test        1  HTTP/1.1 200 OK
1 reference                               2  vary: RSC, Next-Router-State-Tree, Next-R
@baseUrl = http://localhost:3000/api/mcp     outer-Prefetch
                                          3  content-type: text/plain;charset=UTF-8
### get tools                             4  Date: Sun, 25 May 2025 02:29:15 GMT
Send Request                              5  Connection: close
POST {{baseUrl}}/test                     6  Transfer-Encoding: chunked
Content-Type: application/json            7
                                          8  我将按照系统架构为您查找关于 MCP.so 的信息。让我
{                                            开始执行完整的搜索流程。
  "query": "MCP.so 是什么"                  9
}                                         10  ## 阶段一: query rewrite (问题改写)
                                         11
                                         12  首先，我需要将您的查询进行结构化改写，以便更好地进
                                             行搜索。
                                         13
                                         14  <<tool-start>>
                                         15 ∨{
                                         16    "server_name": "query-rewrite-mcp",
                                         17    "tool_name": "rewrite_query",
                                         18 ∨  "tool_params": {
                                         19      "query": "MCP.so 是什么",
                                         20      "locale": "zh-CN"
                                         21    }
                                         22  }
                                         23  <<tool-end>>
                                         24
                                         25  基于查询改写的结果，我现在进行联网检索。
                                         26
                                         27  ## 阶段二: retrieve (联网检索)
                                         28
                                         29  我将使用改写后的查询进行搜索，获取相关信息源。
                                         30
                                         31  <<tool-start>>
                                         32 ∨{
                                         33    "server_name": "serper-search-mcp",
                                         34    "tool_name": "google_search",
```

图 4-21　调试 AI 搜索智能体接口，查看工具调用信息

可以看到，大模型按照提示词约定的工作流，依次调用了三个工具，最终输出的回复如图 4-22 所示。

```
🌐 mcp.http ⟩ …
1 reference
@baseUrl = http://localhost:3000/api/mcp

### get tools
Send Request
POST {{baseUrl}}/test
Content-Type: application/json

{
  "query": "MCP.so 是什么"
}

⌘L to chat, ⌘K to generate
```

262　基于我之前的搜索和内容分析，现在我已经获得了关于 MCP.so 的完整准确信息。让我为您提供最终的详细答案。

263

264　## MCP.so 详细介绍

265

266　### 什么是 MCP.so

267

268　**MCP.so 是全球首个支持 MCP 调用的网页端产品，也是全球流量最大的 MCP 导航及应用站**[1]。它是一个社区驱动的平台，专门收集和组织第三方 MCP 服务器，为用户提供一个中心目录来发现、分享和了解各种可用于 AI 应用程序的 MCP 服务器[2]。

269

270　### 核心功能特点

271

272　**主要功能：**

273　- **MCP 服务器导航**：作为中央目录，目前已收录超过 13,430 台 MCP 服务器，成为收录最全的 MCP 网站[2]

274　- **社区驱动平台**：用户可以在这里发现、分享和了解各种 MCP 服务器

275　- **MCP 调用支持**：支持直接在网页端进行 MCP 调用，提供便捷的使用体验

276　- **多功能模块**：包括探索、对话、调试、服务托管等功能[2]

277

278　**技术特色：**

279　- 支持多种 MCP 服务器类型，包括地图服务、网页抓取、热点获取等

280　- 提供 MCP 服务器调试功能

281　- 包含用户案例展示和使用指南

282　- 支持中英文双语界面

283　- 提供精选、最新、客户端、云部署、官方等多种分类 [2]

284

285　### 平台规模和内容

图 4-22　调试 AI 搜索智能体接口，查看回复结果

通过最终的回复结果可以看到，跟 ThinkAny 网页版得到的答案基本一致。

至此，我们完成了 AI 搜索智能体业务逻辑的开发，实现了 AI 搜索引擎类产品的核心功能。

4.3.8 在 Cursor 中测试

在前面的内容中，我们讲解了 AI 搜索智能体的主要实现逻辑，通过调试接口，得到了最终的回复，但是因为缺了 UI 层，无法直观地展示 AI 搜索智能体的交互效果。

我们可以在 Cursor 中继续测试，通过 Cursor 的 UI 展示，来感受 AI 搜索智能体的交互效果。

在 Cursor 的 MCP 配置文件中写入 AI 搜索智能体内置的 MCP 服务器配置。使用 AI 搜索智能体内置的系统提示词 `search.md`，发送同一个问题，查看工具调用信息，如图 4-23 所示。

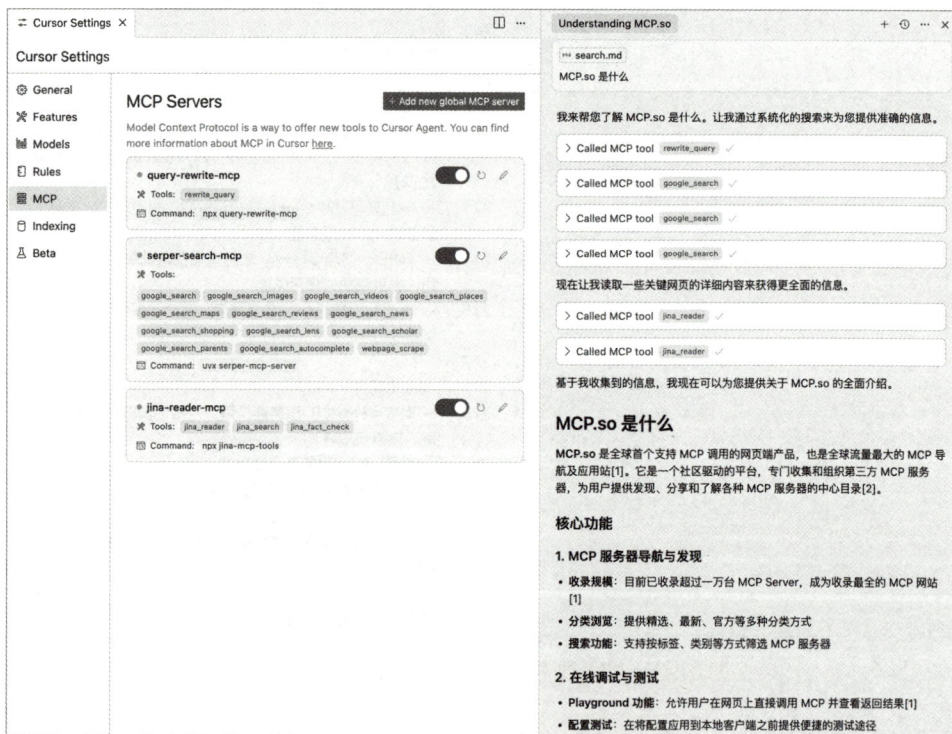

图 4-23　在 Cursor 中测试工具调用

可以看到，Cursor 作为 MCP 客户端，按照提示词约定的工作流与大模型交互，先进行了一次问题改写，再进行了三次联网检索，最后读取了两个网页的内容，最终回复问题，给出了准确的回答。

去掉系统提示词，再用同一个问题测试，可以看到，Cursor 没有调用问题改写和读取网页内容的 MCP 服务器，最终回复的内容准确度不足，如图 4-24 所示。

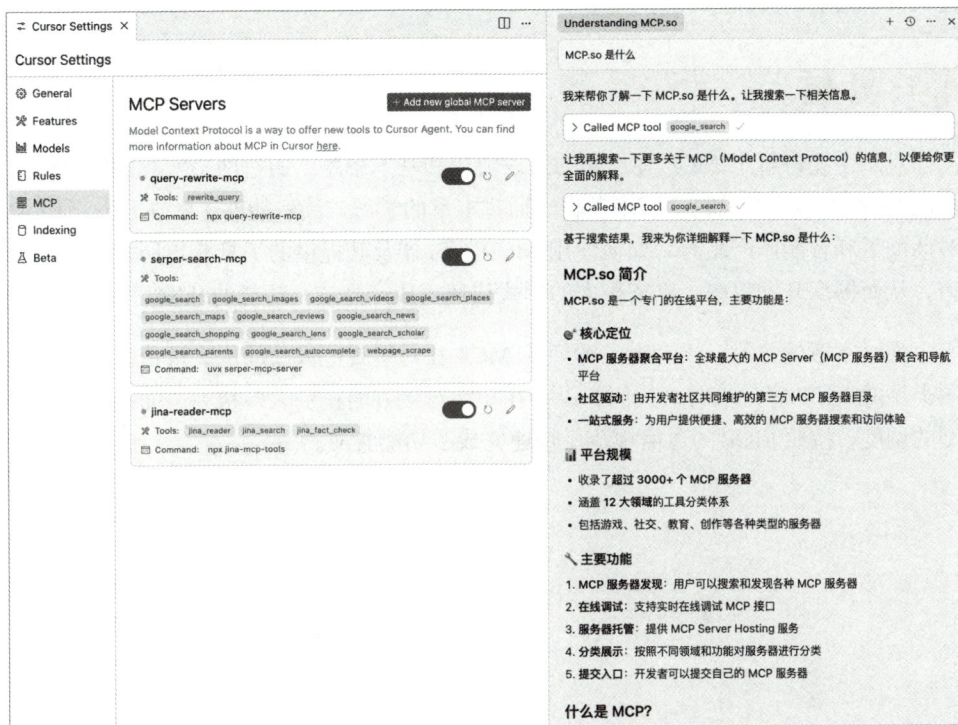

图 4-24　在 Cursor 中测试无系统提示词场景的工具调用

通过上面的两次测试，我们在 Cursor 中感受了 AI 搜索智能体带 UI 展示的交互过程，验证了提示词和工具对大模型回复结果的影响，完成了对本节案例开发的 AI 搜索智能体的测试验证。

4.3.9　案例 2 小结

本节通过一个 AI 搜索智能体的例子，讲解了开发智能体类 MCP 客户端的基本流程和核心步骤。

理解了本节内容，大家就可以开始动手做自己的智能体产品了。在开发智能体的过程中，可以在 MCP 应用市场找寻合适的 MCP 服务器及工具，通过复用工具缩短智能体的开发周期，把精力主要放在核心业务逻辑的实现上。

然而，智能体类产品常见的交互形态，通常依赖虚拟计算机来展示每一步的执行过程，涉及容器集群、虚拟机、前端交互等，这些知识点不在本书的讲解范围内，建议读者自行研究。

4.4 小结

本章主要讲解了 MCP 客户端的开发流程和基本思路，通过两个实际的案例讲解了两类 MCP 客户端的核心实现逻辑。通过本章的学习，读者能够了解在开发通用 AI 对话助手和智能体产品时，如何使用 MCP 服务器及其提供的工具获得所需的原子能力，从而提高开发效率，以搭积木的形式快速完成产品核心功能的开发。

通过本章的学习，读者也了解到了 MCP 在对接规范方面的巨大价值。在开发不同类型的 MCP 客户端时，我们并没有在功能对接方面花费太多精力，而是通过大模型的调度，按照 MCP 的通信规范，快速完成了功能集成。

## 第 5 章

MCP 经典应用案例

在第 1 章讲 MCP 工作原理、第 3 章讲 MCP 服务器开发案例时，我们分别使用了 Claude、Cursor 作为大模型客户端来演示如何配置和使用 MCP 服务器。

在本章中，我们将会讲解如何在除 Claude、Cursor 以外的大模型客户端配置 MCP 服务器，并通过两个实际的例子，讲解如何通过组合使用多个 MCP 服务器，完成经典场景下的任务需求。

5.1 在常用客户端使用 MCP 服务器

在本节中，我们推荐一些常用的、用户评价较高的大模型客户端，并介绍如何在这些客户端中使用 MCP 服务器。

5.1.1 在 Cline 中使用 MCP 服务器

Cline 是一个开源的 VS Code（Visual Studio Code）扩展，专为开发者设计，旨在将大模型无缝集成到本地开发环境中。通过 Cline，用户可以直接在 VS Code 编辑器内与大模型对话，进行代码生成、代码解释等操作，无须切换到浏览器或其他客户端，大大提升了开发效率和体验。

在 VS Code 编辑器中安装 Cline 扩展，进入 Cline 的 MCP 配置页面，添加 MCP 服务器配置，即可显示已安装的 MCP 服务器列表及其内部的工具，如图 5-1 所示。

在 Cline 对话面板中输入问题，比如：

> https://mcp.so 这个网站的主要内容是什么？

可以看到，Cline 加载了配置的 MCP 服务器，请求大模型选择工具，随后调用工具，完成了用户提交的任务，如图 5-2 所示。

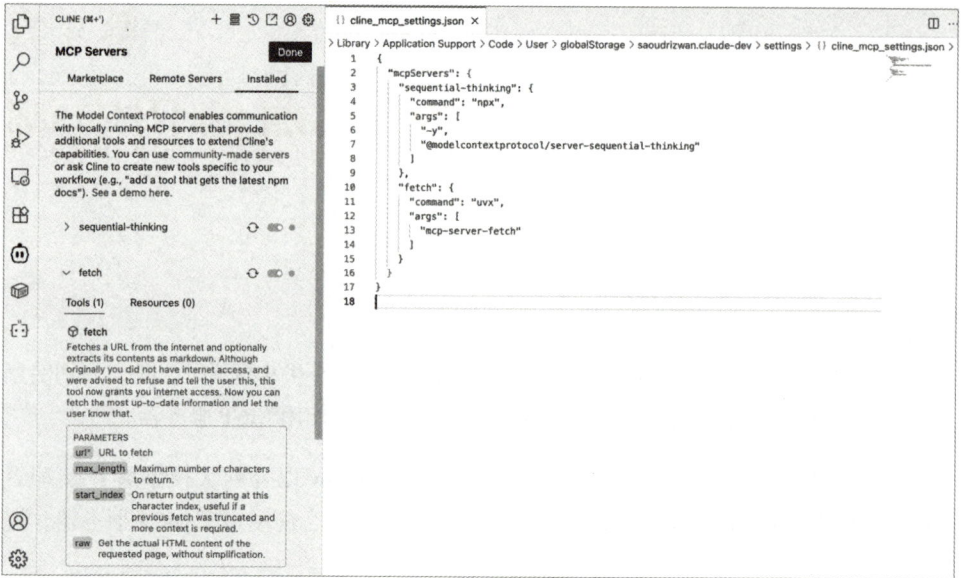

图 5-1　在 Cline 中配置 MCP 服务器

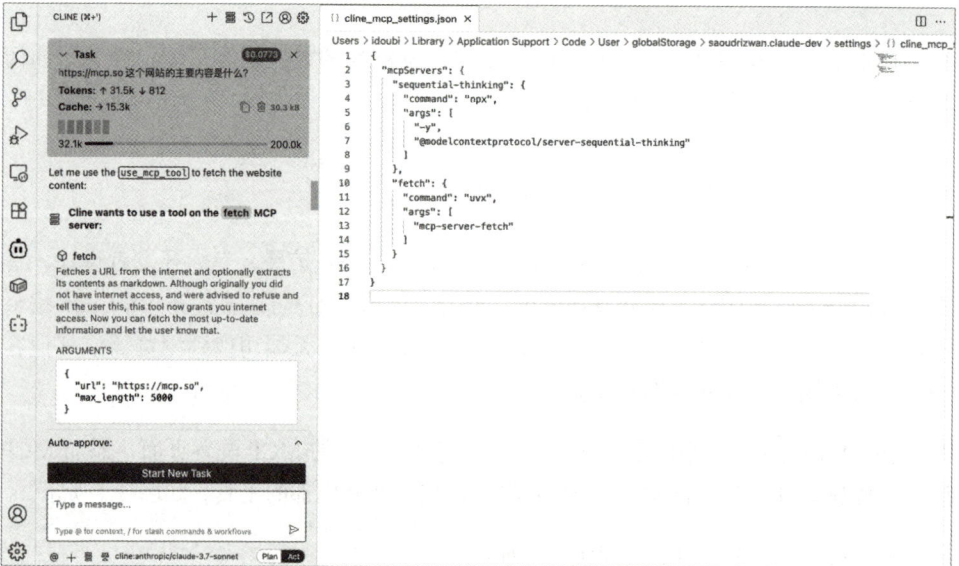

图 5-2　在 Cline 中使用 MCP 服务器

5.1.2　在 ChatWise 中使用 MCP 服务器

ChatWise 是一款由中国独立开发者打造的大模型客户端，其功能强大、体验流畅，深受开发者喜爱。它支持联网检索、画图、Artifacts、MCP 等多种功能，并提供多种集成方式及高度可配置的管理选项，使开发者能够根据自身需求灵活调整工具行为。由于其界面设计简洁明了、操作直观，即使是新手也能快速上手。需要注意的是，ChatWise 并非完全免费，要使用其高级功能或 MCP 功能，需购买相应的授权。尽管如此，凭借强大的功能和出色的性价比，ChatWise 依然被认为是值得投资的工具选择。

从官网下载并安装 ChatWise 软件，进入配置中心，可以方便地配置和管理 MCP 服务器、查看 MCP 服务器内部的工具列表，如图 5-3 所示。

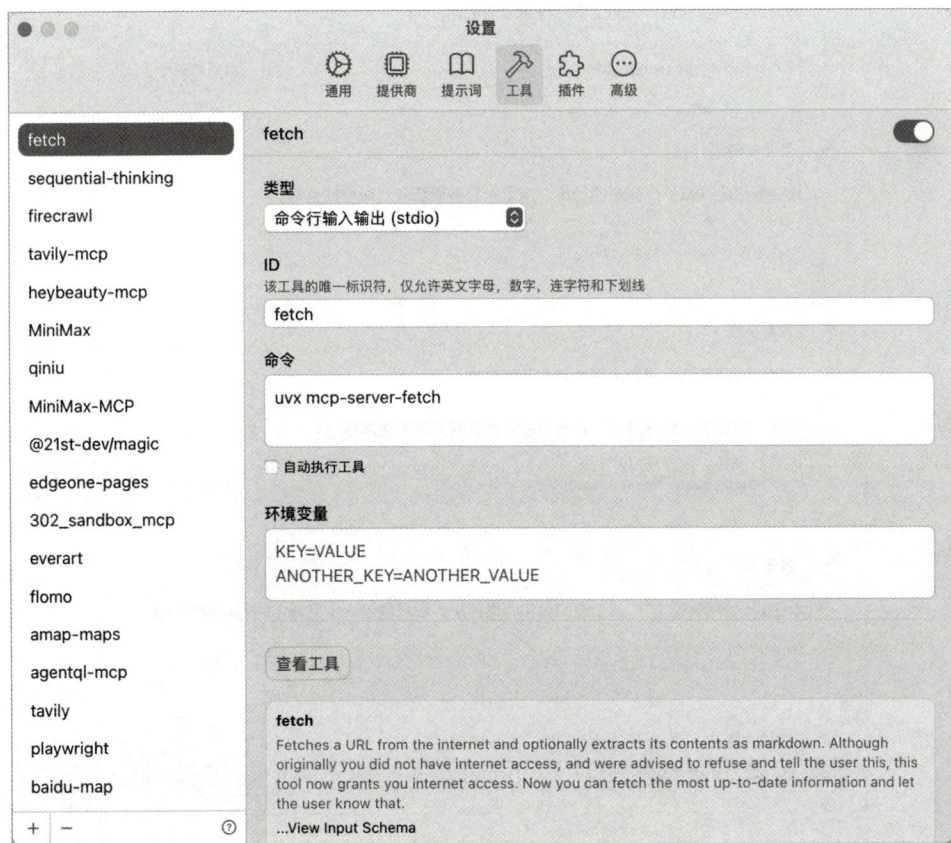

图 5-3　在 ChatWise 中配置 MCP 服务器

在 ChatWise 对话面板中输入问题，比如：

查一下从广州到上海的开车路线，可视化输出行程规划

可以看到，ChatWise 加载了配置的 MCP 服务器，请求大模型选择工具，随后多次调用工具，最终完成了用户提交的任务，如图 5-4 所示。

图 5-4　在 ChatWise 中使用 MCP 服务器

5.1.3　在 Cherry Studio 中使用 MCP 服务器

Cherry Studio 是一款由中国团队开发的大模型客户端，支持模型切换、绘图、提示词应用、MCP 等功能。它界面美观、功能完善、支持多平台，且代码开源，拥有良好的用户口碑。

从官网下载并安装 Cherry Studio，进入配置中心，可以方便地配置和管理 MCP 服务器，如图 5-5 所示。

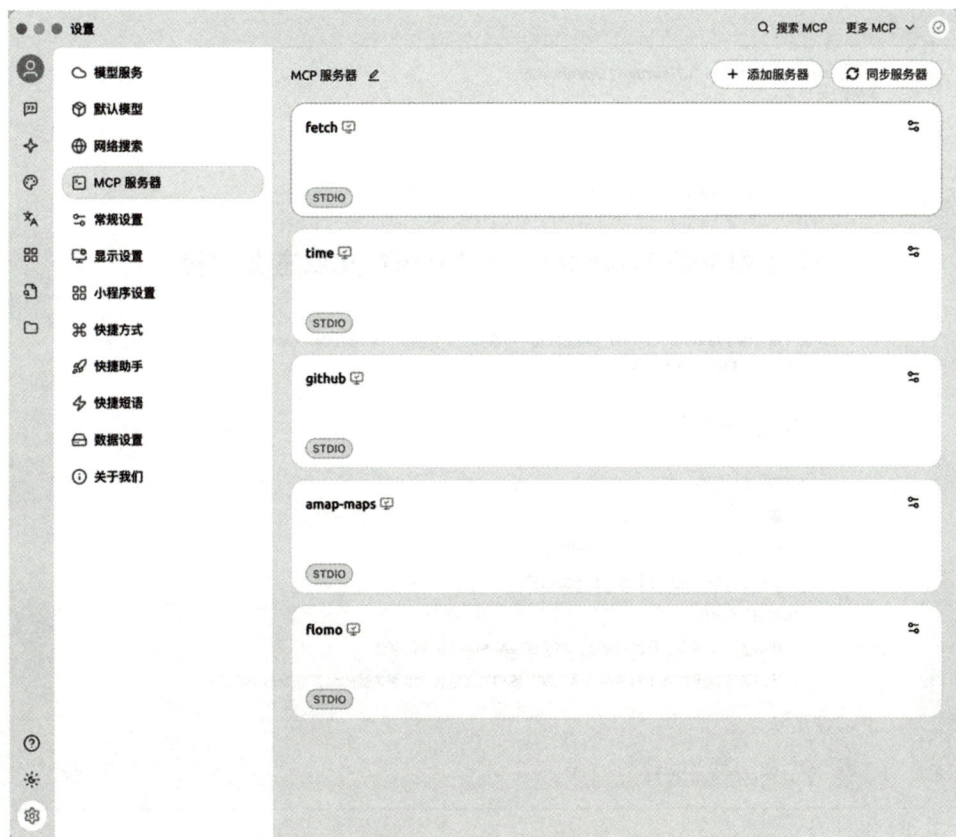

图 5-5　在 Cherry Studio 中配置 MCP 服务器

在 Cherry Studio 对话面板中输入问题，比如：

解读一下这篇文章的主要内容：
https://www.anthropic.com/news/model-context-protocol

可以看到，Cherry Studio 加载了配置的 MCP 服务器，请求大模型选择工具，随后调用工具，完成了用户提交的任务，如图 5-6 所示。

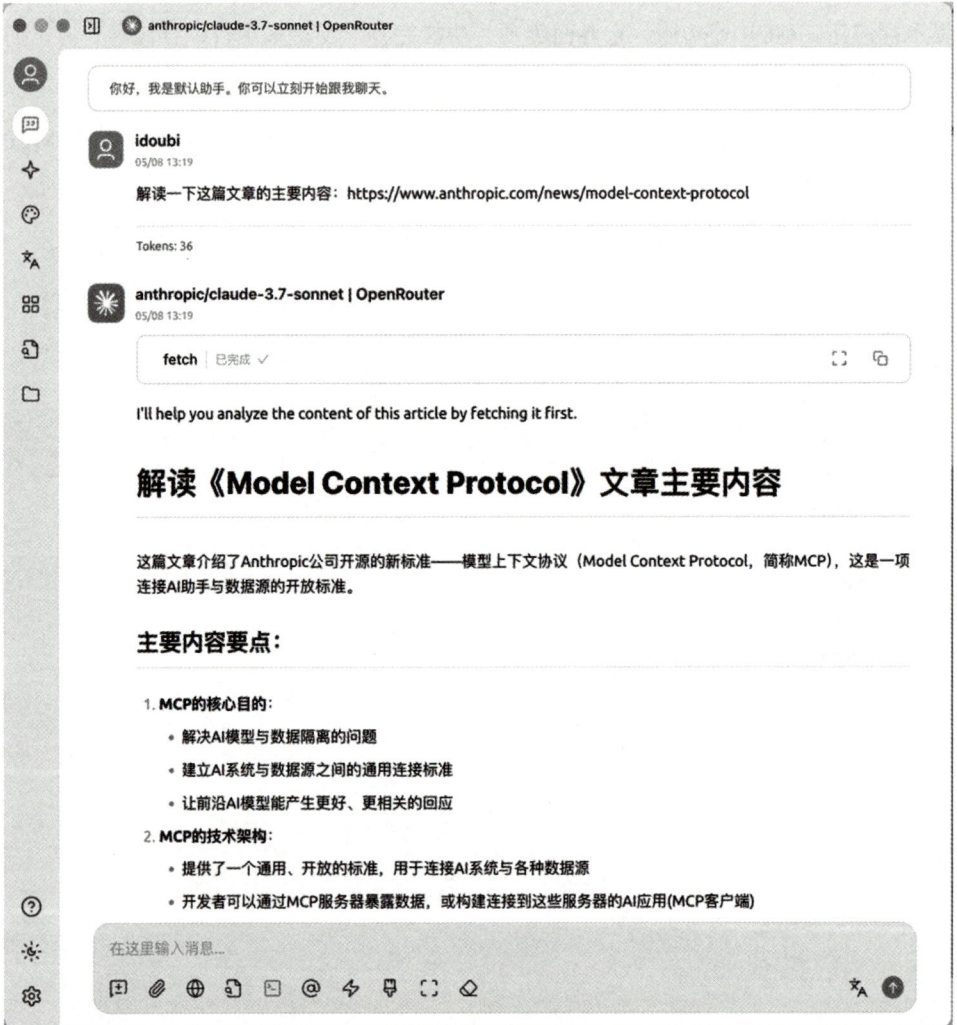

图 5-6 在 Cherry Studio 中使用 MCP 服务器

5.1.4 在 DeepChat 中使用 MCP 服务器

DeepChat 是一款由 ThinkInAI 社区（前 GoCN 社区）开源的大模型客户端，专为深度工作场景设计。它内置模型对话、联网检索、知识库管理等功能，并对 MCP

有良好的集成，支持以对话方式编排工作流。DeepChat 功能丰富，更新迭代速度快，采用友好的开源协议，便于开发者进行二次开发和定制。同时，它还提供了智能推荐、自动化任务等高级功能，显著提升了开发效率。不过，其 UI 设计相对简单，可能在部分追求极致体验的用户看来略显不足。

从官网下载并安装 DeepChat，进入配置中心，可以方便地配置和管理 MCP 服务器，如图 5-7 所示。

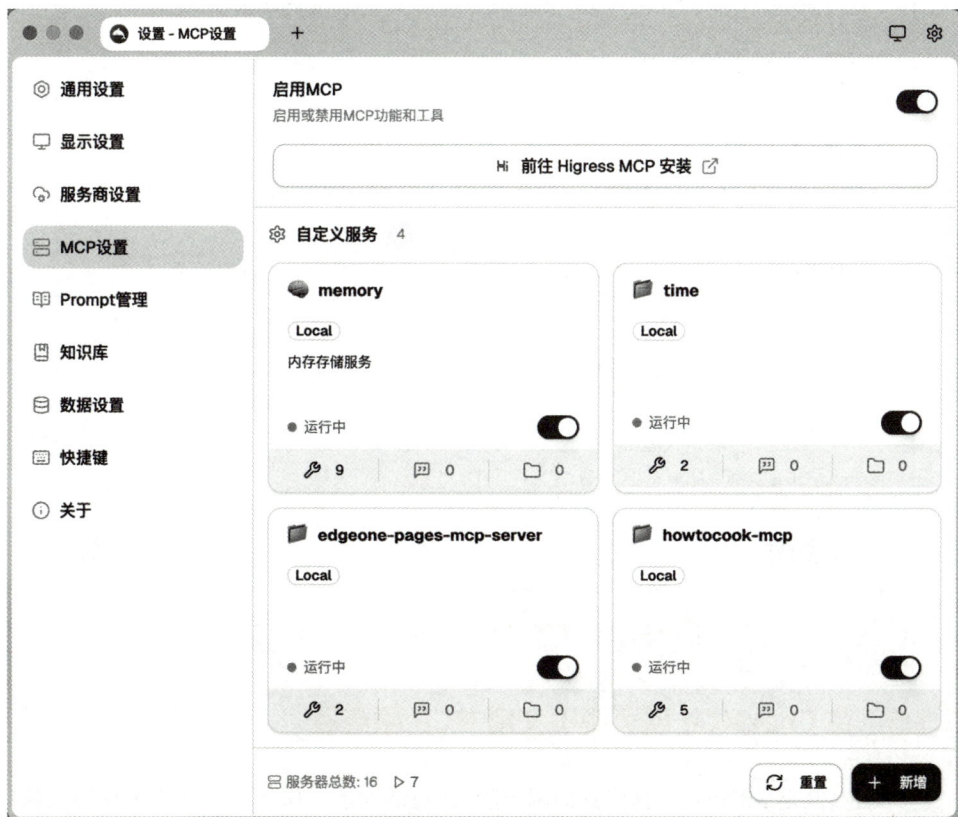

图 5-7　在 DeepChat 中配置 MCP 服务器

在 DeepChat 对话面板中输入问题，比如：

如何制作糖醋排骨？

可以看到，DeepChat 加载了配置的 MCP 服务器，请求大模型选择工具，随后调用工具，完成了用户提交的任务，如图 5-8 所示。

图 5-8 在 DeepChat 中使用 MCP 服务器

5.1.5 在 ChatMCP 网页版中使用 MCP 服务器

ChatMCP 是 MCP.so 平台内置的网页版 AI 对话助手，作为一款在线客户端工具，其最大的优势在于无须本地安装，显著降低了 MCP 服务器的使用门槛，非常适合初学者或用于快速原型开发。ChatMCP 提供了基本功能和简洁的配置选项，使开发者能够快速上手，进行基础的开发与测试。然而，由于 ChatMCP 当前支持的 MCP 服务器数量有限，对于需要集成多种 MCP 服务器的开发者来说，可能存在一定限制。

在 ChatMCP 对话面板中，勾选已配置的 MCP 服务器，并输入问题，比如：

做一个从广州开车去上海的行程计划

可以看到，ChatMCP 加载了配置的 MCP 服务器，请求大模型选择工具，随后调用工具，完成了用户提交的任务，如图 5-9 所示。

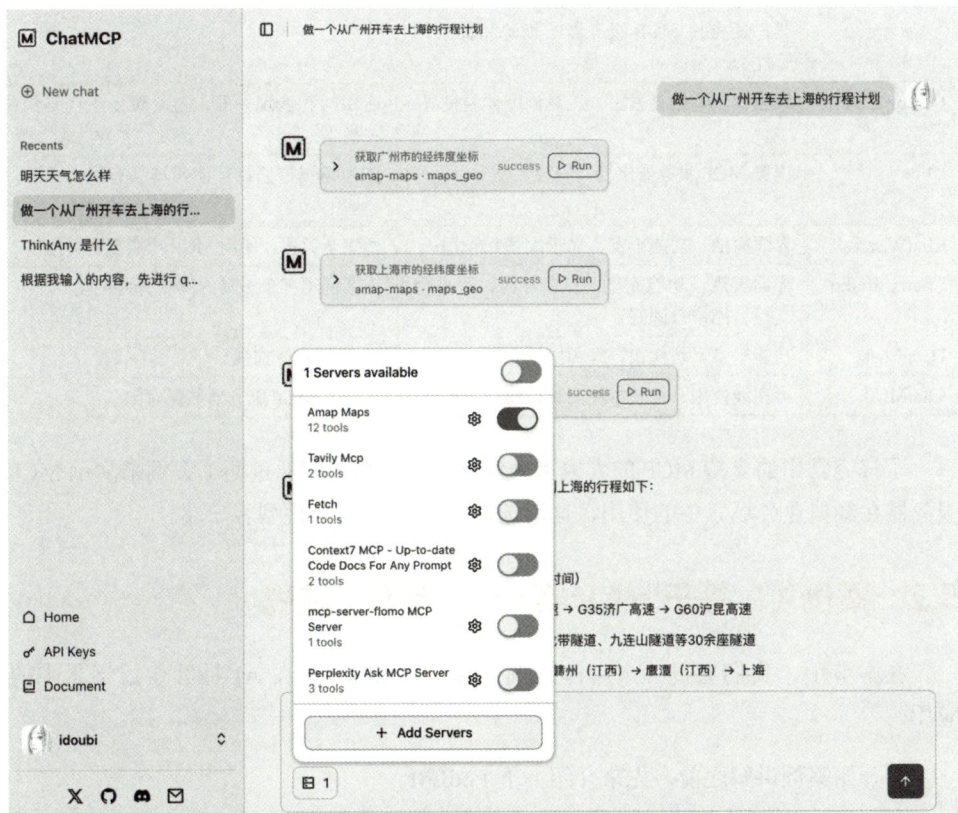

图 5-9　在 ChatMCP 网页版中使用 MCP 服务器

> 请注意，ChatMCP 网页版仅能配置云端部署的 MCP 服务器，不支持本地运行的 MCP 服务器。目前云端部署的 MCP 服务器数量还不多，实现的功能也有限。

5.1.6　使用小结

表 5-1 总结了在常用大模型客户端中使用 MCP 服务器的情况。

表 5-1 在常用大模型客户端使用 MCP 服务器的情况

大模型客户端	优 势	不 足
Claude	MCP 官方支持；模型调度能力强，除了工具，还支持 MCP 服务器的资源和提示词等能力	风控严格，国内使用受限
Cursor	跟编程场景结合紧密，工具调度体验良好	通用问答表现一般，主要聚焦于代码相关场景
Cline	内置 MCP 服务器市场，安装方便	作为编辑器插件，使用场景有限，体验一般
ChatWise	界面简洁，功能丰富，易于配置和管理	不完全免费，使用 MCP 功能需购买授权
Cherry Studio	界面美观，功能完整，免费开源，跨平台支持，用户口碑好	连续调用多个工具的体验有待优化
DeepChat	功能丰富，迭代快，开源协议友好	UI 设计有待加强
ChatMCP	可在线使用，无须本地安装，使用门槛低	支持的 MCP 服务器数量有限

了解完常用的支持 MCP 的大模型客户端，接下来我们通过两个案例来演示 MCP 服务器在经典业务场景中的使用，这里选择 Cursor 作为大模型客户端。

5.2 案例 1：基于 MCP 实现 AI 播客生成器

在本节中，我们通过一个具体的例子，来讲解 MCP 在 AI 播客生成场景中的应用。

在开始案例讲解之前，先来介绍一下 PodLM。

PodLM 是我在 2024 年 10 月开发的一款产品，定位是"AI 播客生成器"，核心功能是根据用户输入的话题或网页 URL，生成一段多人对话的音频，以播客的形式输出。PodLM 官网如图 5-10 所示。

PodLM 的开发受到了谷歌发布的产品 NotebookLM 的启发。NotebookLM 是一款专注于个人知识库问答的产品，因其支持把知识库内容转换成双人对谈播客的功能而出圈。

跟 NotebookLM 的定位不一样，PodLM 专注于播客内容的生成与音频输出——借助大模型的多模态能力，把根据话题或网页 URL 生成的文字内容转换成富有情绪感染力的播客形式，让用户用"听"的方式，去了解自己感兴趣的内容。

图 5-10　PodLM 产品官网

PodLM 是一个 SaaS（软件即服务）产品，生成播客的流程是通过代码实现的。

在本节中，我们主要讲解如何通过 MCP 服务器来实现一个 AI 播客生成器，复刻 PodLM 的部分功能：通过话题生成播客、通过网页 URL 生成播客。

5.2.1　实现目标

我们选择以下两个需求，来分析实现相关功能的思路。

✧ 通过话题生成播客

用户输入感兴趣的话题并指定风格，由大模型生成播客脚本，再通过 TTS（text to speech，文本转语音）模型将脚本转换为音频输出。

多人对谈类播客需要编码合成多段音频，不适合用 MCP 服务器快速实现，因此我们聚焦于单人播客生成场景。

要实现这个需求，我们需要准备：

□ 一套适用于单人播客（如脱口秀）的提示词；

□ 稳定性高的文本生成模型（如 DeepSeek-V3），用于生成播客脚本；

□ 一个支持文本转语音的 MCP 服务器（对接 TTS 服务商，比如 ElevenLabs、OpenAI、MiniMax 等）；

□ 一个实现联网检索功能的 MCP 服务器，用于补充话题相关的实时信息（可选）。

✧ **通过网页 URL 生成播客**

跟通过话题生成播客的需求类似，对于通过网页 URL 生成播客的需求，我们需要准备：

□ 一套适用于单人播客（如时事评论）的提示词；

□ 稳定性高的文本生成模型；

□ 一个读取网页内容的 MCP 服务器；

□ 一个支持文本转语音的 MCP 服务器。

需求分析清楚之后，接下来我们就着手来实现相关功能。

5.2.2 准备 MCP 服务器

在实现 AI 播客生成器之前，我们先准备好需要用到的 MCP 服务器。根据之前的需求分析，MCP 服务器应提供以下功能：

□ 文本转语音

□ 联网检索

□ 读取网页内容

在 MCP.so 平台上，通过关键词搜索，可以找到一些包含目标功能的 MCP 服务器。

✱ 1. 文本转语音

我们选择由国产模型厂商 MiniMax 官方发布的 MCP 服务器 MiniMax，来实现文本转语音的需求。

● 配置 MCP 服务器

在 Cursor 的 MCP 配置文件中，添加 MiniMax 的配置：

```
{
  "mcpServers": {
    "MiniMax": {
      "command": "uvx",
      "args": ["minimax-mcp", "-y"],
      "env": {
        "MINIMAX_API_KEY": "xxx",
        "MINIMAX_MCP_BASE_PATH": "your-local-path",
        "MINIMAX_API_HOST": "https://api.minimax.chat",
        "MINIMAX_API_RESOURCE_MODE": "url"
      }
    }
  }
}
```

这里的 MINIMAX_API_KEY 需要填写你在 MiniMax 开放平台创建的 API 密钥。如果设置的 MINIMAX_API_RESOURCE_MODE 值是 url，MINIMAX_MCP_BASE_PATH 可以不填。

● 调试工具

在 Cursor 中配置好 MiniMax 之后，可以看到此 MCP 服务器提供一个 text_to_audio 工具，用于把文本转换成音频。

在 Cursor 对话面板中，调试 MiniMax 的文本转音频工具，如图 5-11 所示。

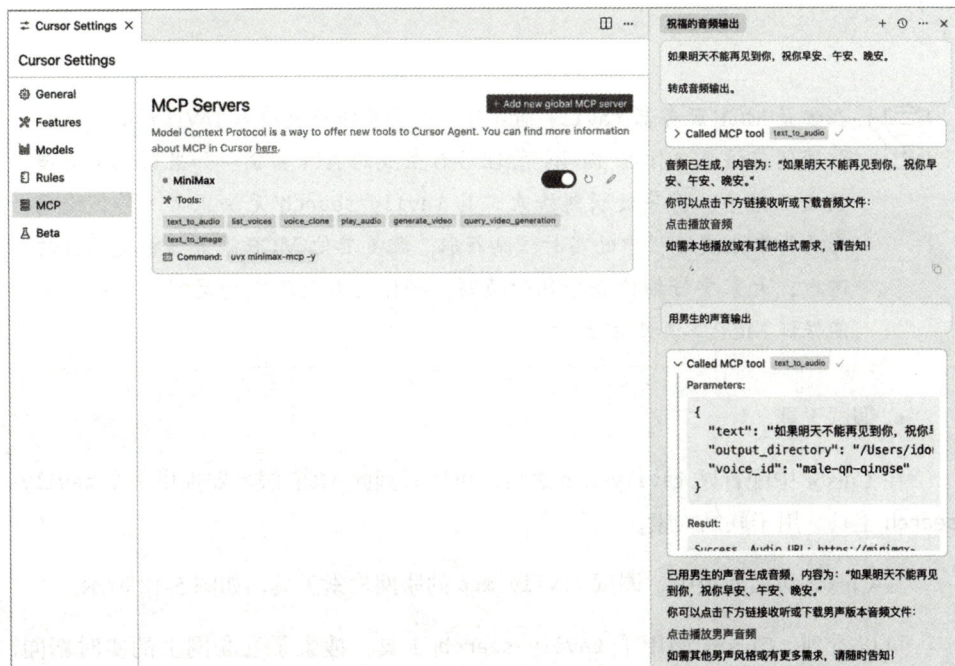

图 5-11　在 Cursor 中调试文本转音频工具

可以看到，Cursor 调用了 `text_to_audio` 工具，将提供的文本转换成音频输出，满足 AI 播客生成器将播客脚本转成播客音频的需求。

✱ 2. 联网检索

我们选择由 AI 搜索服务商 Tavily 官方发布的 MCP 服务器 `tavily-mcp`，来实现联网检索的需求。

● 配置 MCP 服务器

在 Cursor 的 MCP 配置文件中，添加 `tavily-mcp` 的配置：

```
{
  "mcpServers": {
    "tavily-mcp": {
      "command": "npx",
      "args": ["-y", "tavily-mcp"],
      "env": {
        "TAVILY_API_KEY": "xxx"
      },
      "disabled": false,
      "autoApprove": []
    }
  }
}
```

> 在配置 MCP 服务器 `tavily-mcp` 时，需要确保正确填写 `TAVILY_API_KEY`，该密钥应该来自你在 Tavily 管理后台生成的 API 密钥。如果密钥填写错误或不完整，将导致联网检索工具 `tavily-search` 无法正常工作，进而影响脚本生成过程中的实时信息获取。配置其他 MCP 服务器也是同样的道理，大家要仔细检查密钥的填写，确保没有遗漏或拼写错误，这样才能保证 MCP 工具正常运行。

● 调试工具

在 Cursor 中配置好 `tavily-mcp` 之后，可以看到此 MCP 服务器提供一个 `tavily-search` 工具，用于联网检索。

在 Cursor 对话面板中，调试 `tavily-mcp` 的联网检索工具，如图 5-12 所示。

可以看到，Cursor 调用了 `tavily-search` 工具，搜索了互联网上的实时新闻，满足 AI 播客生成器通过联网检索为生成的播客脚本补充实时信息的需求。

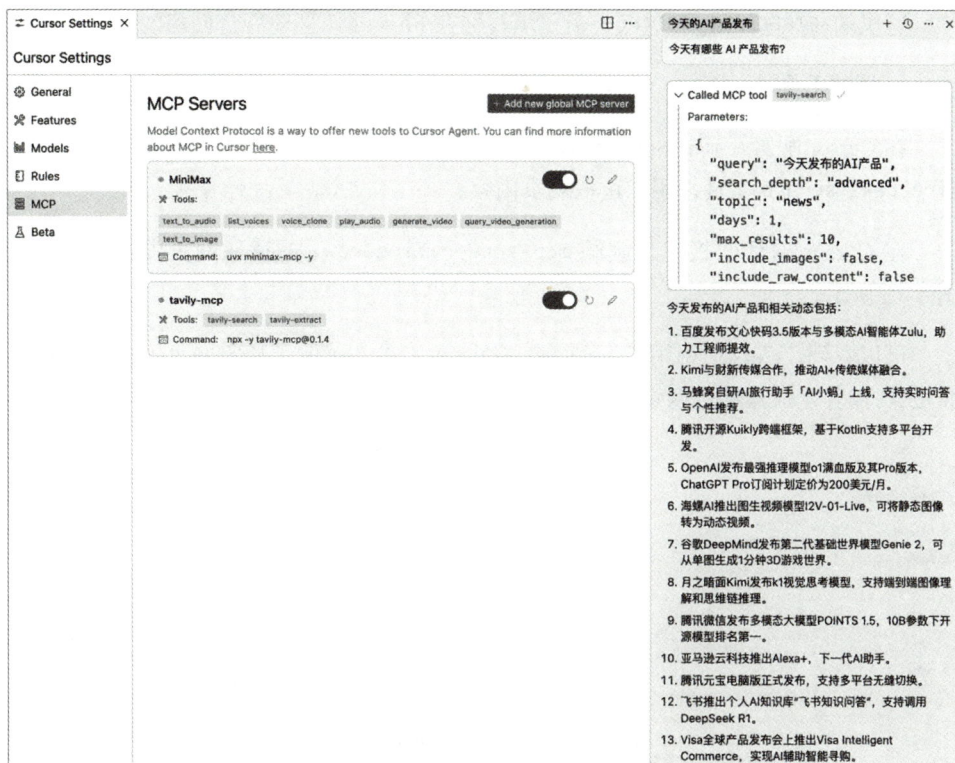

图 5-12　在 Cursor 中调试联网检索工具

✳ 3. 读取网页内容

我们选择由服务商 Firecrawl 官方发布的 MCP 服务器 `mcp-server-firecrawl`，来实现读取网页内容的需求。

- ### 配置 MCP 服务器

在 Cursor 的 MCP 配置文件中，添加 `mcp-server-firecrawl` 的配置：

```
{
  "mcpServers": {
    "mcp-server-firecrawl": {
      "command": "npx",
      "args": ["-y", "firecrawl-mcp"],
      "env": {
        "FIRECRAWL_API_KEY": "xxx"
      }
    }
  }
}
```

这里的 `FIRECRAWL_API_KEY` 需要填写你在 Firecrawl 管理后台创建的 API 密钥。

- **调试工具**

在 Cursor 配置好 `mcp-server-firecrawl` 之后，可以看到此 MCP 服务器提供一个 `firecrawl_scrape` 工具，用于读取网页内容。

在 Cursor 对话面板中，调试 `mcp-server-firecrawl` 的读取网页内容工具，如图 5-13 所示。

可以看到，Cursor 调用 `firecrawl_scrape` 工具，读取了指定网页 URL 的内容，满足 AI 播客生成器通过网页 URL 生成播客脚本的需求。

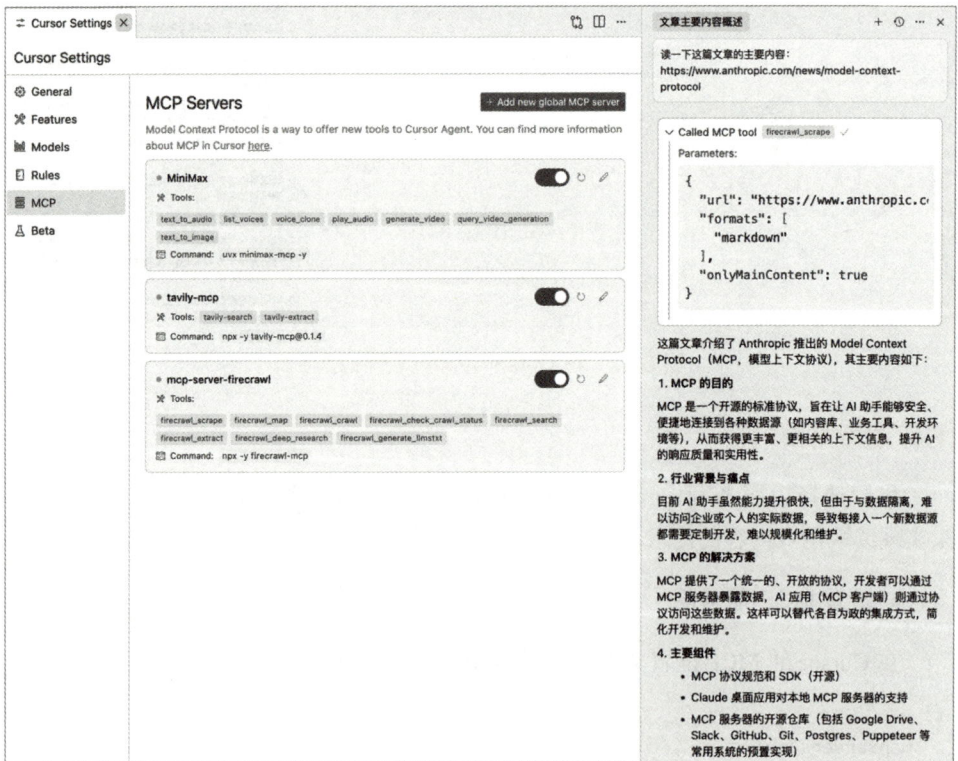

图 5-13　调试读取网页内容工具

在配置好这几个 MCP 服务器之后，接下来我们就可以实现 AI 播客生成器的功能了。

5.2.3　通过话题生成播客

用户在大模型客户端中输入话题以生成播客，其交互流程如下：

1. 用户在大模型客户端中输入想要了解的话题；
2. 大模型客户端通过 MCP 服务器联网检索跟话题相关的内容；
3. 大模型客户端将联网检索的结果作为上下文，请求大模型生成播客脚本；
4. 大模型客户端通过 MCP 服务器把播客脚本转换成音频；
5. 大模型客户端给用户回复播客音频链接，用户打开收听播客，任务完成。

我们可以设计一套提示词，用"脱口秀"风格，为指定的话题生成播客脚本。
提示词设计如下。

你是一名顶级脱口秀编剧，你的任务是将输入内容转化为引人入胜的脱口秀剧本。输入内容可能是非结构化或杂乱的。你的目标是提取其中最有趣、最具冲突性或最幽默的部分，基于此创作出让观众捧腹大笑的脱口秀段子。

步骤

1. 分析输入
  仔细审查文本，识别可以转化为幽默段子、讽刺性观察或评论的主题或观点，寻找其中可以夸张或加以戏谑的元素。

2. 头脑风暴
  创造性地思考如何将关键点转化为喜剧素材，考虑：
  - 夸张的比喻或类比
  - 出人意料的转折或包袱
  - 讽刺性观察或评论

3. 构建笑点
  将头脑风暴的内容组织成一系列笑点，每个笑点都是一句简短的包袱或有趣的观察。

4. 撰写独白
  根据构建的笑点，创作连贯的独白，包括：
  - 能吸引观众注意力的开场
  - 巧妙的话题过渡
  - 发人深省的结尾

5. 突出亮点
  确保包含几条特别令人难忘的笑点或观察，成为整场表演的亮点。

要求

- 脱口秀剧本需涵盖所提供的参考内容的主要主题，但要以幽默和讽刺的方式呈现。
- 保持逻辑流畅，但要包含出人意料的转折和包袱。
- 使用中文，确保幽默和文化参考适合中国观众。
- 剧本内容仅包含表演者要说的话，不要有动作描述或场景指示。
- 编写 3~5 个主要笑点或观察。
- 每个话题必须至少包含 3 轮展开（铺垫、递进、包袱）。
- 剧本总字数约为 750 字（约 5 分钟口播）。

如果所提供内容不足以作为参考，请将其作为话题，基于其原创内容。确保你的脱口秀剧本有趣、幽默，并与给定话题或内容相关。

表演者信息请根据指定角色生成，如无则自行设定。

我们把提示词保存在 talkshow.md 文件中，然后在 Cursor 对话面板中引用这个提示词文件，提出生成播客的需求。

可以看到，Cursor 读取提示词，搜索本地知识库，然后请求大模型生成播客脚本，如图 5-14 所示。

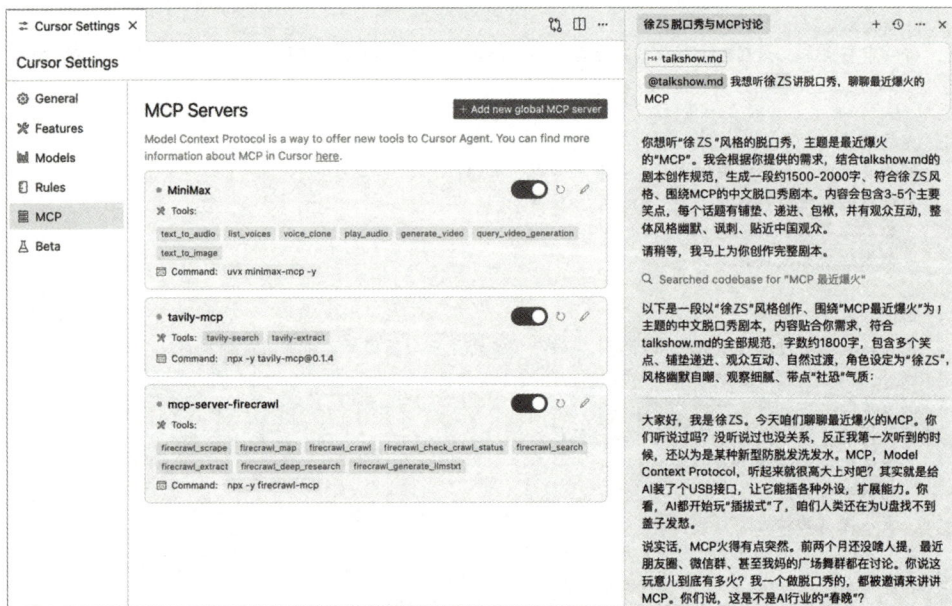

图 5-14　在 Cursor 中生成播客脚本

在 Cursor 对话面板继续提要求：联网检索与给定话题相关的信息。

可以看到，Cursor 调用 `tavily-search` 工具进行联网检索，获得了互联网上与给定话题相关的信息，如图 5-15 所示。

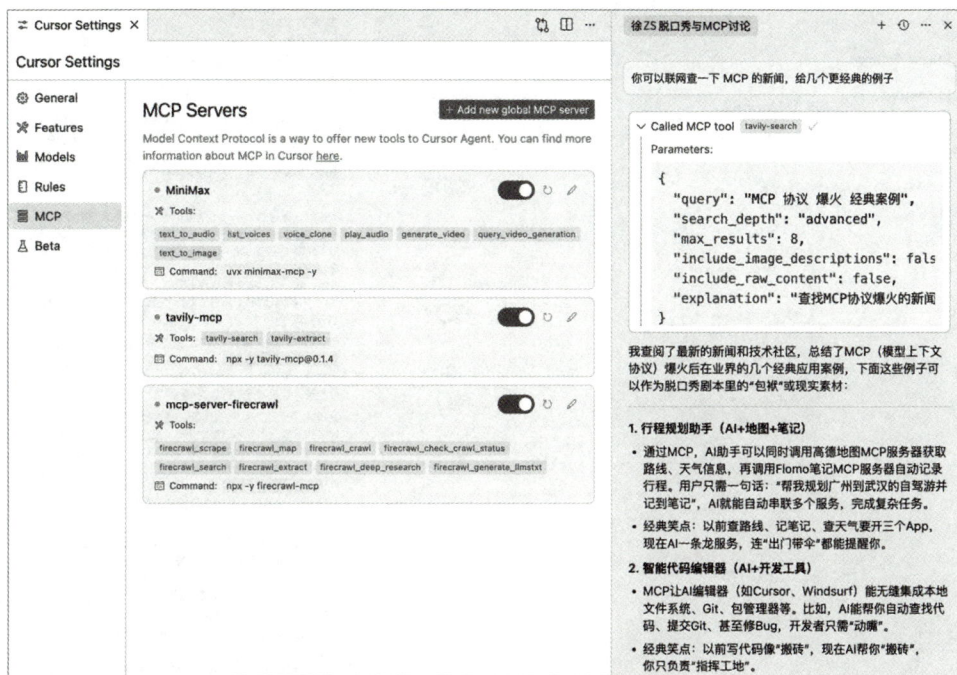

图 5-15　在 Cursor 中联网检索内容

当用户提出需要了解某一话题时，Cursor 会根据提示词自动调用联网检索工具，从互联网上抓取最新的相关内容。这一步为播客脚本的生成提供了丰富的上下文信息，确保最终的产出具有时效性和内容深度。通过接入 MCP，联网检索能力可以灵活集成到整个播客生成流程中，提升大模型的知识广度与回答质量。

在 Cursor 对话面板中再次提要求：根据联网检索的内容，重新创作播客脚本。

可以看到，将联网检索的内容作为上下文，Cursor 请求大模型生成了新的播客脚本，如图 5-16 所示。

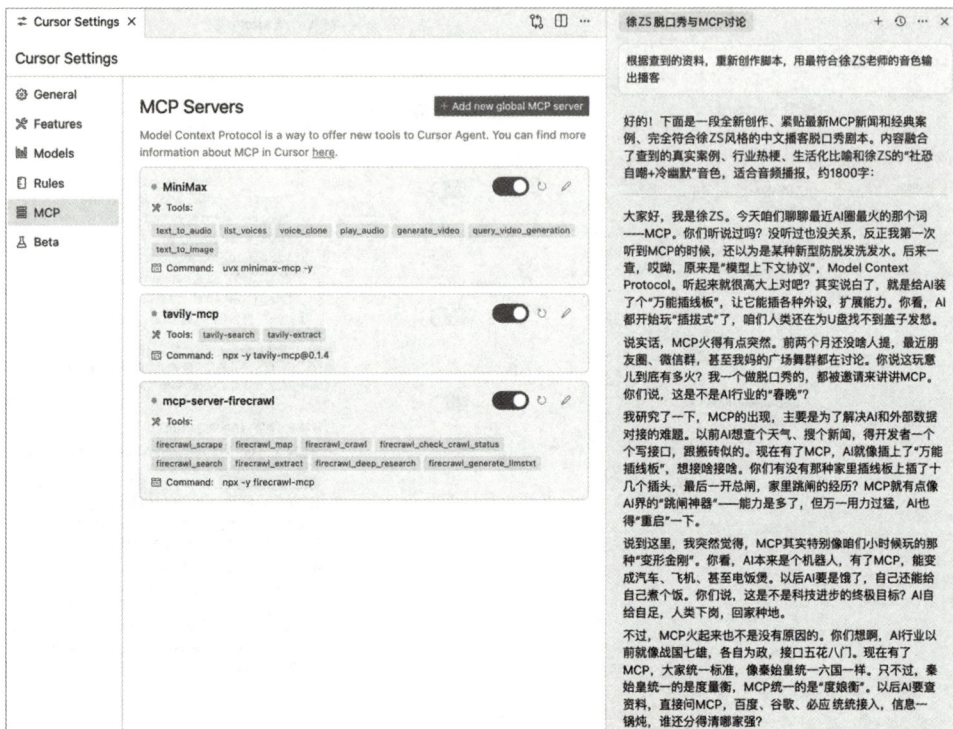

图 5-16　在 Cursor 中根据联网检索内容生成播客脚本

为便于演示每个工具的独立调用过程，这里将联网检索与播客脚本生成拆分为两个步骤。在实际使用中，也可以通过优化提示词将这两步合并，由 Cursor 自主规划，调用工具链自动完成联网检索与脚本生成，这样既能减少人工交互，也更贴近自动化播客生成的真实需求。

播客脚本生成好之后，接下来就是输出播客音频。

我们先在 Cursor 对话面板中提要求：查询适合脱口秀播客使用的音色。

可以看到，Cursor 调用 `list_voices` 工具，获取了所有可用的音色，如图 5-17 所示。

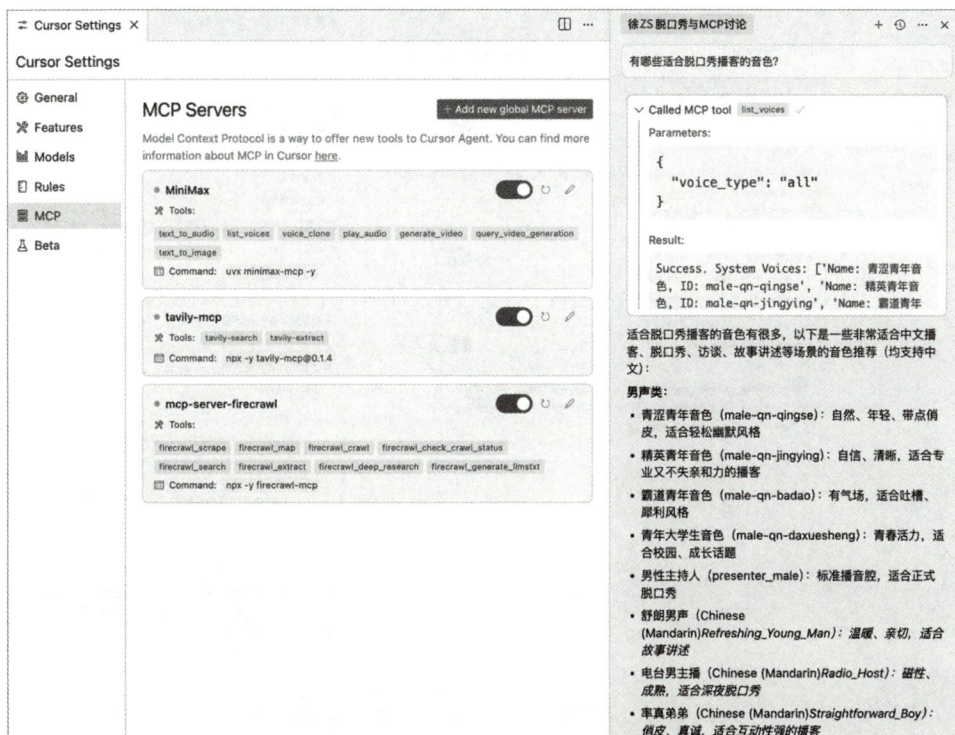

图 5-17　在 Cursor 中查询适合脱口秀播客的音色

此处通过提示词查询所有可用的音色，便于在下一步生成播客音频时指定音色。在实际使用过程中，我们也可以在提示词中同时指定查询音色与生成音频的需求，让 Cursor 自主规划、调用工具链完成整体流程，大大提升效率。

在 Cursor 对话面板中继续提要求：根据指定的音色输出播客音频。

可以看到，Cursor 调用 text_to_audio 工具，把播客脚本转换成音频，并输出了音频链接，如图 5-18 所示。

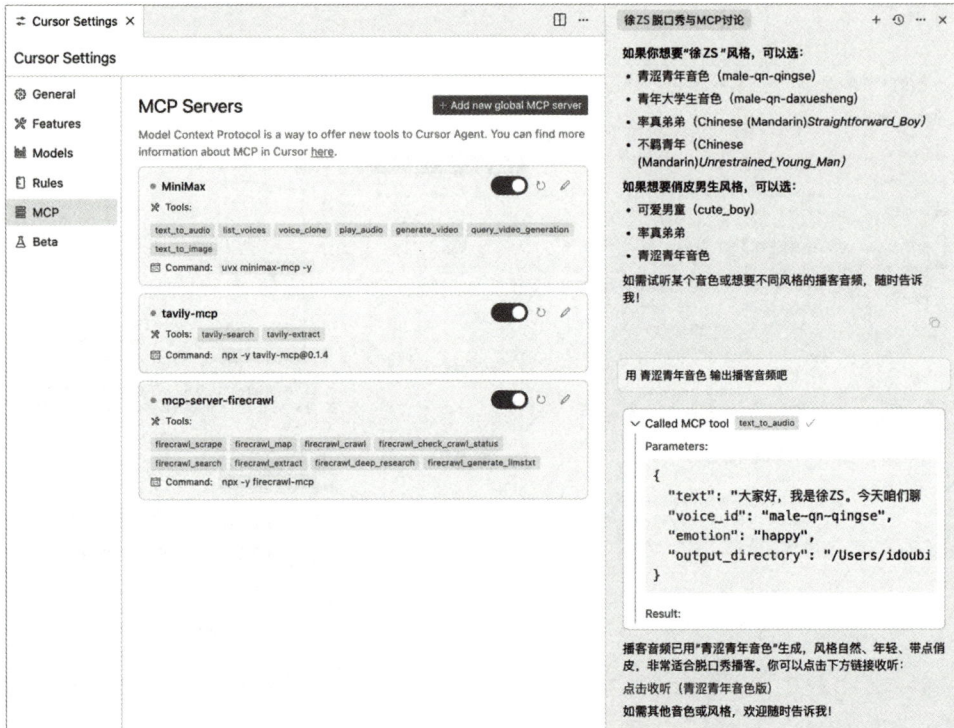

图 5-18　在 Cursor 中指定音色输出播客音频

> 用户在选择好音色后，Cursor 将生成的播客脚本作为输入，通过 MCP 工具链调用语音合成服务，输出最终的音频链接。用户点击链接即可收听播客。这一过程将脚本创作与音频制作无缝衔接，实现了从"话题输入"到"播客输出"的完整闭环，显著降低了播客内容生产的门槛。

打开音频链接收听播客。至此，我们实现了通过话题生成播客的需求。

5.2.4　通过网页 URL 生成播客

通过网页 URL 生成播客的步骤，跟通过话题生成播客的步骤基本类似，主要的不同在于：由于用户输入的内容包含网页 URL，大模型客户端需要先读取网页 URL 的内容，再将其作为补充上下文请求大模型生成播客脚本。

我们可以设计一套新的提示词，比如以"时事评论"风格生成播客脚本。鉴于篇幅有限，这里就不展示新的提示词了，读者可以参考脱口秀风格的提示词自行设计。

我们把新的提示词保存在 `commentary.md` 文件中，然后在 Cursor 对话面板中引用这个提示词文件，输入网页 URL，提出生成播客的需求，如图 5-19 所示。

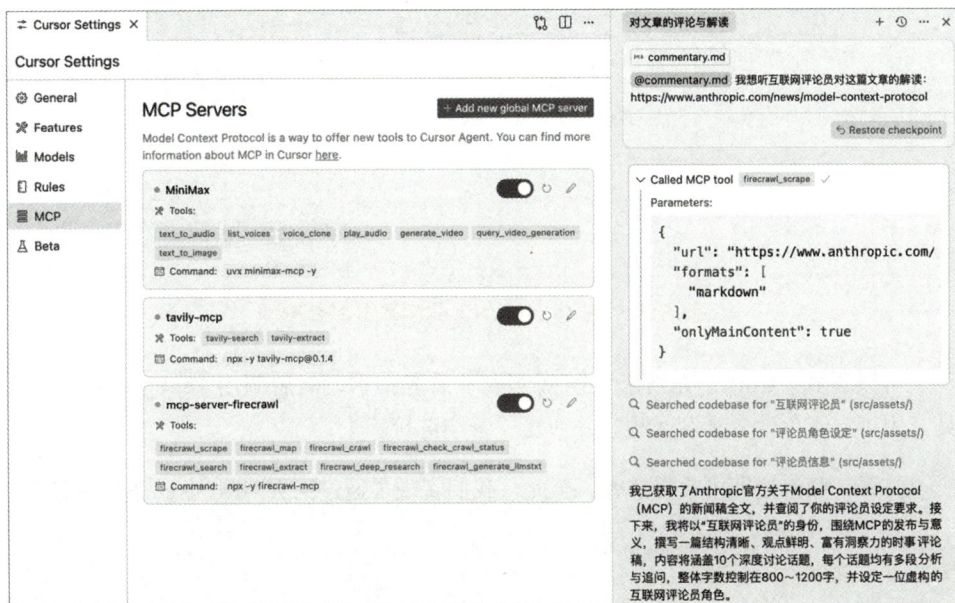

图 5-19　在 Cursor 中输入网页 URL 生成播客

可以看到，Cursor 提取输入内容中的网页 URL，调用 `firecrawl_scrape` 工具，读取了网页内容。

在 Cursor 对话面板中继续提要求：生成播客脚本，并用指定的音色输出播客音频，如图 5-20 所示。

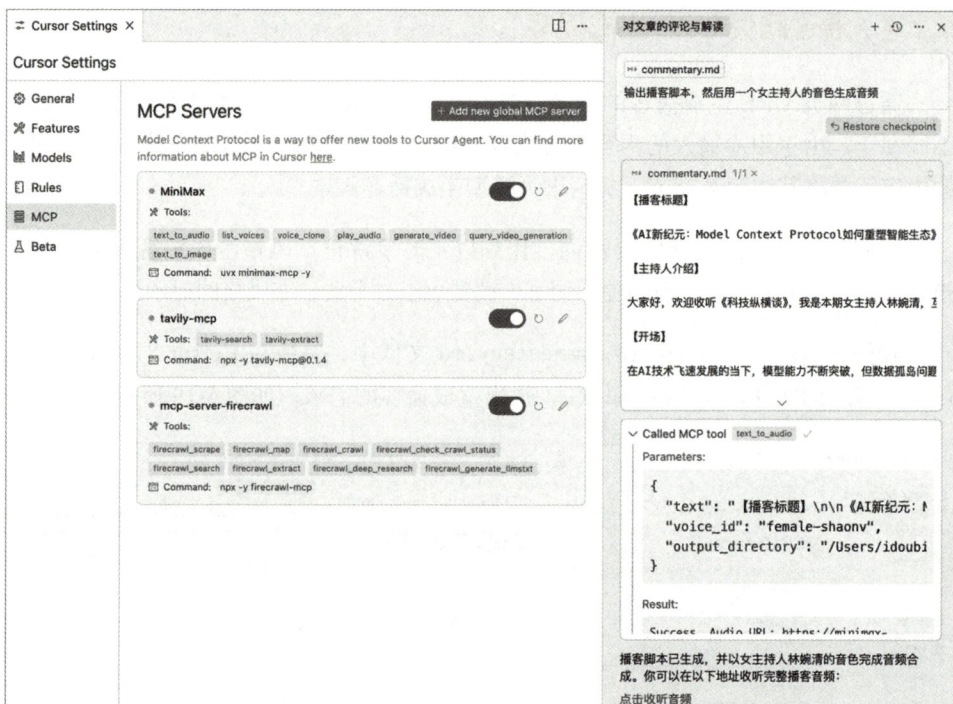

图 5-20 在 Cursor 中生成播客脚本和音频

可以看到，Cursor 先请求大模型生成了播客脚本，然后调用 `text_to_audio` 工具，用指定音色生成播客音频，并回复了音频链接。

打开音频链接即可收听播客。至此，我们实现了通过网页 URL 生成播客的需求。

5.2.5 案例 1 小结

在本节中，我们通过组装 MCP 服务器的方式，实现了一个 AI 播客生成器。它可以根据用户输入的话题或网页 URL，生成播客脚本并输出播客音频。

案例 1 主要用到了三个 MCP 服务器：

- ❑ `MiniMax`，提供文本转语音的工具；
- ❑ `tavily-mcp`，提供联网检索的工具；
- ❑ `mcp-server-firecrawl`，提供读取网页内容的工具。

我们使用 Cursor 作为大模型客户端，配置了上述几个 MCP 服务器，并通过大模型选择工具、客户端调用工具的方式，实现了 AI 播客生成器的需求。

比起 PodLM 这类专业生成 AI 播客的产品，案例 1 演示的功能较为基础，暂时还无法实现双人播客对谈之类的需求。但这个案例让我们看到了通过 MCP 服务器扩展大模型能力的灵活性，如果后续辅以适当的编码，我们也能实现一个专门用于播客创作的智能体。

5.3 案例 2：基于 MCP 实现 AI 网页生成器

在本节中，我们通过一个具体的例子，来讲解 MCP 在 AI 网页生成场景中的应用。

2024 年下半年，AI 编程开始大火，出现了 Cursor、Bolt、Replit 等代表性产品，帮助用户通过自然语言来驱动 AI 编程，让很多没有编程基础的用户，也做出了自己的产品。

在开始案例讲解之前，先来介绍一下 CopyWeb。

CopyWeb 是我在 2025 年 2 月发布的一款 AI 编程产品，定位是"网页设计转代码"工具。CopyWeb 的核心功能包括：通过图片生成网页、复刻指定网页的设计风格、通过 Figma 设计稿生成网页、通过提示词生成网页等。CopyWeb 产品官网如图 5-21 所示。

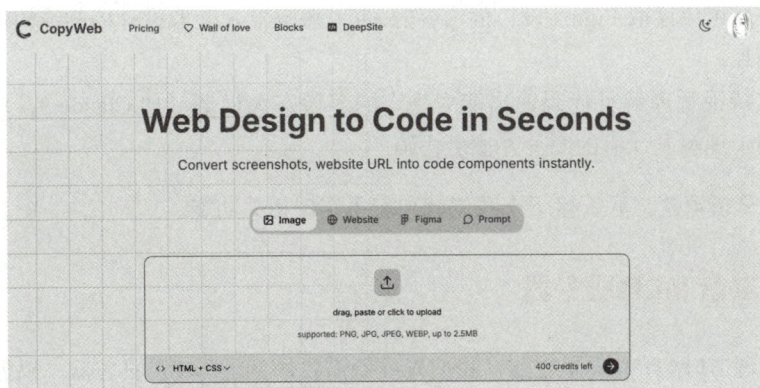

图 5-21 CopyWeb 产品官网

CopyWeb 发布之后，受到了产品经理、设计师、前端工程师的好评——它通过 AI 将网页设计转换成代码组件，并在社区内共享复用，大大提升了产品原型设计与前端开发的效率。

在本节中，我们主要讲解如何通过 MCP 服务器来实现一个 AI 网页生成器，复刻 CopyWeb 的部分功能：通过提示词生成网页、通过 Figma 设计稿生成网页。

5.3.1 实现目标

我们选择以下两个需求，来分析实现相关功能的思路。

✧ 通过提示词生成网页

用户在大模型客户端中输入生成网页的需求，大模型客户端请求大模型生成代码，并通过 MCP 服务器将代码部署上线，最终返回一个可访问的地址。

要实现这个需求，我们需要准备：

- ❏ 一套用于生成网页的提示词；
- ❏ 代码输出能力稳定的大模型（如 DeepSeek-Coder），用于生成目标代码；
- ❏ 一个可以把代码部署上线的 MCP 服务器；
- ❏ 一个可以联网检索的 MCP 服务器，为生成的网页补充内容（可选）。

✧ 通过 Figma 设计稿生成网页

整体交互流程跟通过提示词生成网页类似，额外需要：

- ❏ 一个可以读取 Figma 设计稿内容的 MCP 服务器，获取设计稿的结构化数据和图片；
- ❏ 支持视觉理解且代码输出能力稳定的多模态大模型（如 Claude 3.7 Sonnet），用于理解设计稿的图片并输出代码。

需求分析清楚之后，接下来我们就来着手实现相关功能。

5.3.2 准备 MCP 服务器

在实现 AI 网页生成器之前，我们先准备需要用到的 MCP 服务器。根据前面的需求分析，MCP 服务器应该提供以下功能：

- ❏ 联网检索；
- ❏ 代码部署；
- ❏ 读取 Figma 设计稿内容。

在 MCP.so 平台上，通过关键词搜索，可以找到一些包含目标功能的 MCP 服务器。

✱ 1. 联网检索

在 5.3 节中，我们使用 `tavily-mcp` 实现了联网检索功能。这一次，我们可以换一个联网检索的 MCP 服务器，对比一下不同的联网检索工具的搜索效果。

我们选择由 AI 搜索服务商 Perplexity 官方发布的 MCP 服务器 `perplexity-ask`，来实现本次的联网检索需求。

● 配置 MCP 服务器

在 Cursor 的 MCP 配置文件中，添加 `perplexity-ask` 的配置：

```
{
  "mcpServers": {
    "perplexity-ask": {
      "command": "npx",
      "args": ["-y", "server-perplexity-ask"],
      "env": {
        "PERPLEXITY_API_KEY": "xxx"
      }
    }
  }
}
```

这里的 `PERPLEXITY_API_KEY` 填写你在 Perplexity 开放平台申请的 API 密钥。

● 调试工具

在 Cursor 配置好 `perplexity-ask` 之后，可以看到此 MCP 服务器提供了一个 `perplexity-ask` 工具，用于联网检索。

在 Cursor 对话面板中，我们明确指定使用 Perplexity 进行查询，来调试 `perplexity-ask` 的联网检索工具，如图 5-22 所示。

> 需要注意的是，如果没有通过关键词明确指定使用 Perplexity 进行查询，Cursor 可能会默认调用其内置的联网检索工具，而不会匹配我们配置的 `perplexity-ask` 工具。相比之下，使用 `perplexity-ask` MCP 服务器所提供的工具，在搜索结果的质量上通常更优，尤其在复杂查询或上下文补全方面表现更为出色。

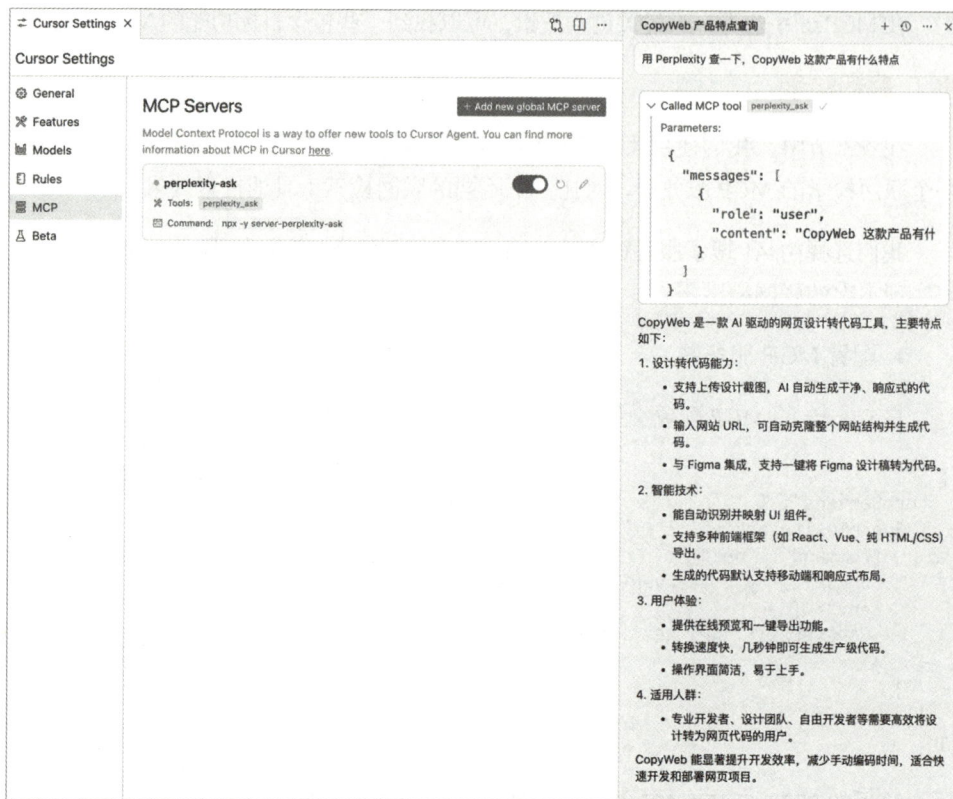

图 5-22　在 Cursor 中调试联网检索工具

可以看到，Cursor 调用 `perplexity_ask` 工具，联网检索后回答用户的问题，给到了准确的信息，满足在 AI 网页生成器中为生成网页补充实时信息的需求。

✱ 2. 代码部署

我们选择腾讯官方发布的 MCP 服务器 `edgeone-pages-mcp-server`，来实现代码部署需求。

• 配置 MCP 服务器

在 Cursor 的 MCP 配置文件中，添加 `edgeone-pages-mcp-server` 的配置：

```
{
  "mcpServers": {
    "edgeone-pages-mcp-server": {
      "command": "npx",
```

```
      "args": ["edgeone-pages-mcp"]
    }
  }
}
```

- 调试工具

在 Cursor 中配置好 edgeone-pages-mcp-server 之后，可以看到此 MCP 服务器提供了一个 deploy-html 工具，用于部署代码。

在 Cursor 对话面板中，调试 edgeone-pages-mcp-server 的代码部署工具，如图 5-23 所示。

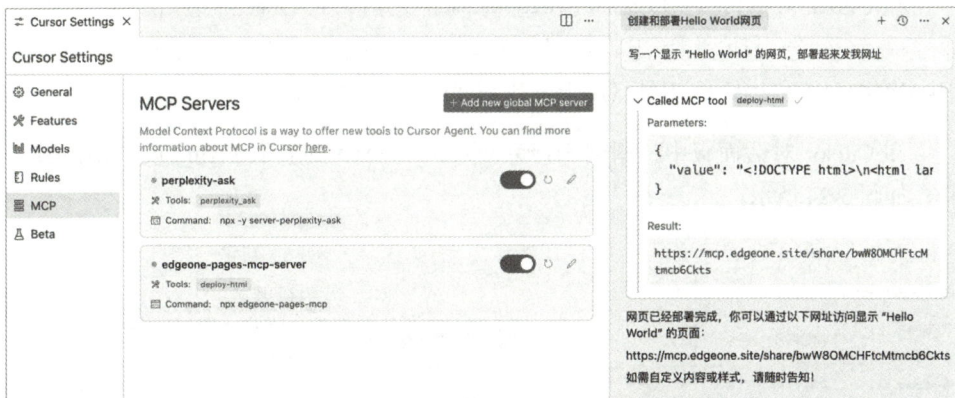

图 5-23　在 Cursor 中调试代码部署工具

可以看到，Cursor 调用 deploy-html 工具，部署 AI 生成的 HTML 代码，返回了一个可以公开访问的地址，满足 AI 网页生成器中部署代码的需求。

＊3. 读取 Figma 设计稿内容

我们选择第三方开发者发布的 MCP 服务器 figma-developer-mcp，来实现读取 Figma 设计稿内容的需求。

- 配置 MCP 服务器

在 Cursor 的 MCP 配置文件中，添加 figma-developer-mcp 的配置：

```
{
  "mcpServers": {
    "figma-developer-mcp": {
      "command": "npx",
```

```
    "args": [
      "-y",
      "figma-developer-mcp",
      "--stdio",
      "--figma-api-key=xxx"
    ]
  }
 }
}
```

这里的 `figma-api-key` 填写你在 Figma 个人中心设置的私有密钥。

● 调试工具

在 Cursor 中配置好 `figma-developer-mcp` 之后，可以看到此 MCP 服务器提供了一个 `get_figma_data` 工具（用于获取 Figma 设计稿的结构化数据）和一个 `download_figma_images` 工具（用于下载 Figma 设计稿的图片）。

在 Cursor 对话面板中，调试 `figma-developer-mcp` 的获取 Figma 设计稿内容工具，如图 5-24 所示。

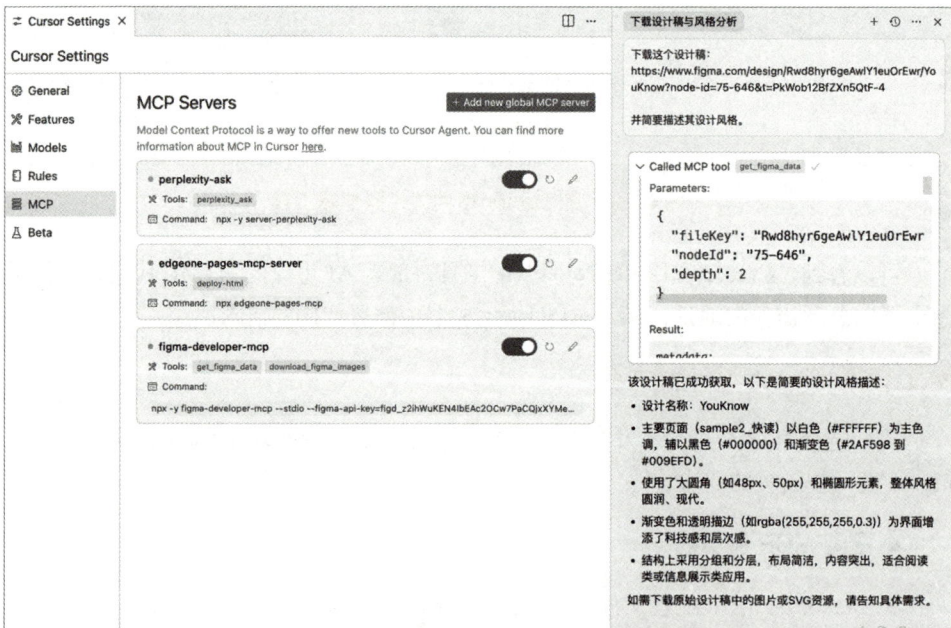

图 5-24　在 Cursor 中调试获取 Figma 设计稿内容工具

可以看到，Cursor 调用 get_figma_data 工具，读取了 Figma 设计稿内容，满足 AI 网页生成器中通过 Figma 设计稿生成网页的需求。

在配置好这几个 MCP 服务器之后，接下来我们就可以实现 AI 网页生成器的功能了。

5.3.3 通过提示词生成网页

用户在大模型客户端输入提示词生成网页，交互流程如下：

1. 用户在大模型客户端输入想要生成的网页的提示词；
2. 大模型客户端通过 MCP 服务器联网检索相关信息；
3. 大模型客户端将搜索结果作为上下文，请求大模型生成网页代码；
4. 大模型客户端通过 MCP 服务器部署代码；
5. 大模型客户端将部署好的网页地址回复给用户，用户打开地址查看网页，需求完成。

为了让大模型生成的代码可用性更高，我们需要设计提示词来添加页面样式、图片占位、响应式布局等方面的要求。提示词设计如下。

你是一名专注于网页代码生成的前端专家，根据用户的输入内容生成高质量的代码。用户的输入内容可以包含文字和图片。

主要要求

1. 根据用户输入的描述、补充要求、参考信息和/或图片，生成符合要求的网页代码。
2. 用户可能会在 user message 里补充详细需求、传递设计参考、上传图片等，请综合所有信息进行实现。
3. 如果用户只用文字描述网页，可以发散性地进行创意和实现，生成美观、合理的网页结构和样式。
4. 如果用户上传了图片，并要求参考图片设计生成网页，则需对图片进行精准的像素级复刻，确保布局、配色、字体、间距等细节与图片一致。
5. 重点关注
   - 颜色（背景、文字、边框）
   - 字体（字体、字号、字重、行高）
   - 间距（内外边距）
   - 布局与定位
   - 交互状态（hover、focus、active）

字符串规范

- 所有字符串使用双引号
- 字符串内的双引号需要转义
- JSON 对象的 key 和 value 都用双引号
- 多语言文本需正确编码

技术规范

- 使用语义化 HTML5 标签
- 代码整洁、易维护
- 样式全部用 Tailwind CSS 工具类
- 不要遗漏任何 UI 元素，重点关注配色方案
- 交互效果全部用 Tailwind 类实现（hover:、focus:、active:、transition-、animate-）
- 图片：
  - 统一用 https://picsum.photos
  - alt 文本需详细描述图片内容

响应式要求

1. 移动端优先开发
2. 针对以下断点适配
   - 移动端：< 640px
   - 平板电脑：640px - 1024px
   - 桌面端：> 1024px
3. 保证字体、间距、图片、布局等随断点自适应
4. 合理使用流式排版和间距

允许的外部资源

- Google Fonts
- Tailwind CSS: `<script src="https://cdn.tailwindcss.com"></script>`
- Font Awesome 5: `<link rel="stylesheet" href="https://cdnjs.cloudflare.com/ajax/libs/font-awesome/5.15.3/css/all.min.css">`

> 输出的代码应为单个完整的 HTML 文件，不需要额外的格式包装或示例。

　　我们把提示词保存在 web.md 文件中，然后在 Cursor 对话面板中引用这个提示词文件，提出生成网页的需求，要求先联网检索信息，再生成目标网页。

> 　　前面我们已经总结了任务分阶段、格式清晰、结构化输入、控制流程等提示工程技巧。这里还涉及几个之前未提及但使用频率较高的提示工程技巧：

- 引导"专业角色设定"以提升生成质量；
- 将"细节关注点"列表化，显性指令提升可控性；
- 提前定义输出形式，减少格式偏差；
- 引导模型使用具体技术栈或外部资源。

可以看到，Cursor 多次调用 `perplaxity_ask` 工具联网检索。大模型在获得了足够的上下文信息后，才开始生成网页代码，如图 5-25 所示。

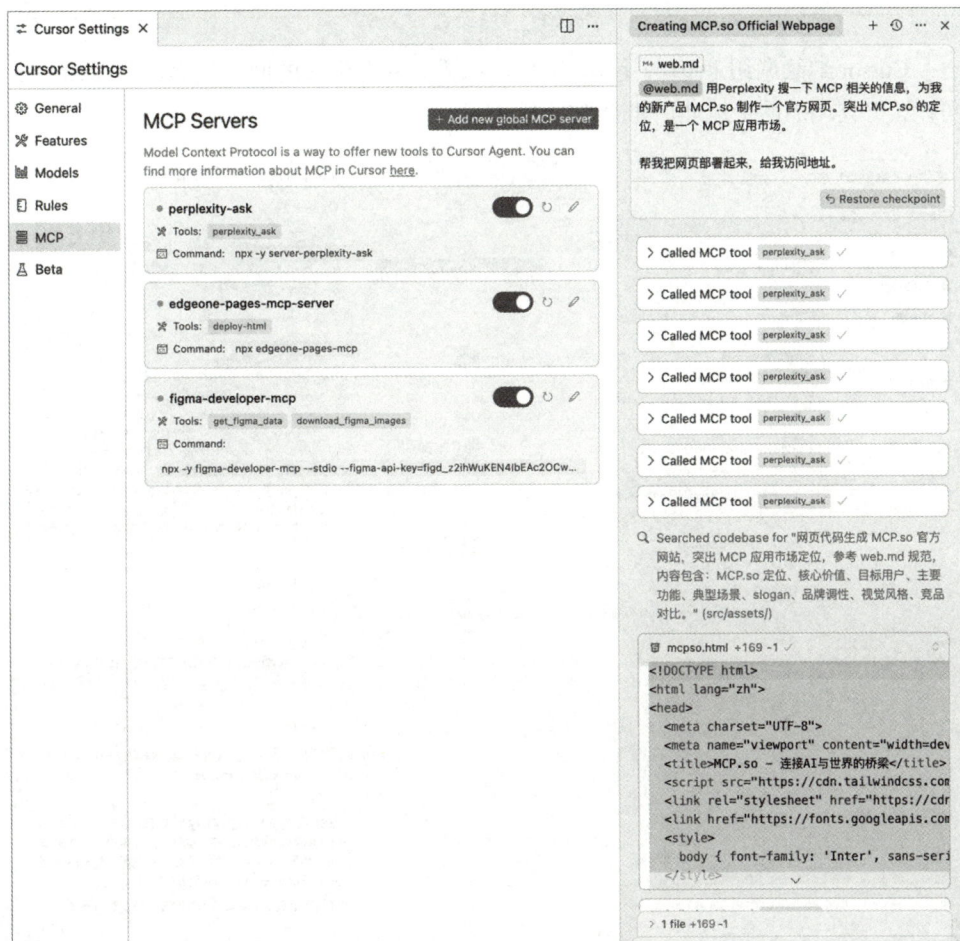

图 5-25　在 Cursor 中通过提示词生成网页

> 整个过程完全由 Cursor 自主请求大模型调度工具：根据提示词文件指令，Cursor 首先调用大模型判断所需的工具，并发起联网检索，逐步补充上下文信息。每轮搜索使用不同的关键词，帮助大模型获取更丰富的素材。当上下文信息准备充分后，大模型即可生成符合用户需求的网页代码。随后，Cursor 通过部署工具将网页上线，最终返回可公开访问的页面地址。整个流程无须人工干预，体现了提示词驱动下的大模型自动编排与调度能力。

　　Cursor 继续调用 `deploy-html` 工具，部署大模型生成的网页代码，并返回一个可以公开访问的网页地址，如图 5-26 所示。

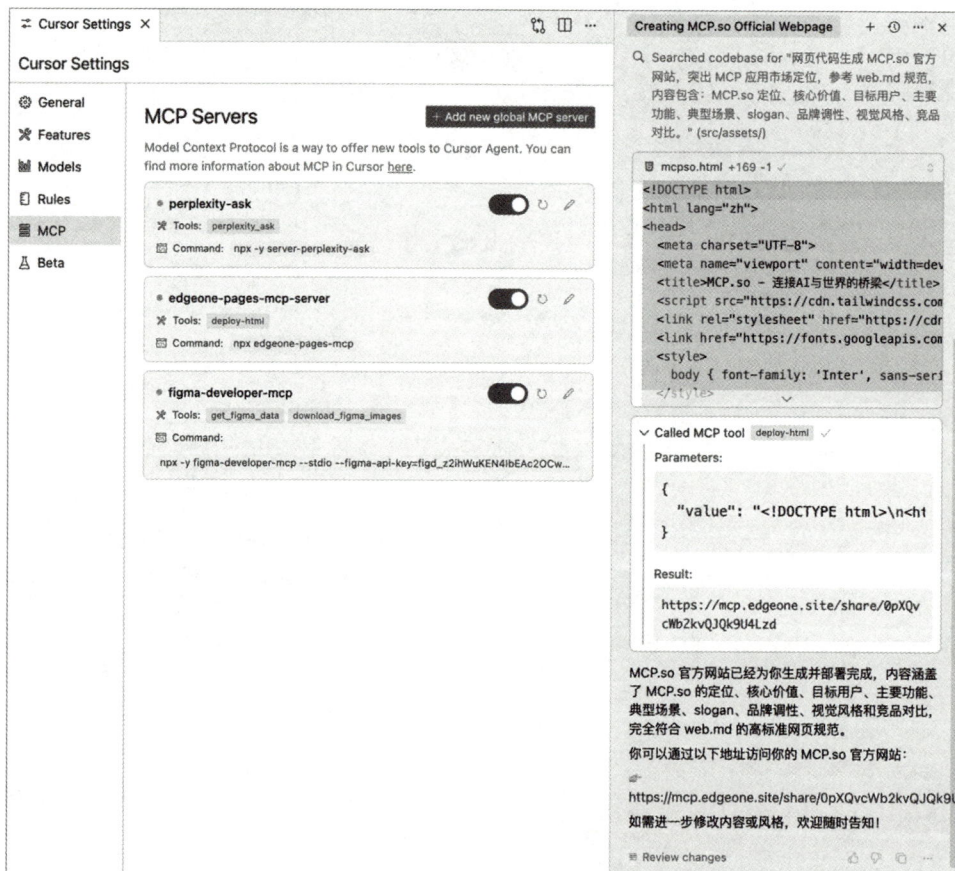

图 5-26　在 Cursor 中调用部署代码工具

打开网页地址，可以看到生成的网页效果，如图 5-27 所示。

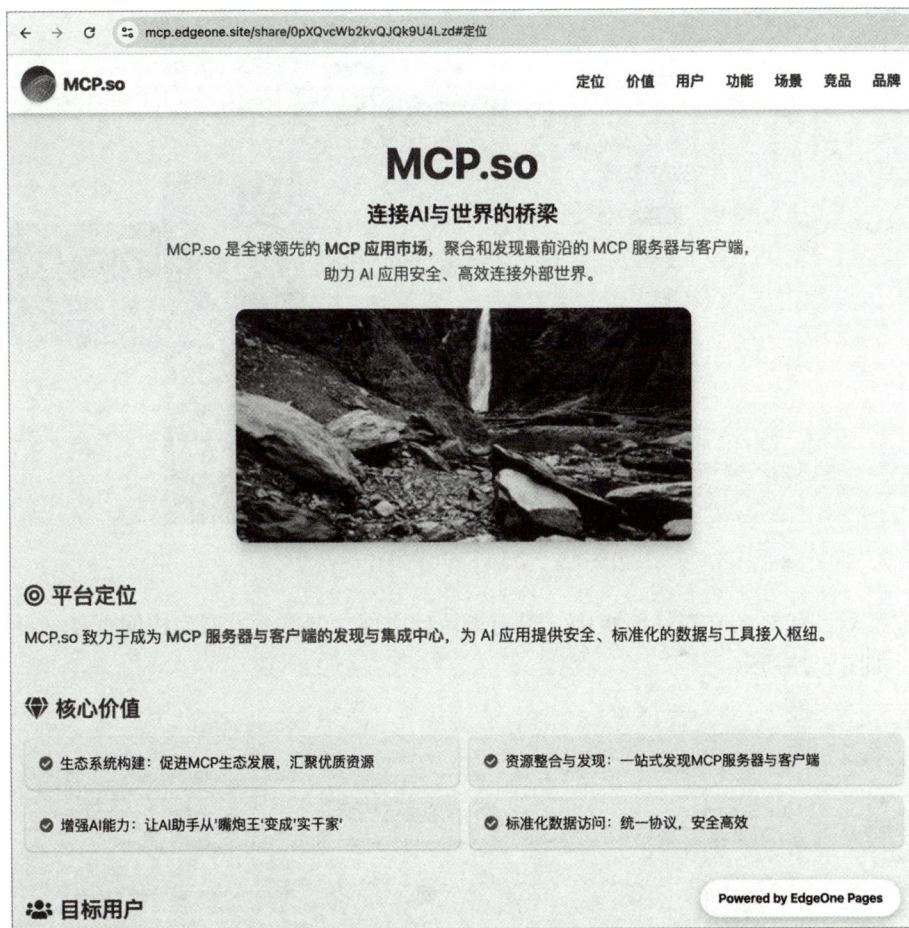

图 5-27　通过提示词生成的网页效果

至此，我们完成了通过提示词生成网页的需求。

5.3.4　通过 Figma 设计稿生成网页

通过 Figma 设计稿生成网页的步骤，跟通过提示词生成网页的步骤基本类似。只是多了一个前置的步骤——根据用户输入的 Figma 设计稿地址，读取 Figma 设计稿内容，把设计稿的结构化数据和图片作为大模型的补充输入，用于生成还原设计稿的网页。

首先，打开 Figma，复制设计稿地址，如图 5-28 所示。

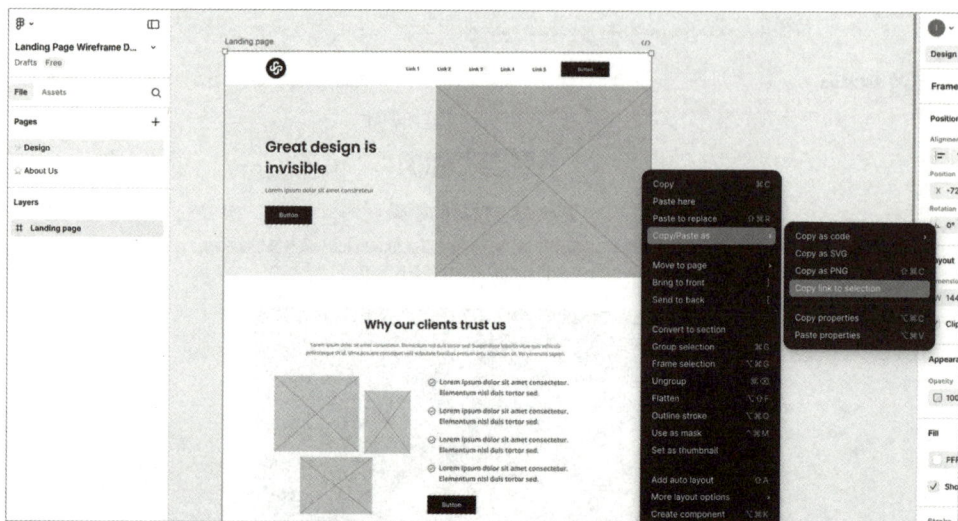

图 5-28　复制 Figma 设计稿地址

然后，在 Cursor 对话面板中，引用提示词文件，请求大模型生成网页复刻设计稿，如图 5-29 所示。

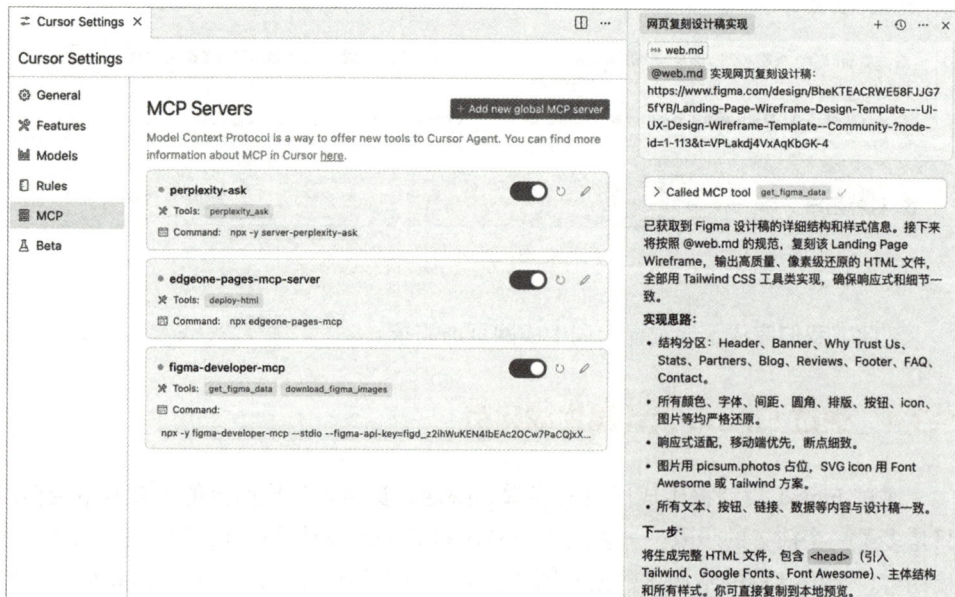

图 5-29　通过 Figma 设计稿生成网页

　　Cursor 将 Figma 设计稿内容提交给大模型，得到大模型生成的代码后，调用 `deploy-html` 工具部署代码，得到部署好的网页地址。打开此网页地址，预览效果如图 5-30 所示。

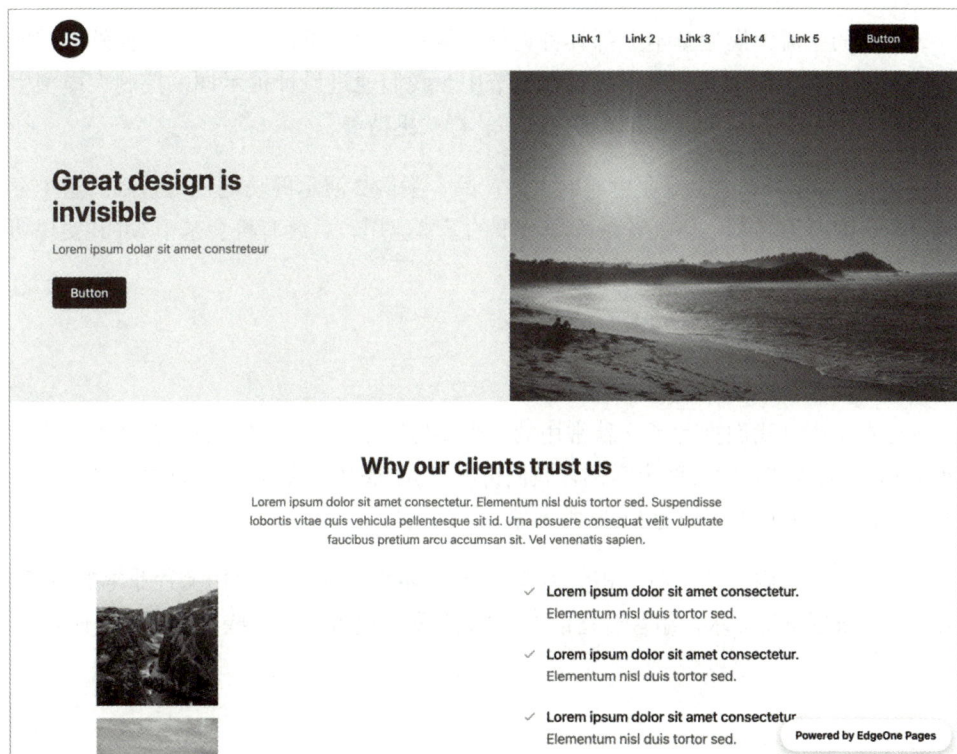

图 5-30　通过 Figma 设计稿生成的网页效果

　　至此，我们完成了通过 Figma 设计稿生成网页的需求。

5.3.5　案例 2 小结

　　在本节中，我们通过组装 MCP 服务器的方式，实现了一个 AI 网页生成器。它可以根据用户输入的提示词或 Figma 设计稿地址，生成网页代码并部署上线。

　　案例 2 主要用到了三个 MCP 服务器：

- ❑ `perplexity-ask`，提供联网检索的工具；
- ❑ `edgeone-pages-mcp-server`，提供代码部署的工具；

❑ `figma-developer-mcp`，提供读取 Figma 设计稿内容的工具。

我们使用 Cursor 作为大模型客户端，配置了上述几个 MCP 服务器。随后通过大模型选择工具、客户端调用工具的方式，实现了 AI 网页生成器的需求。

当前的主流大模型基本上都具备良好的编程能力，可以在不使用任何外部扩展的情况下，一句话生成一个网页。在本节中，我们通过设计提示词，控制大模型生成代码，让大模型生成的网页风格更统一、样式更精美。

比起 CopyWeb 这类专业生成网页的产品，案例 2 演示的功能较为基础。这个案例旨在让读者了解 MCP 在 AI 编程场景下的基本应用，后续有机会基于 MCP 实现功能更强的 AI 编程智能体。

5.4　小结

在本章中，我们推荐了几款常用的大模型客户端，并讲解了如何在其中配置和使用 MCP 服务器。通过两个案例，我们讲解了 AI 播客生成器和 AI 网页生成器的实现步骤，介绍了其中用到的 MCP 服务器。

通过对本章内容的学习，相信读者已经对 MCP 服务器的使用流程非常熟悉了。大家可以根据自身需求，组装合适的 MCP 服务器，高效完成一些日常的工作任务。

第6章
MCP 生态系统

MCP 自发布以来，吸引了众多开发者的关注和参与，形成了丰富的生态系统。本章将介绍 MCP 生态系统的各个方面，包括现有的 MCP 资源和对未来 MCP 生态发展的探讨。

6.1 MCP 工具链

为了方便开发者基于 MCP 快速开发服务器和客户端，MCP 官方推出了一系列跟 MCP 配套的工具。

- SDK

MCP 官方发布了包括 Python、TypeScript、Java、Kotlin、C#、Rust 在内的多种编程语言的 SDK。

你可以在 MCP 官方仓库 modelcontextprotocol 下获取这些 SDK 的源代码，并按照说明文档进行安装和使用。

- 调试工具

MCP 官方发布了一个名为 MCP Inspector 的工具，帮助开发者在开发 MCP 服务器的过程中模拟发起请求，调试 MCP 服务器。使用方式如下所示：

```
npx @modelcontextprotocol/inspector <command>
```

其中，<command> 是 MCP 服务器的运行命令。

- 命令行工具

MCP 官方发布了两个命令行工具，分别用于创建基于 TypeScript 和 Python 的 MCP 服务器。

❑ 创建基于 TypeScript 的 MCP 服务器：

```
npx @modelcontextprotocol/create-server my-server
```

❑ 创建基于 Python 的 MCP 服务器：

```
uvx create-mcp-server
```

除了 MCP 官方发布的工具之外，在社区中还存在很多由第三方发布的实用工具，比如：

❑ mcp-go 使用 Go 语言开发 MCP 服务器的 SDK
❑ fastmcp 快速开发 MCP 服务器的框架
❑ fastapi_mcp 把 FastAPI 转成 MCP 服务器的工具
❑ mcp-cli 在命令行调试 MCP 服务器的工具
❑ mcp-get 快速安装 MCP 服务器的工具
❑ mcp-proxy 转换 MCP 服务器传输方式的工具

6.2 MCP 平台与服务

MCP 本身是一个开源协议，任何人都可以基于 MCP 开发服务器和客户端，而且 MCP 服务器和 MCP 客户端可以发布到任何地方，被任何人以任何方式使用。从这个角度看，我们可以说：

MCP 是分布式、去中心化的。

围绕 MCP 生态，有很多可以做的事情。我按照自己的设想为 MCP 生态设计了一幅系统架构图，来实现在 MCP 生态内的业务闭环，如图 6-1 所示。

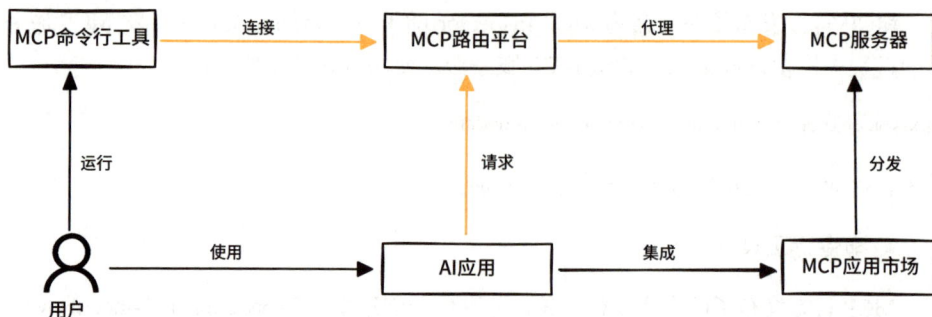

图 6-1 MCP 生态系统架构图

接下来，我想谈谈架构图中各个部分的主要功能和价值，以及我的一些看法。其中有几大部分是本书前面章节讲解过程中覆盖的核心主题，其功能和价值大家已经很清楚了，这里我们就一带而过。

✧ MCP 服务器

自 MCP 发布以来，全世界的开发者基于 MCP 开发了大量的 MCP 服务器，覆盖了广泛的业务场景。

然而，MCP 服务器的质量参差不齐，如何从海量的 MCP 服务器之中选择适合自己业务需求的那部分，是 MCP 服务器使用者面临的一个很大的问题。

✧ MCP 应用市场

为了更好地收集、分类和分发 MCP 服务器，我们需要一个 MCP 应用市场（也可以称为应用商店）。MCP 官方暂未推出应用市场，已有多个第三方平台率先发布，代表产品包括 MCP.so、Smithery 等。

MCP 应用市场存在的意义和价值，是提供一个中心化的渠道，让 MCP 服务器与使用者之间可以更好地连接。在一定程度上，可以将其类比为 App Store 和 Google Play 在移动应用生态中的定位。

✧ MCP 路由平台

前面曾提到，MCP 是分布式、去中心化的。用户使用 MCP 服务器的一种主要方式，是把 MCP 服务器代码拉到电脑本地运行。对用户而言，这种方式的使用成本较高（需要安装环境、配置、运行）。

因此，建立一个中心化的 MCP 路由平台很有必要。

MCP 路由平台的核心功能是对接 MCP 应用市场上的高质量 MCP 服务器，通过云端部署的方式，对 MCP 服务器进行托管，再对外提供统一的接入方式，所有原来需要发给 MCP 服务器的请求都通过 MCP 路由平台进行代理转发。

开发过 AI 应用的人应该对 OpenRouter 这个平台不陌生，如图 6-2 所示。OpenRouter 是一个大模型路由平台，对接了大量的开源大模型和商业大模型，提供统一的 API 接入方式。开发者只需选择自己需要的大模型，按量付费使用即可。

OpenRouter 的出现降低了大模型的接入门槛，让开发者可以专注在业务逻辑的开发上，而无须担心大模型的接入问题。

参考 OpenRouter，我们可以实现一个 MCP 路由平台，提供 MCP 服务器的代理转发功能。在云端部署 MCP 服务器，对外提供 API 或流式 HTTP 接入。当用户使用 MCP 服务器的时候，不需要再把代码拉到本地运行，通过一个 URL 简单配置即可接入。

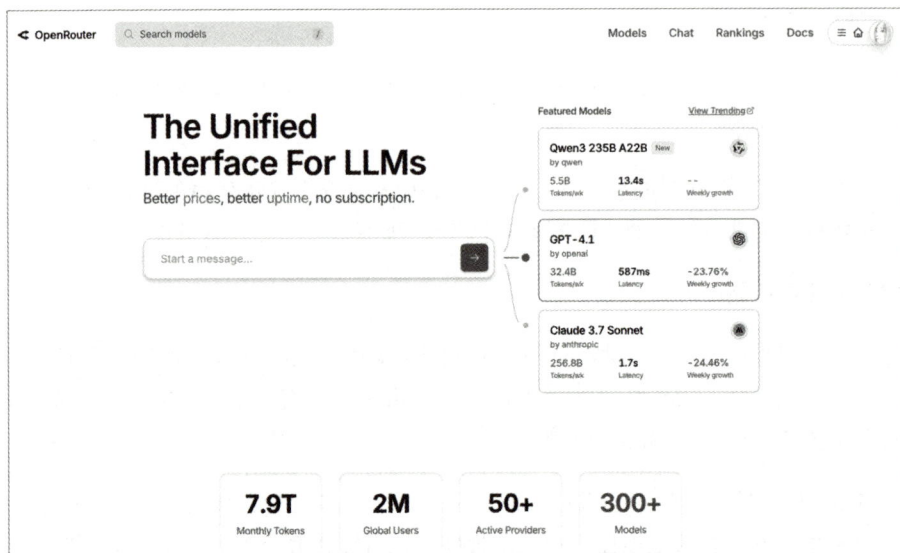

图 6-2　OpenRouter 官网

跟 OpenRouter 对接有限的大模型不同，MCP 路由平台对接的 MCP 服务器的数量级更大，且每个 MCP 服务器一般都内置多个工具。如果把每个工具作为一项原子能力，也可以将 MCP 路由平台做成一个 API 聚合平台。

很多人已经意识到了 MCP 路由平台的重要性。MCP 生态内的一些产品背后的公司已经在开发此类功能了，比如 Smithery、Composio、Glama 等。一些云厂商，比如 Cloudflare、阿里云、腾讯云等，也在推广自己的 MCP 服务器部署和路由服务。

我在 MCP.so 也上线了 MCP 路由平台 mcprouter，并且开源了这个项目。

结合我的开发实践，我认为要实现大规模的 MCP 路由平台，还面临着不小的挑战，尤其是 MCP 服务器本身的改造成本较高。

- 当前，大多数 MCP 服务器是基于 stdio 传输机制开发的，进程开销太大，难以支持高并发请求。
- 当前，大多数 MCP 服务器是在启动时通过环境变量读取鉴权参数，不适用于云端多租户（多人）场景。

期待后续通过 MCP 的版本升级，从协议层面更好地解决并发请求和用户鉴权的问题，从而为 MCP 路由平台的发展打下更好的基础。

◇ **AI 应用**

常见的 AI 应用包括以下几类：

❑ AI 对话助手（如 Claude、ChatGPT、豆包等）；
❑ AI 编辑器（如 Cursor、Windsurf、VS Code 等），编辑器插件（如 Cline、GitHub Copilot 等）也归入此类；
❑ 智能体（如 Manus、Genspark、扣子空间等）。

AI 应用为用户接入 MCP 生态系统提供了最便捷的途径。用户只需在 AI 应用的对话框内输入自己的问题，选择所需的 MCP 服务器，AI 应用即可调用 MCP 服务器来满足用户的需求。AI 应用可以选择集成 MCP 应用市场，用户通过 MCP 应用市场寻找合适的 MCP 服务器，可以本地安装运行，或者请求 MCP 路由平台进行云端调用。

MCP 实现了原子能力（如浏览器操作、命令行操作、文件操作等）的标准化，这意味着在开发不同领域的 AI 应用时，开发者无须重复实现通用功能，只需选择所需的原子能力，通过对原子能力的组装和调度，即可高效完成 AI 应用的开发工作。

◇ **MCP 命令行工具**

大模型领域有一个知名的命令行工具 Ollama，如图 6-3 所示。

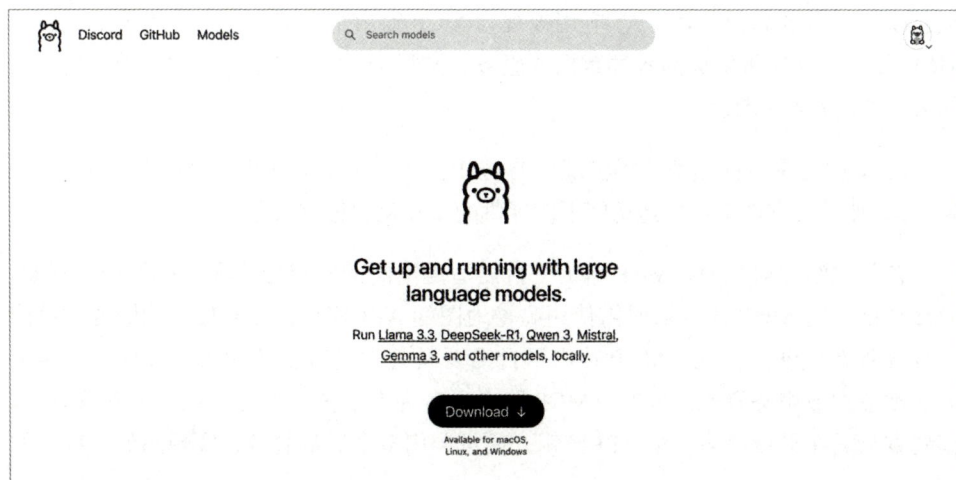

图 6-3　Ollama 官网

Ollama 为用户提供了便捷的大模型本地部署与管理能力，使得用户能够在本地环境中快速下载、运行和切换多种开源大模型。

Ollama 支持通过简单的命令行操作，实现模型的加载、推理和管理，极大地降低了大模型的使用门槛。此外，Ollama 还具备良好的扩展性和兼容性，支持多平台运行，并能够与其他 AI 服务和开发框架集成。无论是开发者进行模型测试，还是用户体验本地 AI 服务，Ollama 都提供了高效、灵活的解决方案，成为推动大模型普及和应用的重要工具之一。

参考 Ollama，我们也可以实现一个 MCP 命令行工具，帮助用户在本地管理 MCP 服务器，并提供便捷的命令行操作，实现 MCP 服务器的安装、配置、运行等操作，降低 MCP 服务器的使用门槛。同时，MCP 命令行工具也可以连接云端的 MCP 路由平台，实现用户免安装使用 MCP 服务器的需求。

Ollama 对接的是大模型，MCP 命令行工具对接的是 MCP 服务器。从生态发展的角度来看，必然需要这样的工具，目前市面上已经推出此类工具了，比如 mcpm、mcphub 等。

6.3　MCP 上下游对接与供应链整合

在 6.2 节，我们探讨了 MCP 生态系统内各部分的作用与协作关系。

其中，MCP 路由平台的核心职责是连接生态系统的上下游，作为中心化的枢纽，促进供需双方的高效对接。AI 应用被视为 MCP 路由平台的上游，代表消费方；而 MCP 服务器及其所集成的各类数据或服务，被视为 MCP 路由平台的下游，代表供给方，如图 6-4 所示。

MCP 路由平台向消费方提供统一的 API 接入，采用标准化的鉴权机制（如 API 密钥），使消费方能够便捷地访问下游提供的多样化数据或服务。

在与供给方对接时，MCP 路由平台需适配不同的鉴权方式和凭证类型。例如，对接高德地图 MCP 服务器时需使用高德地图的 API 密钥，而对接其他服务时可能需要令牌等凭证。因此，MCP 路由平台需要具备供应链整合能力，采购并对接下游各类数据或服务资源。同时，MCP 路由平台为上游消费方提供统一的鉴权方式，消费方只需在平台申请一个 API 密钥，便可调用多个后端服务，实现高效、统一的接入。

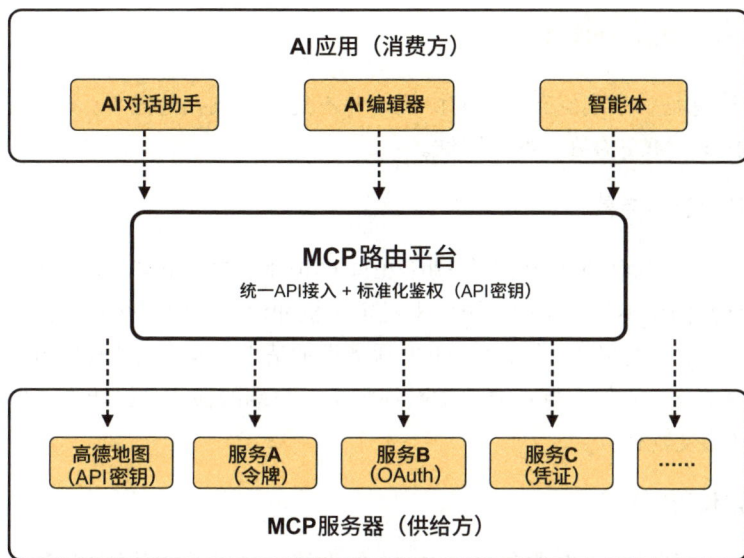

图 6-4　MCP 生态系统中的上下游对接关系

6.4　MCP 社区与资源

MCP 是使用 MIT 许可证发布的开源协议，依靠社区发展，任何人都可以参与 MCP 的修订。

- 如何参与 MCP 的修订

MCP 社区成员可以通过给协议的 GitHub 仓库 modelcontextprotocol 提交 PR（Pull Request）的方式参与 MCP 的修订。关于 MCP 的问题讨论也可以在仓库提交 issue。

- MCP 资源

MCP 官方收集了大量的 MCP 资源，包括 MCP 服务器、MCP 客户端、MCP 工具等，汇总在 GitHub 仓库 modelcontextprotocol/servers 中，通过 README 文档整理展示。

- 第三方社区

由第三方建立的 MCP 社区，日常讨论与 MCP 相关的话题，比较知名的第三方社区包括 Discord 讨论组 Model Context Protocol、Reddit 上的 r/mcp 社区等。

6.5 MCP 的局限性

MCP 毕竟是一个刚发布不久的协议，并不是特别成熟与完善。从 MCP 生态系统的角度来看，MCP 存在一些局限性。

- **协议设计不完善**

MCP 在协议层面目前只修订了三版：2024-11-05 版、2025-03-26 版和 2025-06-18 版。协议的完整性仍显不足，比如：协议未规定主机如何与大模型交互，也未明确主机如何处理用户上传的附件；协议对 MCP 服务器的请求与响应格式规定过于单一，对多模态内容的支持不够友好；协议虽然规定了客户端的根和采样能力，但缺乏实现参考，落地难度较高。

- **用户使用门槛高**

市面上已存在的 MCP 服务器，大部分需要用户将代码拉到本地运行，对于普通用户（非开发者）而言，安装环境、配置和使用 MCP 服务器的门槛较高。另外，目前没有看到对 MCP 支持特别完善的 AI 应用，用户使用 MCP 服务器的体验较差。

- **服务器质量参差不齐**

虽然市面上已经存在上万个 MCP 服务器，且数量在以非常快的速度增长，但是质量参差不齐，真正能用、好用、有价值的 MCP 服务器占比不高。

- **鉴权机制不健全**

目前大多数 MCP 服务器是通过环境变量读取用户的鉴权凭证，用户需要为每个 MCP 服务器手动设置鉴权凭证，使用上较为麻烦；在云端多租户（多人）场景中，若要支持动态传递用户鉴权凭证，则需对 MCP 服务器的鉴权机制进行改造，而当前协议并未对此提供明确支持，改造成本较高；虽然 MCP 在 2025-03-26 版协议中引入了 OAuth 鉴权方式，但目前真正支持该方式的 MCP 服务器仍然非常有限。

- **安全防护能力薄弱**

由于 MCP 具有开源、开放的特性，所以存在被滥用的风险。攻击者可能通过构造恶意的 MCP 服务器诱导用户安装，从而实施工具投毒、窃取用户信息、执行恶意命令、非法读取目录等攻击行为。提升 MCP 服务器的安全性，不仅需要协议层面制定更严格的规范，开发者也应加强对 MCP 服务器质量的把控，使用者则需提高警惕，谨慎甄别 MCP 服务器的来源并合理设置权限。

6.6 MCP 与 A2A

2025 年 4 月 9 日，Google 发布了 Agent2Agent（简称 A2A）。该协议提供了一种标准化的方式，支持智能体之间的协作与通信。A2A 发布之后，有不少关于它与 MCP 的讨论。我个人认为，A2A 并不是为替代 MCP 而设计的，相反，A2A 可以与 MCP 互为补充，共同服务于构建强大的智能体。A2A 与 MCP 的关系如图 6-5 所示。

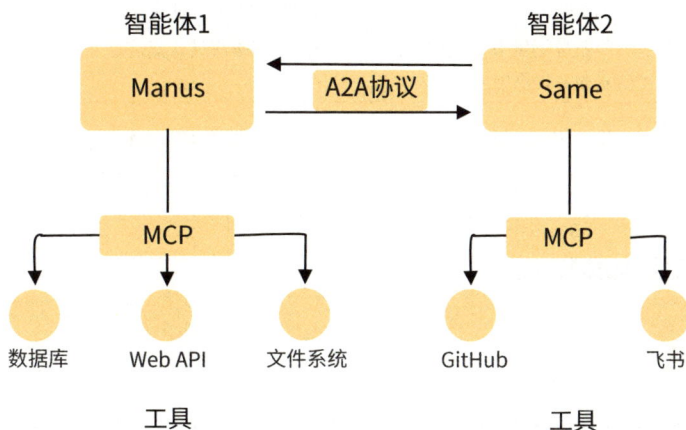

图 6-5 A2A 与 MCP 的关系

从图 6-5 可以看出，MCP 为智能体提供外部工具能力，A2A 允许智能体与智能体之间交互，从而实现多个智能体之间的协作。

如果我们把智能体看作 MCP 生态中 AI 应用这个角色，对比一下 MCP 与 A2A，两者的关系如表 6-1 所示。

表 6-1 MCP vs A2A

	MCP	A2A
核心目标	标准化智能体与 API、数据库等外部数据或服务的连接和交互	标准化智能体之间作为对等体的通信和协作
交互对象	外部数据或服务	自主的智能体
交互特点	• 结构化输入与输出 • 行为可预测 • 通常是单次请求 - 响应循环	• 能够推理、规划、使用多种工具 • 在长期交互中维护状态 • 参与复杂的多轮对话
主要机制	• 定义结构化的工具能力描述 • 向工具传递输入参数 • 接收结构化的输出	• 发现其他智能体的高级技能和能力 • 协商交互模式（文本、文件、结构化数据） • 管理共享的、有状态的、长期运行的任务

（续）

	MCP	A2A
典型用例	• 调用外部 API（如获取股票价格、实时天气） • 查询数据库 • 接入企业服务能力	• 客服智能体调用计费智能体 • 旅行规划智能体与航班、酒店、活动预订智能体协同 • 营销智能体实时共享用户意图给推荐智能体
交互复杂度	一般是工具调用，复杂度低	动态、有状态，甚至是多模态的交互，复杂度高
状态管理	通常无状态	支持有状态的长期交互
生态系统角色	数据或服务提供方的代理，帮助数据或服务提供方开放能力	智能体网络成员，支持复杂协作

MCP 与 A2A 不是互斥的，两者高度互补，实现了智能体不同层面的交互需求。一个完整的智能体，应该对内使用 MCP 与具体的工具和资源交互，对外使用 A2A 与其他智能体协作。结合 MCP 与 A2A，开发者可以构建出更强大、更灵活和互操作性更强的多智能体协同系统。

6.7　小结

本章梳理了 MCP 的生态系统，从工具链、平台与服务，到上下游与供应链，再到社区与资源，勾勒出一个日益完善的 AI 基础设施。我们介绍了 MCP 如何简化开发、推动业务闭环，以及社区在生态发展中的作用。同时，也指出了 MCP 当前存在的协议不完善、使用门槛高、服务器质量参差不齐、鉴权机制不健全、安全防护能力弱等局限。希望通过本章的学习，大家能对 MCP 有更清晰的整体认知，并关注其未来的演进潜力（如结合 A2A 构建多智能体协同系统）——这是一个充满活力、仍在快速发展的领域，期待更多人参与共建。